长江流域生态环境建设及保护研究丛书 | 唐晓岚主编

江苏高校优势学科建设工程资助项目
国家自然科学基金面上项目(31270746)

长江中下游流域景观格局演变及对自然保护地的影响研究

唐晓岚　贾艳艳　著

东南大学出版社
SOUTHEAST UNIVERSITY PRESS
·南京·

内容提要

本书基于 1995 年、2005 年和 2015 年长江中下游流域土地利用/覆被类型数据,采用"流域—典型区段—保护地"的逻辑开展研究,以"人地关系"为切入点,以人类活动强度贯穿始终。在流域层面,研究流域景观格局和人类活动强度时空演变规律,分析人类活动强度与流域内自然保护地空间分布的关系以及对其的影响;在典型区段层面,从城市角度分析景观格局演变、景观生态风险和生态系统服务价值及其对自然保护地的影响;在保护地层面,分别在长江中游和下游干流区间选取内陆湿地型自然保护区,分析其周边区域人类干扰指数并探究空间近邻效应。基于以上研究,本书提出了"流域—典型区段—保护地"的"点—面联动"景观保护建议。

本书可供风景园林学、景观生态学、城乡规划学以及从事国家公园与自然保护地研究的高校师生及有关研究人员学习与参考。

图书在版编目(CIP)数据

长江中下游流域景观格局演变及对自然保护地的影响研究 / 唐晓岚,贾艳艳著. — 南京:东南大学出版社,2024.9

(长江流域生态环境建设及保护研究丛书 / 唐晓岚主编)

ISBN 978-7-5766-0966-0

Ⅰ. ①长… Ⅱ. ①唐… ②贾… Ⅲ. ①长江中下游-景观规划-影响-自然保护区-研究 Ⅳ. ①TU982.2

中国国家版本馆 CIP 数据核字(2023)第 216255 号

责任编辑:李倩   责任校对:韩小亮   封面设计:王玥   责任印制:周荣虎

长江中下游流域景观格局演变及对自然保护地的影响研究
Changjiang Zhongxiayou Liuyu Jingguan Geju Yanbian ji dui Ziran Baohudi de Yingxiang Yanjiu

著　　者	唐晓岚　贾艳艳
出版发行	东南大学出版社
出 版 人	白云飞
社　　址	南京四牌楼 2 号　邮编:210096
网　　址	http://www.seupress.com
经　　销	全国各地新华书店
排　　版	南京布克文化发展有限公司
印　　刷	南京玉河印刷厂
开　　本	787 mm×1092 mm　1/16
印　　张	16
字　　数	390 千字
版　　次	2024 年 9 月第 1 版
印　　次	2024 年 9 月第 1 次印刷
书　　号	ISBN 978-7-5766-0966-0
定　　价	69.00 元

本社图书若有印装质量问题,请直接与营销部调换。电话(传真):025-83791830

大江风光,碧水青山,孕育了一辈又一辈的华夏儿女。

沃土万里,气象万千,保障了一代又一代的生命绚烂。

长江不仅是中华民族的母亲河,见证与传承着中华文化,而且是重要的战略水源地,维系着流域的生态环境稳定,更是我国丰富的基因、生物与景观多样性的宝库。长江流域约 180 万 km² 的面积,约占我国陆地总面积的18.8%,人口约占我国总人口的 32%,经济产值约占我国总产值的 34%。长江流域横跨东中西三大自然地带,涵盖了山地、丘陵、平原等众多地貌类型,形成了类型各异的生态空间。其中,自然保护地更是流域内生态环境的重点与特色区域,为中华民族的永续发展提供了重要的支撑。

2016 年《长江经济带发展规划纲要》印发,其描绘了长江经济带发展的宏伟蓝图,也从国家层面提出了"共抓大保护、不搞大开发"的生态保护战略。以此为契机,2017 年我们从自然资源优势的角度梳理了长江流域国家级自然保护地的类型,在此基础上初步提出了以流域内自然保护地为核心,以国家公园试点为契机,以保护环境与生物多样性、提供国民游憩与繁荣地方经济、促进学术研究与环境教育为目标,形成流域型生态价值分级清晰的长江国家公园大廊道构想,从宏观角度部署了我们的研究设想。诚然,长江流域人居环境建设历史悠久,长久以来面临着资源约束、建设发展不均衡、环境污染严重、生态系统退化等问题。而后,党的十八大把生态文明建设提升到"关系人民福祉、关乎民族未来的长远大计"的战略高度,这好似一个序章,拉开了我国绿水青山自然保护与建设事业的帷幕,以国家公园建设为核心的自然保护地建设便是其中的重要一环。也如同我们研究的本心,即保护生态环境,守护国土空间的锦绣山河。流域内自然保护地的空间分布特征是什么?自然资源如何?怎么保护?紧接着我们开展了持续的专题类别研究,分析了自然保护地的空间分布特征,探索了流域内的人地关系情况、气候情况、资源情况等诸多内容。气候环境恶化与极端天气频发严重影响了居民的生活质量,而流域内的湖泊是城市发展的核心地带,2018 年我们分析了长江流域地区十大湖泊的气候舒适度及其时空分布,验证了长江中下游地区十大湖泊的气候舒适度确实存在较强的地带性分布规律,为环境与气候保护提供依据。另外我们进一步深入研究流域内国家级自然保护地的空间分布,揭示其保护地可达性、保护地域人口、经济水平等分布特征,提出构建"三重要、四层次"的空间格局策略,为进一步整合资源提供参考。2019 年随着研究的深入,我们关注流域内人地矛盾与剧烈的人类活动给丘陵、林地、湿地、草地等自然景观带去的变化,从宏观层面揭示了自 1995 年至 2015 年的 21 年间长江流域中下游景观格局的时空变化、自然保护地的空间分布及其与人类活动强度的关系,进一步从微观层面解释了景观格局演变情况与生态系统服务价值,发现了林地与湿地保护对自然保护地环境的重要性。由于长江是全球最大的湿地系统之一,特别是长江中下游地区,因此应聚焦长江中下游来研究人类活动强度对湿地景观格局的影响。聚集着众多人口的城市的生态环境与经济是如何协调发展的? 我们筛选 7 个城市揭示其生态环境与经济的协调发展情况,为进一步使用耦合协调性的内因分析人口、土地与城镇化做准备。2020 年《中华人民共和国长江保护法》颁布,该法为我国第一部流域性质的法律,标志着长江流域进入依法治江、依法护江的新阶段,为流域资源合理高效利用、生态环境保护与建设提供有力保障,也充分地验证了对长江生态环境研究的重要性。我们揭示了 105 个地级市的人口、土地、经济城镇化水平,剖析了城镇化耦合协调的四种模式与集聚情况。2021 年我们在前期研究的基础上扩大范围,进一步梳理了长江土地利用类型的景观格局时空演变与驱动因子,分析了 2008 年至 2018 年 11 年间的土地利用结构变化情况,剖析出城镇建设与发展等是其景观类型变化的主要驱动因子,与前期研究人类活动干扰互相印证。自然保护地仍然是我们关注的主要对象,也是最具有自然保护与优化的重点对象。2021 年,我国正式设立首批国家公园,标志着以国家公园为主体的自然保护地建设由试点转向建设阶段,其间会面临众多本底交叉重叠等问题,因此,我们以长江流域中下游地区为例剖析了自然保护地交叉重叠的特征,提出了整理、调整、合并等措施。流域离不开水的维系与链接,长江流域水资源如何与自然保护地交融共同构成流域自然环境成为我们研究的一个方面,通过水资源禀赋综合评价了解 73 个四级流域单元中水资源格局与各类自然保护地的分布特征,便于针对不同资源类型及空间实施不同的优化策略,更为精准地实施长江大保护。在微观方面,我们也探讨了多元数据下长江流域的景观资源与山水资源情况,长三角地区湿地公园的空间分布情况,沿江岸线的生态环境提升与景观资源保护策略,助力于长江流域的环境提升研究。

始于长江国家公园大廊道建设构想,以自然保护地为"主战场",以资源本底现状为抓手,不断深入诠释长江流域景观、资源与环境建设,我们的研究始终牢记生态文明建设与美丽中国的初衷,坚持耕耘在长江流域景观与自然保护地前沿,不断挖掘,只为在生态建设中贡献一份微薄的力量。我们也明白长江流域生态环境建设与保护议题之难,任务之重,非一蹴而就。正如《荀子·修身》中所言:"道虽迩,不行不至;事虽小,不为不成。"但汇聚众多研究一定能够为宜居生态环境建设奠定基础,实现山水林田湖草永续发展。

唐晓岚

2023 年 5 月 31 日

长江中下游流域山水格局多样,自然资源、景观资源和生物多样性丰富,生态系统类型多样,拥有众多的自然保护地和重要生态功能区;同时,该流域是沟通我国东西南北经济与自然联系的纽带和桥梁,是我国主要的经济命脉区域,是长江经济带国家发展战略的重要组成部分,肩负着经济发展和生态环境保护及长江绿色生态廊道建设的多重责任。随着社会经济发展、城镇化建设和人口激增,人类活动对流域的影响范围与强度不断增大。因此,以流域整体保护为框架,开展长江中下游流域景观格局演变及对自然保护地的影响研究,对流域景观保护、自然保护地的整合优化和生态文明建设具有重要价值。

本书基于1995年、2005年和2015年长江中下游流域(包括八省一市)的土地利用/覆被数据,以"流域—典型区段—保护地"的逻辑为基础构建框架,将"人地关系"作为核心并贯穿始终,以人类活动强度为主线。本书运用地理信息系统软件ArcGIS、景观格局指数计算软件Fragstats、遥感图像处理平台ENVI、数学计算软件MATLAB等技术,基于系统论、景观生态学理论、流域生态学理论、人地关系理论和空间近邻效应理论等,采用景观格局指数、陆地表层人类活动强度模型、保护地空间分布表征方法、景观生态风险模型、生态系统服务价值评估、人类干扰指数评价等,分别从流域、典型区段、保护地三个层面开展研究。

在流域层面,本书揭示了长江中下游流域景观格局时空演变规律,即长江中下游流域景观异质性增强,景观格局趋向复杂化,耕地、林地和草地景观趋于破碎化,湿地和建设用地破碎度减弱,但自然湿地萎缩依然严重,原生景观受到干扰而逐渐失去原貌,中下游流域的生态环境压力不断增加;明晰了长江中下游流域人类活动强度时空分布特征,即1995—2015年流域的人类活动强度不断增强,低等级强度带不断向高等级转化,各强度带的人类活动强度平均值均呈增长趋势,强度带等级越高,人类活动强度平均值的增幅越大;系统梳理了流域内自然保护区、风景名胜区、森林公园、地质公园、水利风景区和湿地公园六类国家级自然保护地的分布特征,揭示了人类活动强度与自然保护地空间分布的关系。

在典型区段层面,以芜湖市为例,揭示了芜湖市景观格局演变与生态效应及对自然保护地的影响。1995—2016年,芜湖市景观格局发生了深刻变化,耕地、林地急剧减少,建设用地显著增加;景观梯度上的特征变化明显,长江南岸景观异质性更强、更趋于多样化。生态风险整体呈升高趋势,生态风险等级分布基本以长江为轴向南北两侧呈递减变化;自然保护地所处区域的生态风险由小变大,生态保护压力不断增加;生态系统服务价值持续下降,生态功能不断衰减。其中,占比较少的林地、湿地景观生态系统服务价值起主导作用,高等级生态系统服务价值区与高等级生态风险区基本对应,主要集中在长江干流区域,因此应加强以长江为主的湿地生态保护和对自然山体林地的保护与修复,加强自然保护地的体系建设。

在保护地层面,探究了长江中下游流域自然保护地的空间近邻效应。以人类干扰指数评价方法为基础,以洪湖、升金湖两个国家级自然保护区为实证,分别开展了人类干扰影响及空间近邻效应探究。结果表明,1995—2015年,洪湖、升金湖自然保护区均得到了有效保护,但外围区域人工景观面积增加显著,人类干扰指数均显著高于保护区内部,受到人类干扰的压力更大;洪湖、升金湖自然保护区均存在空间近邻效应,主要影响区分别为距保护区边界0—4 km和0—5 km的区域。因此,必须重视对保护地外围一定区域的景观格局、景观多样性和连通性保护,使保护地内部与周边区域维持景观生态联系,防止保护地被"孤岛化"。

最后,提出了"流域—典型区段—保护地"的"点—面联动"景观保护建议。在流域层面,遵从原生景观、人地关系和系统论,提出了长江中下游流域景观大保护的宏观对策;在典型区段层面,从城市和流域两个方面分别提出了保护与监管举措;在保护地层面,主要强调对自然保护地的内外联动保护。

目录

1 绪论

1.1 研究对象

流域是以河流为中心被分水岭所包围的完整的自然地理区域,其整体性强、关联度高。流域内不仅水体、植被、动物、土壤等各自然要素间紧密联系,而且上中下游、左右岸、干支流、各地区间的相互制约与相互影响也极为显著,是以水为媒介连接由各自然要素构成的生态共同体(陈湘满等,2001;王怡菲,2019)。同时,流域又是一个相对独立的复杂系统,其经过不同的自然地理单元,具有多样性的自然景观、山水景观、森林植被和气候特征等,但流域中的人类活动形式、强度多样,所产生的生态效应和经济效益也复杂多样。因此,流域是具有一定结构功能、相对独立完整的、人—地相互作用的社会—经济—自然复合生态系统(李江风等,2014)。流域不仅具有自然整体性,而且在社会、经济、文化等方面也具有显著相关性,形成有机整体。流域内任一自然与经济要素的变化或某一区段的局部性调整都会对整体流域产生影响(宋长青等,2002)。此外,自然保护地通常都作为所在流域的一个自然斑块,会与流域内的其他斑块存在能量传递、物种迁移等紧密联系,加之人们未能充分认识到流域景观格局的变化对自然保护地的影响,故直接影响到自然保护地管理的有效性和可持续发展。因此,流域景观保护和流域内自然保护地管理与保护需要以流域整体保护为框架,以流域为研究对象并紧密结合流域内的社会经济发展情况开展研究。

长江中下游流域具有丰富的自然资源、自然景观和重要的生态系统服务价值。从自然属性上讲,长江中下游流域地貌类型丰富、河湖水系密布、生态系统多样、生物多样性丰富,湿地资源、植被资源等自然资源极为丰富,流域中分布着保护类型多样、数量庞大的自然保护地,并且自然保护地高度依托"山水格局",对中下游流域景观保护起着重要作用。从社会功能上讲,长江中下游流域涵盖秦岭—大巴山生物多样性保护与水源涵养重要生态功能区、武陵山区生物多样性保护与水源涵养重要生态功能区、大别山水源涵养与生物多样性保护重要生态功能区、罗霄山脉水源涵养与生物多样性保护重要生态功能区、洞庭湖洪水调蓄与生物多样性保护重要生态功能区、鄱阳湖洪水调蓄与生物多样性保护重要生态功能区等[①],对流域生态保护和维持流域生态安全与可持续发展具有重要意义,但近年来均存在生态保护功能衰退的问题。长江中下游流域地形复杂多变,蕴藏着丰富的自然资源、壮美的景观和多样化的生物。这片区域生态系统多样,拥有大量的自然保护地和重要的生态功能区。同时,它也是中国东西南北经济与自然联系的纽带和桥梁,承载着国家重要的经济命脉。作为长江经济带国家发展战略的重要组成部分,它肩负着推动经济发展、保护生态环境以及构建长江绿色生态廊道的重要责任。

因此,将长江中下游流域及流域内自然保护地作为研究对象,从流域、典型区段、自然保护地等多层面开展其域内景观格局时空演变分析及其演变对自然保护地的影响研究显得尤为必要且紧迫。

1.2　研究背景

1.2.1　时代背景:生态文明建设

随着全球社会经济的迅速发展、人口激增、城镇化发展等,土地利用强度不断增大,越来越多的景观生态空间被侵占,人类活动对气候、生物多样性及生态系统等产生了深刻影响。这种影响使得人类文明逐渐从工业文明走向生态文明、从"棕色"走向"绿色"(杨锐,2017)。

就我国而言,2002 年,党的十六大提出"推动整个社会走上生产发展、生活富裕、生态良好的文明发展道路";2007 年,党的十七大明确提出"生态文明"的概念;2012 年,党的十八大将"生态文明"提升为国家战略,将生态文明建设与经济建设、政治建设、文化建设、社会建设一起作为国家发展"五位一体"总体布局中不可或缺的组成部分,指出必须树立尊重自然、顺应自然、保护自然的生态文明理念,要加大自然生态系统和环境保护力度;2013 年,党的十八届三中全会进一步提出要建立系统完整的生态文明制度体制;2015 年,《关于加快推进生态文明建设的意见》《生态文明体制改革总体方案》相继出台,其中前者明确提出将"湿地面积不低于 8 亿亩"列为 2020 年生态文明建设的主要目标之一;2017 年,在党的十九大报告中,习近平总书记再次把生态文明建设放在重要地位,提出"坚持人与自然和谐共生……必须树立和践行绿水青山就是金山银山的理念……像对待生命一样对待生态环境,统筹山水林田湖草系统治理……"(成金华等,2019);2018 年 5 月,习近平总书记在全国生态环境保护大会上强调,新时代推进生态文明建设必须坚持人与自然和谐共生、山水林田湖草是生命共同体等六大原则,该原则要处理好人与自然、局部与整体、发展与保护的关系。党和国家对生态文明建设的一系列重大决策部署,从思想上、制度上、管理上不断推进生态环境质量得到持续改善。

生态保护是国家战略定位,生态文明的提出重新赋予了生态环境在发展过程中的绝对优势地位,要求加大自然生态系统和环境保护力度,扩大森林、湖泊、湿地面积,保护生物多样性,加强自然保护区、森林公园、湿地公园等重点区域的保护。因此,开展长江中下游流域景观格局时空演变、人类活动强度对湿地景观格局的影响以及景观格局变化对自然保护地的影响研究等符合我国生态文明建设的时代背景。

1.2.2 战略背景:长江大保护战略

长江是我国第一大河,是中华民族的母亲河、生命河,全长约6 300 km,流域面积约为 180 万 km²,约占国土面积的 18.8%,涉及 19 个省(自治区、直辖市),横跨中国地势三大阶梯,承载全国 32% 的人口和 34% 的经济总量,是横贯东西的"黄金水道"(长江水利委员会,2016)。长江跨越多个气候、地理和生态区,水系和江湖关系极为复杂。长江及其流域生态区位十分重要,是陆地生态系统和水域生态系统的耦合,自然本底资源丰富,生态类型多样,生物多样性丰富,是地球上重要的天然物种基因库;湿地资源丰富(尤其是长江中下游地区),各类型自然保护地数量众多,生态系统服务价值巨大(杨桂山等,2015)。2016 年 1 月,习近平总书记在深入推动长江经济带发展座谈会上强调,长江拥有独特的生态系统,是我国重要的生态宝库。在当前和今后相当长一个时期,要把修复长江生态环境摆在压倒性位置,共抓大保护,不搞大开发。同年 9 月,《长江经济带发展规划纲要》的发布,标志着"长江大保护"已上升到国家战略高度。

长江大保护战略的实施要坚持尊重自然、顺应自然、保护自然的理念(李琴等,2018)。长江大保护必须统筹山水林田湖草整体保护,要求保护流域内的湿地景观、森林景观、草地景观等生态敏感区,保护好国家公园、自然保护区、风景名胜区、森林公园等自然保护地。

生态文明建设和长江大保护战略为长江中下游和长江流域景观保护带来了重要的发展机遇与契机。长江中下游流域是众多湿地、植被等自然资源、山水景观的集聚地,生物多样性和生态系统丰富多样,兼具重要保护价值和生态系统服务价值。因此,关注长江中下游流域景观格局演变及对自然保护地的影响符合生态文明建设的时代背景和长江大保护的战略发展背景。

1.2.3 政策背景:以国家公园为主体的自然保护地体系建设

2013 年,党的十八届三中全会做出了关于加强生态文明建设的决定,明确提出建立国家公园体制,对推进自然资源科学保护和合理利用、促进人与自然和谐发展具有重要意义。2015 年 1 月,国家发展和改革委员会等 13 个部门印发了《建立国家公园体制试点方案》,拟定在北京、吉林、黑龙江、浙江、福建、湖北、湖南、云南、青海九个省份推进国家公园体制试点。各试点省份将选取一个区域进行试点,试验时间为 3 年,计划于 2017 年底结束。2017年,党的十九大报告明确提出"构建国土空间开发保护制度,完善主体功能区配套政策,建立以国家公园为主体的自然保护地体系";同年9月,中共中央办公厅、国务院办公厅印发了《建立国家公园体制总体方案》,系统阐述了构建我国国家公园体制的目标、定位及内涵,明确了推动体制改革的路径,加强了国家公园体制的顶层设计,是推动国家公园体制改革的纲领性文件(唐芳林等,2019)。在此背景下,国家公园与自然保护地成为我国生态保护与国土空间规划的一项核心政策(杨锐等,2018)。

2018年,中央组建国家林业和草原局并加挂国家公园管理局的牌子,统一监督和管理国家公园、自然保护区、风景名胜区、森林公园、地质公园、自然遗产等各类自然保护地(唐芳林等,2019)。

2019年6月,中共中央办公厅、国务院办公厅印发《关于建立以国家公园为主体的自然保护地体系的指导意见》,标志着我国自然保护地进入全面深化改革的新阶段。这有利于系统保护国家生态重要区域和典型自然生态空间,全面保护生物多样性和地质地貌景观多样性,推动山水林田湖草生命共同体的完整保护,为实现经济社会的可持续发展奠定生态根基。

长江中下游流域分布着丰富的水体、湿地和森林资源,生物多样性极为丰富;同时也是吴越文化、湖湘文化、江淮文化、良渚文化等众多文化的交融地,丰富、显著的自然景观和人文景观资源优势为长江中下游流域带来了数量众多的各类自然保护地。截至2017年3月底,长江中下游流域内的国家级自然保护地共有765个,其中湿地公园有209个,占全国总量的29.65%;森林公园有202个,占全国总量的24.43%;水利风景区有163个,占全国总量的20.95%;自然保护区有84个,占全国总量的18.83%;风景名胜区有63个,占全国总量的28.00%;地质公园有44个,占全国总量的18.26%。并且,流域内的神农架国家公园和南山国家公园是我国首批试点。国家一系列关于国家公园与自然保护地体系建设的政策措施,对长江中下游流域自然保护地的保护、发展具有重要意义。

1.2.4 国际背景:自然景观与环境保护的国际努力

国际社会已普遍关注到,当前全球生态环境面临巨大压力,包括土地退化、气候变化、生物多样性丧失等问题,它们或将对人类的生存与福祉构成严重威胁。为此,全球及世界各国做出了积极努力。

目前,自然景观和环境保护领域形成了许多国际公约和全球性保护区网络,对共同维系全球生物多样性保护、生态系统平衡和生态环境可持续发展起着举足轻重的作用。国际公约是联合国从不同角度为人类环境安全制定的有关研究和保护规划的产物,其中,《生物多样性公约》《世界遗产公约》《湿地公约》是国际保护生境(栖息地)的三大公约(表1-1),有力推动了全球自然保护。为了更好地促进履约,部分公约设立了全球性保护区网络标准,如世界自然遗产地之于《世界遗产公约》,国际重要湿地和国际湿地城市之于《湿地公约》。此外,人与生物圈计划(Man and the Biosphere Programme,MAB)之下的世界生物圈保护网络和联合国教科文组织(United Nations Educational, Scientific and Cultural Organization, UNESCO)制定的世界地质公园网络,虽然不在国际公约框架之下,但对自然、生态环境保护起着不可替代的作用(表 1-2)。

表 1-1 自然景观和环境保护领域的国际公约

名称	国际发起机构	缔约签署时间/年	中国加入时间/年	缔约方数量/个	简介
《国际植物保护公约》	联合国粮食及农业组织(Food and Agriculture Organization of the United Nations,FAO)	1951	2005	183（截至 2017 年 5 月）	是植物保护领域的重要多边合作条约,在国际植物检疫措施标准制定、国际植保信息交换等方面发挥着巨大作用,目的是确保全球农业安全,并采取有效措施防止有害生物随植物和植物产品传播和扩散
《湿地公约》	由湿地国际、世界自然保护联盟(International Union for Conservation of Nature,IUCN)等联合发起	1971	1992	170（截至 2018 年底）	宗旨是承认人类同其环境相互依存的关系,应通过协调一致的国际行动,确保全球范围内的各种湿地及生物多样性得到良好保护
《世界遗产公约》	联合国教科文组织(UNESCO)	1972	1985	193（截至 2018 年底）	客观而又全面地对世界遗产所在国家或地区提出了对其领土内世界遗产的保护和利用的指导性要求,凡是被列入世界文化和自然遗产的地点,都由其所在国家或地区依法严格予以保护
《濒危野生动植物种国际贸易公约》	世界自然保护联盟(IUCN)	1973	1981	183（截至 2016 年 9 月）	呼吁各缔约方对某些物种的贸易形式加以限制,并以文献引证方式记载该物种的贸易形式。该公约的精神在于管制而非完全禁止野生物种的国际贸易,用物种分级与许可证的方式来达成野生物种市场的永续利用性
《保护野生动物迁徙物种公约》	联合国环境规划署(United Nations Environment Programme,UNEP)	1979	暂未加入	126（截至 2017 年底）	旨在保护陆地、海洋和空中的迁徙物种的活动范围,是为保护通过国家管辖边界以外野生动物中的迁徙物种而制定的国际公约

名称	国际发起机构	缔约签署时间/年	中国加入时间/年	缔约方数量/个	简介
《联合国气候变化框架公约》	联合国政府间气候变化专门委员会（Intergovernmental Panel on Climate Change，IPCC）	1992	1992	197（截至 2018 年底）	世界上第一个为全面控制二氧化碳等温室气体的排放以应对全球气候变暖给人类经济和社会带来不利影响的国际公约，为国际社会在应对气候变化问题上进行国际合作提供法律框架
《生物多样性公约》	联合国环境规划署（UNEP）	1992	1992	196（截至 2016 年底）	保护生物多样性、可持续利用生物多样性组成成分及公平合理地利用遗传资源所产生的惠益
《联合国防治沙漠化公约》	多国联合发起	1994	1994	196（截至 2018 年底）	核心目标是由各国政府共同制定国家级、区域级和次区域级行动方案，并与捐助方、地方社区和非政府组织合作，以应对荒漠化挑战

表 1-2　自然景观和环境保护领域的全球性保护区网络

名称	世界首批设立时间/年	中国首批设立时间/年	数量/个	简介
国际重要湿地	1974	1992	截至 2018 年底全球共有 2 326 个，中国有 57 个	以保护湿地生态系统为主要目的，符合《湿地公约》申报要求且申报成功的，按照有关规定予以保护和管理的特定区域。对应的国内保护地类型为国家重要湿地
世界生物圈保护区	1976	1979	截至 2018 年底全球共有 686 个，中国有 34 个	是人与生物圈计划（MAB）的核心内容，指得到人与生物圈计划承认的陆地、海洋和沿海生态系统构成的特定区域，致力于协调生物多样性保护和自然资源的可持续利用、经济发展、研究和教育。对应中国生物圈保护区网络
世界遗产地	1977	1987	截至 2019 年 7 月底全球共有 1 121 个，中国有 55 个	被联合国教科文组织和世界遗产委员会确认的人类罕见且目前无法替代的财富，是全世界公认的具有突出意义和普遍价值的文物古迹及自然景观，包括自然遗产、自然与文化双遗产、文化遗产、文化景观等
世界地质公园	2004	2004	截至 2018 年底全球共有 140 个，中国有 39 个	符合联合国教科文组织世界地质公园申报要求且申报成功的，具有国际典型意义的地质遗迹区域。对应中国国家地质公园网络

名称	世界首批设立时间/年	中国首批设立时间/年	数量/个	简介
国际湿地城市	2018	2018	截至 2018 年底全球共有 18 个,中国有 6 个	按照《湿地公约》规定的程序和要求,由中国政府提名,经《湿地公约》国际湿地城市认证独立咨询委员会批准,颁发"国际湿地城市"认证证书的城市

此外,一些学者和组织也对全球自然生态环境保护做出了积极响应。洛克(Locke,2013)于 2009 年首次明确提出在全球尺度应设置至少 50% 的区域用于自然保护;同年,第九届世界荒野大会(World Wilderness Congress)进一步发起了全球"自然需要一半"(nature needs half)的倡议(Noss et al.,2012;马丁等,2017)。2016 年,著名生物学家威尔逊(Wilson,2016)呼吁将全球 50% 的陆地及海洋区域设置为某种形式的自然保护地。2018 年,杨锐等(2018)提出将我国国土面积 50% 以上的区域用于建立狭义的自然保护地和广义的自然保护性用地,以扩大自然保护地面积,加强连通性,促进系统性的自然保护。2019 年 7 月,国际自然保护地联盟(International Alliance of Protected Areas,IAPA)在中国内蒙古大兴安岭汉马国家级自然保护区举行"2019 国际自然保护地联盟年会暨跨界自然保护地研究与管理合作研讨会",来自 13 个国家的自然保护地管理者和科研人员给出以下建议:(1)确立自然保护地体系对维护人类长期生存目标核心基础性的重要地位;(2)积极推进自然保护地及周边的友好发展,从根本上减少自然保护地的主要威胁;(3)积极推进自然保护地的跨界合作。

基于以上研究背景,本书在系统论、景观生态学理论、流域生态学理论、人地关系理论、空间近邻效应理论等多学科知识体系交叉的指导下,以地理信息系统软件 ArcGIS、景观格局指数计算软件 Fragstats、遥感图像处理平台 ENVI、数学计算软件 MATLAB 等作为技术处理平台,研究长江中下游流域景观格局时空演变及对自然保护地的影响。这符合长江大保护、生态保护的国家发展战略定位,有助于以国家公园为主体的自然保护地体系的建设,对加强流域景观格局优化与综合治理具有一定的理论与实践价值,对维持长江流域的生态安全起着重要的支撑作用。

1.3 研究目的与意义

1.3.1 研究目的

本书以 1995 年、2005 年和 2015 年长江中下游流域的土地利用/覆被类型数据为基础,以"人地关系"为切入点,以人类活动强度为主线,研究长江中下游流域景观格局动态演变及对自然保护地的影响,探讨长江中下游流域可持续发展的景观生态保护与管控建议。本书主要研究目的如下：

（1）在流域层面，明确 1995—2015 年长江中下游流域的景观构成变化、景观格局时空演变特征以及湿地景观变化趋势；揭示 1995—2015 年长江中下游流域的人类活动强度时空变化与分布特征，明确人类活动强度与长江中下游流域自然保护地、湿地景观等生态敏感区的互作关系，为制定基于人类活动强度的各类自然保护地和湿地景观等生态敏感区的管控对策提供科学依据。

（2）在典型区段层面，以长江下游干流区间的芜湖市为例，明确其 1995—2016 年景观格局演变特征、经济建设发展的差异对长江南北两岸景观梯度的影响，揭示芜湖市景观生态风险和生态系统服务价值的变化趋势、分布特征及其对自然保护地的影响，为制定沿江区域湿地等自然景观资源保护和长江生态廊道保护措施提供依据。

（3）在保护地层面，构建人类干扰指数评价体系，以长江中游干流区间的洪湖国家级自然保护区和长江下游干流区间的升金湖国家级自然保护区为实证研究，分析其景观结构和格局变化，探究保护地周边区域人类干扰指数的空间近邻效应变化趋势，以明确自然保护地的主要影响范围，为制定科学的自然保护地管控措施和自然保护地整合优化提供参考。

（4）分别从流域、典型区段和自然保护地层面，提出长江中下游流域景观保护建议。

1.3.2 研究意义

（1）长江中下游流域山水交融，自然资源、景观资源和生物多样性丰富，生态系统类型多样，拥有许多自然保护地和重要的生态功能区。与此同时，该流域既是连接我国东西南北经济与自然的纽带和桥梁，也是我国主要的经济命脉区域，是长江经济带国家发展战略的重要组成部分，承担着促进经济发展、保护生态环境和建设长江绿色生态廊道的重要使命。长江中下游流域的景观格局时空演变研究对于我国长江经济带建设具有重要的实践应用价值，既可以为长江大保护战略的实施提供一定的理论参考，也可以推动长江流域的生态保护体系建设，助力我国生态文明建设。

（2）基于陆地表层人类活动强度（human activity intensity of land surface，HAILS）模型计算并划分人类活动强度梯度带，定量揭示长江中下游流域内各类自然保护地的空间分布与人类活动强度的关系，为制定基于人类活动强度的各类自然保护地管控对策提供科学依据；深入揭示人类活动强度对湿地景观格局的影响，为长江中下游流域湿地生态保护、景观恢复和人类活动管控提供决策支持，势必对保护长江中下游流域自然景观、自然遗迹、自然生态系统、生物多样性，保护长江自然山水格局和维护长江流域生态安全和可持续发展具有一定意义。

（3）从典型区段视角出发，分析长江中下游流域芜湖市的景观格局演变特征、长江南北两岸景观梯度特征、景观生态风险和生态系统服务价值，揭示长江对南北两岸景观的辐射效应以及所带来的风险状况，城市建设发展对长江生态廊道的影响和自然保护地所处区域生态风险的变化，为芜湖市景观格局优化、生态系统服务价值提高、自然保护地管理与保护、长江沿岸生态修复与保护提供一定的依据与参考。

（4）着眼于自然保护地的外围区域，定量分析自然保护地周边人类干扰指数变化并探究空间近邻效应，为高效性、针对性地监测和管控保护区周边的人类活动强度提供一定的参考，为自然保护地周边区域的土地利用科学规划和生态保护提供一定的参考，为自然保护地的整合优化提供一定的理论支撑。

1.4　研究内容

本书以长江中下游流域及流域内的典型区段和自然保护地为研究对象，基于 1995 年、2005 年和 2015 年上海、江苏、浙江、安徽、江西、湖北、湖南、河南、陕西八省一市的土地利用/覆被类型数据（因为 1995—2015 年是我国改革开放以来的快速城镇化阶段，人类活动对生态环境及景观格局的干扰强度较大，以其为研究时段具有代表性），利用地理信息系统软件 ArcGIS、景观格局指数计算软件 Fragstats、遥感图像处理平台 ENVI、数学计算软件 MATLAB 等，在系统论、景观生态学理论、流域生态学理论、人地关系理论和空间近邻效应理论等多学科理论体系的指导下，从多时空、多层次、多角度对长江中下游流域景观格局演变及对自然保护地的影响开展研究。本书具体研究内容如下：

1）流域层面

（1）长江中下游流域景观格局时空演变特征研究

采用景观动态度模型、景观转移矩阵和景观格局指数等经典方法，结合地貌类型从宏观层面分析 1995 年、2005 年和 2015 年长江中下游流域的景观类型空间分布、景观构成与变化特征、景观动态转移变化，定量揭示其 21 年来的景观格局时空演变特征；分析长江中下游流域的湿地景观格局时空动态变化，揭示各类型湿地的动态演变特征，从流域角度揭示人类活动对景观的干扰。

（2）长江中下游流域人类活动强度时空演变特征研究

以 1995 年、2005 年和 2015 年长江中下游流域的土地利用/覆被类型数据为基础，利用陆地表层人类活动强度模型构建长江中下游流域三个时期的人类活动强度空间分布图，分析人类活动强度的时空演变特征，并划分人类活动强度梯度带。

（3）人类活动强度与自然保护地、湿地景观等生态敏感区的互作关系

采用最邻近点指数、地理集中指数和不均衡指数等方法，分析长江中下游流域六类国家级自然保护地（自然保护区、风景名胜区、森林公园、地

质公园、水利风景区、湿地公园)在不同人类活动强度带的分布特征及人类活动强度与各类自然保护地的关系。采用景观格局指数等方法,从人类活动强度与湿地相对增长率的关系,人类活动强度对湿地景观破碎度和景观形状复杂度、聚集度、多样性等方面的影响,揭示人类活动强度对长江中下游流域湿地景观格局的影响。

2)典型区段层面

综合考虑长江左右岸、上下游的梯度关系以及城镇化快速发展时期长江与城市的互作特征,在长江干流区域选择典型区段,以位于长江下游干流区间子流域内的芜湖市(对应 2011 年行政区划调整后的芜湖市辖区范围)为对象开展典型区段层面的实证研究。这是因为芜湖市是长江下游折弯处的重要节点区域,是安庆沿江湿地生物多样性保护优先区和皖江湿地洪水调蓄重要生态功能区的组成部分,其地理区位代表性突出;此外,芜湖市自 2011 年行政区划调整后由滨江变为跨江,地方政府加大江北发展力度,使其实现跨江发展,以其为研究对象能较好地反映景观梯度特征和城市化建设对景观格局的影响。围绕芜湖市开展以下方面的研究:

(1)长江中下游流域典型区段景观格局时空演变与梯度分析

基于土地利用类型数据,采用景观动态度模型、景观转移矩阵、景观格局指数等方法,分析 1995—2015 年芜湖市的景观格局时空演变、景观梯度特征,以揭示长江对南北两岸景观的辐射效应和城市建设发展对长江生态廊道的影响。

(2)长江中下游流域典型区段景观生态风险和生态系统服务价值

采用景观格局指数、景观生态风险模型和生态系统服务价值评估等方法,分析 1995—2015 年芜湖市景观生态风险、生态系统服务价值的时空演变特征,明确人类活动对景观生态的干扰和对自然保护地的影响。从城市角度揭示人类活动对景观的干扰,为芜湖市的景观格局优化、生态系统服务价值提高和长江沿岸自然生态保护提供一定的参考。

3)保护地层面

综合考虑长江中下游流域自然保护地的空间分布与人类活动强度的关系、长江中下游流域湿地景观资源的优势、湿地高生态系统服务价值与高脆弱性的特点以及内陆型湿地保护地周边区域人类活动干扰强度较大等因素,在长江中游干流区间和下游干流区间子流域分别选择洪湖国家级自然保护区和升金湖国家级自然保护区为研究对象,在构建自然保护地人类干扰评价体系下以上述两处湿地类自然保护区为实证案例,分析其周边区域人类干扰指数并探究自然保护地的空间近邻效应。从自然保护地的角度揭示人类活动对景观的干扰,对加强自然保护地人类活动的管控、自然保护地的完整性保护和自然保护地的整合具有重要意义。

4)保护建议

根据 1995—2015 年长江中下游流域的景观格局时空演变特征、人类活动强度时空分布与变化特征、人类活动强度与自然保护地分布的关系及对湿地景观格局的影响、人类活动对城市景观生态风险和生态系统服务价值的影响、自然保护地的空间近邻效应等研究,提出景观保护建议,构建长江中下游流域景观大保护格局,以维护长江流域的生态安全和推动长江经济带的可持续发展。

1.5　研究方法

收集 1995 年、2005 年和 2015 年长江中下游流域的土地利用、地形地貌、河湖水系等自然生态属性数据、景观要素数据、自然保护地数据和流域内城市的社会经济发展数据等,基于文献综述与归纳演绎法、地理信息系统软件 ArcGIS 技术、定性与定量相结合的分析方法、跨学科方法的交叉与综合应用开展研究。

1) 文献综述与归纳演绎法

在基础理论研究阶段,通过查阅国内外景观格局、生态效应、人类活动强度、流域景观保护、自然保护地等领域的相关文献资料,进行分析、归纳与总结,在前人研究成果的基础上,结合长江中下游流域的自然环境、社会经济、生态环境和自然资源等概况,明确本书的研究思路与框架。

2) 地理信息系统软件 ArcGIS 技术

在地理信息系统软件 ArcGIS 技术的支撑下,基于土地利用/覆被类型数据,利用重分类、提取、裁剪、叠加、创建网格、矢量与栅格数据相互转换等技术,建立长江中下游流域景观类型、自然生态和社会经济等方面的数据库;利用地理信息系统软件 ArcGIS 空间分析方法和地统计分析(反距离加权插值、克里金插值)等,实现长江中下游流域人类活动强度、长江中下游流域典型区段(芜湖市)景观生态风险和生态系统服务价值的空间分布表达。地理信息系统软件 ArcGIS 技术主要被应用在第 3—8 章。

3) 定性与定量相结合的分析方法

长江中下游流域的地理位置、地形地貌、气候条件、河湖水系等自然地理条件,行政区划、人口、经济等社会环境条件,植被类型分布、生物多样性、生态功能区划、生态环境问题等生态环境条件以及自然保护地建设与保护概况等的分析与可视化表达均需要定性与定量方法的结合;利用景观格局指数方法、土地利用转移矩阵等方法,揭示长江中下游流域景观格局时空演变规律及驱动因素等都需要定性与定量相结合进行分析。

4) 跨学科方法的交叉与综合应用

长江中下游流域地域跨度大,湿地、植物、动物等自然本底资源和山水格局与景观资源极为丰富,研究长江中下游流域景观格局演变及对自然保护地的影响涉及自然、地理、生态、社会、经济、文化等多方面知识;结合风景园林学、人文地理学等知识梳理长江中下游流域的风景资源、自然保护地的数量与分布、人地关系、人地矛盾;运用景观生态学、地理学、地理信息科学、社会经济学等学科的量化研究方法揭示长江中下游流域景观格局时空动态变化规律及其与自然保护地和湿地等生态敏感区的互作关系。

每一章节根据具体研究内容采用不同的研究方法,研究方法的计算公式、意义、应用等具体内容详见对应的各章节。

1.6　研究框架

本书以长江中下游流域和流域内的自然保护地为研究对象,从流域、典型区段、保护地三个层面定量揭示长江中下游流域的景观格局、人类活动强度演变规律及对自然保护地的影响特征,为实现长江中下游流域的景观保护和可持续发展提供对策与建议。本书研究框架如图 1-1 所示。

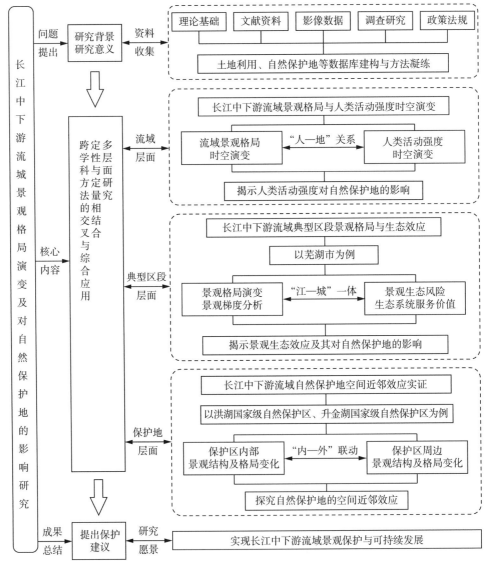

图 1-1　本书研究框架

第 1 章注释

① 2015 年 11 月环境保护部和中国科学院发布了《全国生态功能区划（修编版）》，该文件指出我国包括 3 大类、9 个类型和 242 个生态功能区。以水源涵养、生物多样性保护、土壤保持、防风固沙和洪水调蓄 5 类主导生态调节功能为基础，确定了全国 63 个重要生态功能区，覆盖我国陆地国土面积的 49.4%。其中长江中下游流域涵盖以生物多样性保护、水源涵养和洪水调蓄为主导功能的众多重要生态功能区。

2 理论基础与研究综述

2.1 理论基础

2.1.1 系统论

系统论是研究自然和人类社会以及其他各种系统运动一般规律的理论(甘惜分,1993)。1945 年,美籍奥地利理论生物学家贝塔朗菲(Bertalanffy)的论文《关于一般系统论》的发表标志着现代系统理论的形成。贝塔朗菲等(1978)将系统定义为"处于一定的相互关系中并与环境发生联系的各组成部分(要素)的总体(集合)"。他创立系统论的目的是以哲学思考为解决自然界生态系统的理论问题提供研究指导(吴季松,2019)。我国著名科学家钱学森等(2007)认为系统是由相互作用和相互依赖的若干组成部分结合成的具有特定功能的有机整体。系统论包括四个方面内涵:(1) 系统是一个有机整体;(2) 系统由若干要素组成;(3) 系统的各要素间相互影响、相互作用;(4) 系统具有特定的功能(纪德尚,2018)。

系统论的基本思想是将研究对象作为一个系统,从整体性角度看待问题;同时注意各子系统之间的联系,将系统内各个部分以及系统内部、外部环境等因素看成相互联系、相互影响和相互制约的(燕芳,2006)。流域本身是一个完整的系统,在流域范围内,河流、湖泊水资源和森林、草地等其他自然资源之间、自然资源与环境之间存在着相互依赖、相互制约的关系,形成各种各样的自然生态系统。对于长江中下游流域而言,行政区和自然保护地是子系统,耕地、林地、草地、湿地、城镇用地等景观要素是构成系统的要素。流域景观格局的变化受到自然、经济、社会以及政策的综合影响,从行政区角度更易分析景观格局变化引起的生态效应,加强流域内自然保护地的保护有助于流域整体生态环境的健康发展。

2.1.2 景观生态学理论

景观生态学是一门服务于不同尺度和不同类型景观的生态、保护、管理、规划设计和可持续发展的综合性学科(赵文武等,2016)。自德国区域地理学家特罗尔(Troll,1939)首次提出"景观生态学"以来,景观生态学受到越来越多的关注(Makhzoumi, 2000; Fan et al., 2016)。在全球环境变化的大背景下,景观生态学为人类与自然环境的耦合系统提供了新的研究视角(Chen et al., 2014; Pearson et al., 2010)。

景观生态学以景观为对象,从整体综合的观点研究景观的空间格局、过程及其与人类社会的相互作用。傅伯杰等(2011)在《景观生态学原理及应用》一书中指出,景观由不同空间单元镶嵌组成,具有异质性;景观是具有明显形态特征和功能联系的地理实体,其结构和功能具有相关性和地域性;景观既是生物的栖息地,更是人类的生存环境;景观是处于生态系统之上、区域之下的中间尺度,具有尺度性;景观具有经济、生态和文化的多重价值,表现为综合性。景观要素是构成景观的基本单元,可根据其自身特性分为不同类型,如森林、草地、农田、荒漠等,也可根据研究尺度和研究需要进行细化或归并。为了更好地理解景观要素在景观中的地位与作用,对景观要素从空间结构角度重新划分,即景观结构单元。美国哈佛大学福曼(Forman)教授将景观结构单元分为斑块、廊道和基质,并提出了"斑块—廊道—基质模式",其中斑块泛指与周围环境在外貌或性质上不同,并具有一定内部均质性的空间单元;廊道是指景观中与相邻环境不同的线状或带状结构;基质是指景观中分布最广、连续性最大的背景结构(邬建国,2007)。在长江中下游流域,自然保护地可被视为斑块,河流水系可被视为廊道,耕地景观、森林景观或整个中下游流域可被视为基质。而以"斑块—廊道—基质"的基本理论范式为基础发展起来的景观格局指数(landscape metrics)成为景观格局分析的主要工具(傅伯杰等,2003)。

景观空间格局与生态过程是景观生态学研究的重要内容,过程产生格局,格局作用于过程。景观格局(landscape pattern)是指景观的空间结构特征,是景观组成单元的类型、数目及其空间分布与配置,是景观异质性在空间上的综合表现(邬建国,2007),是人类活动和环境干扰作用下的结果,并且景观格局可以反映一定社会形态下的人类活动和经济发展状况(韩文权等,2005)。景观格局及其演变特征是景观生态学研究的核心内容和热点问题之一(Forman et al., 1986; Perry, 2002),对揭示人类活动在时空尺度上对自然生态的干扰及人类活动与生态环境演变间的关系具有重要意义(张秋菊等,2003; Abdullah et al., 2006)。景观格局与生态过程相互作用,驱动着景观的整体动态,并呈现出一定的景观功能特征,这种功能与人类需求相关联,构成人类生命支持系统的核心——生态系统服务价值(苏常红等,2012)。景观功能是景观生态学的最终研究目标。

2.1.3 流域生态学理论

流域是在地球内营力作用下构造的基本轮廓,是由外营力和人类活动修饰而形成的清晰的物理边界(分水岭)范围,包括由森林、河流、湖泊、农田、城市等组成的一个复合生态系统;流域构成了地球陆地生态系统运行的基本空间生态单元,是生态系统的最佳自然分割(赵斌,2014)。流域作为一个自然地貌单元,具有内部的系统性和差异性,其中系统性是指流域内的水系通过水文过程将上下游、左右岸、源头与河口连接为一个整体,为人类文明的发展提供了条件和资源;差异性是指流域内的地形地貌丰富,有山地、丘陵、阶地、平原、河流、湖泊、池沼等,为不同阶段的人类提供了相应的栖息地(杨海乐,2018)。流域生态学(watershed ecology)是研究流域范围内陆地和水体生态系统相互关系的学科,其中流域生态系统是"以流域为空间单元组织起来的地貌—水文—生态—人文复合生态系统",系统的核心是"以流域水循环为核心和驱动力的流域过程"(杨海乐,2018)。流域生态学的概念在国内最早由蔡庆华等于1997年提出,定义为"流域生态学以流域为研究单元,应用等级嵌块动态(hierarchical patch dynamics)理论,研究流域内的高地、沿岸带、水体间的信息、能量、物质变动规律"。在研究流域作为复合生态系统的结构和功能的基础上,进一步从中大尺度对流域内各种资源的开发利用、保护及环境问题进行研究,为流域中陆地和水体的合理开发利用决策提供理论依据,从而为区域社会经济可持续发展做出贡献(蔡庆华等,1997,2003;邓红兵等,1998)。在国外,托马斯等(Thomas et al.,2000)在美国环境保护署的流域学院官方网站(Watershed Academy Web)上也有类似表述,但针对流域生态学的讨论主要在中国展开。流域生态学研究需强调整体性,旨在从流域尺度促进流域中的"人地关系"健康发展,解决流域尺度的生态环境问题。

2.1.4 人地关系理论

人地关系的经典解释是人类社会及其活动与自然环境之间的关系(吴传钧,2008;杨宇等,2019),是地理学研究的重要课题。外国学者多以"人类与环境系统"(human-environment system)表达人地关系(Turner et al.,2003;Galvani et al.,2016),而我国学者常用"人地关系"(man-land relationship)。在人地关系理论中,"人""地"要素按一定规律相互交织、交错构成复杂且具有一定结构和功能机制的巨系统,构成地球表层以一定地域为空间和物质载体的人地关系地域系统,构成人和地在特定地域中相互联系、相互作用的一种动态联系系统(吴传钧,1991)。人地关系理论可以被视为影响区域发展的地要素与人要素以及人、地相互作用所形成的空间格局基础,其中地要素,即自然要素,包括自然地理条件、资源条件、生态环境等,生态环境是地要素的综合,其变化是人与地相互作用的结果(郑茜,2018)。

土地利用是连接人与自然关系的纽带,是人地关系地域系统中最重要的一个环节,土地利用变化的空间格局表征了人地关系在不同地域空间上的作用强度与作用模式(刘纪远等,2014),通过研究土地利用/覆被变化可以了解人地关系的主要问题(孙丽娜,2013),而景观格局变化是土地利用/覆被变化最直观的表现形式,因此研究景观格局演变有助于了解人地关系的主要问题。人地关系是生态文明建设的重要基础理论(吕拉昌等,2013)。在生态文明时代,正确认识人与自然的关系是协调好人地关系以实现可持续发展目标的关键(李小云等,2016)。人地关系即人与自然、人与生态的关系,追求人与自然和谐相处,与我国古代"天人合一"思想一脉相承。习近平总书记的"山水林田湖草是生命共同体"理念体现了从更大格局上认识人地关系的思想,深刻而透彻地阐明了人与自然和谐的根本。长江中下游流域景观格局变化的实质是人地关系的变化、人与自然关系的变化。因此,人地关系理论对长江中下游流域的自然景观、自然资源、生态环境保护、自然保护地建设、流域生态安全和社会经济发展具有指导意义。

2.1.5　空间近邻效应理论

空间近邻效应(space neighborhood effect)来源于空间相互作用理论和地理空间效应理论,可进一步溯源到物理"场理论"。空间相互作用既会使相关区域加强联系、拓展发展空间,又会致使区域之间对资源、空间、要素的竞争(宋金平等,2003)。空间相互作用遵循"距离衰减规律",即邻近的事物相关性更强;地理空间效应是估计随距离变更所引起的影响程度的变化(胡晓辉,2016)。国外研究提到"空间近邻效应",但未给出具体定义(胡佛,1990)。国内关于"空间近邻效应"的研究最早见于牛文元(1992)的《理论地理学》,以举例形式说明;覃成林等(1996)在《区域经济空间组织原理》中对空间近邻效应进行了定义,即区域经济的空间近邻效应是企业之间、经济部门之间或区域之间的空间关系对其发展所产生的影响。李小建等(1999)在《经济地理学》中对覃成林等提出的定义进行了改进,即空间近邻效应是指区域内各种经济活动之间或各区域之间的空间位置关系对其相互联系所产生的影响,是目前应用比较广泛的概念。在经济地理学中,德国农业经济学家杜能(Thunnen)依据农产品的重量体积、保鲜能力、运输费用等因素,以城市为中心,由里向外依次形成了自由式农业、林业、轮作式农业、谷草式农业、三圃式农业和畜牧业的生产方式空间配置格局,阐明了土地利用方向与社会经济活动中心的空间位置关系,是典型的空间近邻效应的体现(李小建等,1999)。

本书应用空间近邻效应,以自然保护地为实证案例,探究自然保护地的空间近邻效应,对自然保护地的整合优化、完整性保护和人类活动管控具有一定的参考价值。

2.2 研究综述

2.2.1 景观格局研究进展

景观格局的空间特征代表自然和人为干预对地表覆被的影响,通过研究景观格局演变可以探讨生态状况、空间变异规律和区域资源环境问题,明确人类活动对生态环境的影响(Gardner et al.,1987;傅伯杰,1995)。许多学者从景观格局基础理论(肖笃宁等,1988)、景观格局的优化(韩文权等,2005)、景观格局演变与驱动力(潘竟虎等,2012;陈雁飞等,2017;任嘉衍等,2017),以及景观格局与梯度分析、景观生态风险、生态系统服务价值等方面开展了深入研究,并取得了一系列成果。

1) 景观格局与景观梯度分析

景观格局研究大多关注的是景观粒度与幅度,常常忽略景观格局的空间梯度,景观梯度是指沿某一方向景观特征有规律地逐渐变化的空间特征(邬建国,2007)。梯度分析法最早由惠特克(Whittaker,1975)用于植被空间分布研究,之后在城市化对植物分布影响(Sukopp,1998)和生态系统影响(Pouyat et al.,1991)的研究中被广泛运用。由于梯度分析法在空间分析上的优势,国内外许多学者利用基于景观格局指数的梯度分析法来研究样带景观的梯度变化规律。卢克等(Luck et al.,2002)将梯度分析与景观格局指数相结合,量化美国亚利桑那州凤凰城城区城市化的空间格局,研究表明该方法可靠;张利权等(Zhang et al.,2004)结合梯度分析和景观格局指数,量化上海大都市区城市化的空间格局;龚建周等(2007)以高速公路为轴线建立东西、南北两条样带,同时从城市中心区向外以5 km等距扩张构建辐射梯度带,利用景观格局指数揭示 1990—2005 年广州市景观动态和梯度分异特征;黄金良等(2008)利用景观格局指数和梯度分析相结合的方法,研究了福建典型沿海港湾区域景观格局与时空梯度变化;黄宁等(2009)、谢余初等(2013)分别沿城市道路方向布设样带,研究道路扩展轴上的城市景观格局梯度变化;俞龙生等(2011)、范庆亚等(2013)分别以建成区中心为圆心设置环形辐射缓冲区,分析城市景观类型的圈层梯度变化特征;赵志轩等(2011)分别沿海河流域纵向和横向设置梯度样带,分析景观沿样带方向的梯度格局;白元等(2013)沿塔里木河流域纵向、横向设置缓冲带,分析河流廊道景观梯度动态;陈凌静等(2014)分析了重庆合川区景观格局梯度变化特征;郜红娟等(2015)分析了林地景观随地形梯度的景观变化规律;李莹莹等(2016)采用景观格局指数和梯度分析法,基于同心矩形样带和多向梯度模式分析了上海市绿色空间格局变化;雷金睿等(2017)分析了海口市景观格局梯度变化特征,认为城市化和人为干扰是影响景观梯度分布差异的主要因素;胡秋风等(2019)采用景观格局指数和梯度分析法研究了海岛型旅游地平潭岛景观梯度演变特征。目前,将景观格局指数与梯度分析相结合,针对长江干流区间城市在时间和空间序列上的动态梯度特征的研究较少。

2)景观格局与景观生态风险

随着自然因素与人类活动对景观格局影响的不断增强,景观格局受到的干扰与胁迫日益增多,景观生态风险评价逐渐成为近年来"景观格局—生态过程"互馈研究的热点(彭建等,2014)。景观生态风险是自然或人为因素影响下景观格局与生态过程相互作用可能产生的不利后果,主要以景观生态学为依托,侧重景观格局与生态过程的耦合关联,更加注重风险的时空异质性和尺度效应,致力于实现多源风险的综合表征及其空间可视化(彭建等,2015)。在风险受体上,以特定区域和城市中的一种或多种景观为风险综合体(Liu et al.,2008),反映景观格局及其演变对生态过程、生态健康的影响(曹祺文等,2018)。景观生态风险评价的方法主要包括景观格局指数法(Xie et al.,2013;龚俊杰等,2016)和风险"源—汇"法(王金亮等,2016;李海防等,2013)。目前景观生态风险评价的研究主要集中于河湖流域(黄木易等,2016b;谢小平等,2017)、行政区(胡金龙等,2013;林媚珍等,2016)、城市地域(王敏等,2016;高宾等,2011)等方面。赵卫权等(2017)分析了2000—2013年赤水河流域景观格局的演变,构建了流域生态风险评价体系并提出了管控对策。谢小平等(2017)构建了景观生态风险指数,利用空间统计、重心迁移等方法,揭示了2000—2015年太湖流域景观生态风险时空演变特征与规律。李青圃等(2019)以宁江流域为研究区,采用空间主成分分析法,从"自然—人类社会—景观格局"三个维度对流域景观生态风险进行了综合评价,基于景观生态风险评价结果,构建了累积阻力表面,利用最小累积阻力模型进行了流域景观格局的优化。也有学者对自然保护区(Gaines et al.,2004)、古村古镇(唐晓岚等,2018)、水利枢纽区(任金铜等,2018)等进行了景观生态风险评价研究。然而,针对长江干流区域尤其是跨江地区景观生态风险评价的研究相对较少。

3)景观格局与生态系统服务价值

景观格局与生态过程相互作用,驱动着景观的整体动态,并呈现出一定的景观功能特征——生态系统服务价值(苏常红等,2012)。生态系统服务价值是指通过生态系统的结构、过程和功能直接或间接得到的生命支持产品和服务价值,其价值评估是生态环境保护、生态功能区划、环境经济核算和生态补偿决策的重要依据和基础(Daily et al.,2000;Egoh et al.,2007;Lautenbach et al.,2011)。科斯坦扎等(Costanza et al.,1997)在《自然》(Nature)上发表的《全球生态系统服务价值和自然资本的价值估算》一文,对生态系统带给人类的产品和服务进行价值度量,生态系统服务价值的理论、评价、核算方法及应用成为国际可持续发展研究的热点之一。

生态系统服务价值变化的实质是景观格局动态变化的定量化反映和体现(Daily,1997)。目前,多集中于景观格局与生态系统服务价值之间的内在联系、景观格局演变及对生态服务系统价值变化的研究。张明阳等（2010）对桂西北典型喀斯特区景观格局与生态系统服务价值的研究表明，斑块类型面积、最大斑块指数、蔓延度指数、聚集度指数与生态系统服务价值呈正相关，分离度指数、分割度指数、斑块丰富度指数与生态系统服务价值呈负相关，并且随着关键景观类型比例的增加和连通性的增强，生态系统服务价值有所增强。苏世亮等（Su et al.，2012）对杭嘉湖地区的研究表明，城市化导致的景观破碎化给生态系统服务价值带来了负面影响。刘焱序等（2013）分析了1990—2009年秦岭山区的景观格局演变对生态系统服务价值的影响，研究表明最大斑块指数、蔓延度指数和聚集度指数与生态系统服务价值呈正相关。王重玲等（2015）分析了1989—2006年宁夏中部干旱带的草地和耕地景观格局变化及其对生态系统服务价值的响应。宋敏敏等（2018）利用景观格局指数、土地利用程度、生态系统服务价值当量估算等方法定量探讨了1986—2016年黄土沟壑区小流域景观格局和生态系统服务价值演变特征。朱颖等（2018）分析了1995—2015年天目湖流域的景观格局与生态系统服务价值变化动态。

4）长江中下游流域景观格局研究进展

流域是一个相对独立的自然地理系统，以水为纽带将系统内的各自然地理要素连接成一个整体（陈希等，2016）。流域为人类生存提供重要的物质基础和生态服务，对社会经济健康、安全、稳定的发展具有不可替代的作用。然而，随着城市化、工业化等多重人为干扰的加剧，流域内的自然资源环境与生态系统受到的胁迫愈加严峻，流域景观格局发生变化，其演变直接影响流域内自然过程的发生发展和流域生态安全（万荣荣等，2005）。因此开展流域景观格局演变研究对流域内的景观调控和流域综合治理具有重要的理论与现实意义。目前，关于流域景观格局研究较多的主要有石羊河流域（张学斌等，2014；王蓓等，2019）、塔里木河流域（白元等，2013；周华荣等，2006）、东江流域（孙琳等，2018；吕乐婷等，2019）等，为流域景观格局及其相关研究提供了经验借鉴。

近年来，针对长江中下游流域景观格局演变特征及与其相关的景观梯度、景观生态风险和生态系统服务价值等的研究多集中于中小尺度。黄群等（2013）分析了洞庭湖湿地景观格局变化。徐娜等（2014）利用景观格局指数和数学模型探讨了土地利用变化对长江三角洲景观格局的影响。任琼等（2016）研究了1995—2015年鄱阳湖区域的景观格局动态及主要驱动因素。黄木易等（2016a）研究了2000—2013年巢湖流域的景观格局变化与生态风险及驱动机制。陈希等（2016）提取了1980年、2000年和2010年湘江流域的景观类型图，利用景观格局指数和生态系统服务价值当量估算方法，定量揭示了31年间湘江流域的景观格局和生态系统服务价值变化特征。谭洁等（2017）利用转移矩阵和景观格局指数分析了1996—2016年洞庭湖区域的景观格局演变特征。王芳等（2017）采用景观格局指数、动态变化模型、景观转移矩阵和小尺度土地利用变化及其空间效应（CLUE-

S)模型预测等方法分析了 2000—2015 年太湖流域的景观格局动态变化。胡昕利等(2019)采用景观格局指数、梯度分析及相关性分析方法揭示了1990—2015 年长江中游地区(湖北、湖南、江西)的景观格局变化及驱动因素。也有学者基于大尺度开展了研究,如高凯(2010)在其博士学位论文中从宏观尺度分析了长江流域的景观结构特征,从中观尺度分析了武汉市的景观格局变化特征;韩宗袆(2012)在其硕士学位论文中采用景观格局指数、景观动态度和元胞自动机—马尔可夫(CA-Markov)模型分析了长江中下游流域景观格局;孔令桥等(2018)分析了整个长江流域生态系统格局演变特征和驱动因素。

关于流域景观格局以及与景观格局相关的景观梯度、景观生态风险、生态系统服务价值的研究取得了一系列成果,但目前同时从多时空、多层次对长江中下游流域景观格局的相关研究还较为缺乏。

2.2.2 人类活动强度研究进展

人类活动是伴随人类社会的客观存在,包含内容宽泛,包括人类一切可能形式的活动或行为,如个体的、群体的、社会的、政治的、经济的等(叶笃正等,2001)。从人对自然影响的角度来看,人类活动是指人类为满足自身的生存和发展而对自然环境所采取的各种开发、利用和保护等行为的总称(徐勇等,2015)。随着人口快速增长和经济飞速发展,人类活动对地球的作用范围和强度不断增大,人类活动的影响越来越明显,人类已成为地球生态系统的主宰(Vitousek et al.,1997)。20 世纪 70 年代,全球变暖、酸雨、臭氧层空洞、森林砍伐、荒漠化、生物多样性减少、生态系统退化等全球性环境问题凸显,以 1994 年美国哥伦比亚大学环境科学与政策研究学者米勒(Miller,1994)的研究为代表开启了学界关于人类活动对自然过程干扰的研究,自此人类活动开始受到国际学界的高度关注。随后相关组织先后发起了国际生物多样性科学研究规划(DIVERSITAS)(Loreau et al.,1999)、世界气候研究计划(World Climate Research Programme,WCRP)(Barry,2003)、国际地圈生物圈计划(International Geosphere Biosphere Programme,IGBP)(Mauser et al.,2013)等,均将人类活动纳入影响全球变化的主要因子。因此,探求人类活动对自然资源、自然生态环境的影响机制与作用规律已成为一项重要的科学问题,重点和难点是如何将人类活动强度定量化和空间化。目前,该方面的研究已取得了一系列成果,主要集中在以下两个方面:

1)通过指标选择、权重赋值计算人类活动强度的方法及其应用

国内学者以人类活动导致的生态环境问题为切入点,展开了人类活动强度综合评价指标构建与景观生态影响研究(韩美等,2017)。文英(1998)最早对人类活动强度的概念及量化进行了探讨,提出人类活动强度是指一定面积区域因受到人类活动影响而产生的扰动程度;构建了涵盖自

然、经济、社会指标层的人类活动强度指标体系,采用层次分析法确定指标权重,进而采用指标加权求和计算出人类活动强度。之后,众多学者对该方法进行了改进,并进行了实证应用研究,如胡志斌等(2007)选取道路、居民点和地形作为人类活动强度的决定因子,采用层次分析(Analytic Hierarchy Process,AHP)方法确定三个因子的权重并计算人类活动强度,定量揭示了岷江上游区域人类活动强度和空间分布特征;王金哲等(2009)选择人口、耕地面积、开采井总数、粮食年产量、河道过水量、水渠引水量作为人类活动强度评价指标,采用指数加权法和专家打分相结合的方法,对滹沱河流域平原区的人类活动强度进行了定量评价;郑文武等(2010)提出了一种以统计学和空间分析法为基础的人类活动强度空间模拟方法,包含工业活动强度、农业活动强度和交通活动强度,对各指标进行权重赋值计算人类活动强度,并采用反距离权重插值进行空间化表达,将其应用于南方红壤丘陵区衡阳盆地人类活动强度的定量研究;陈红翔等(2011)选取人口密度、经济密度、普通中学数量等 19 个反映社会因素、经济因素和文化因素的因子构建人类活动强度评价指标体系,采用层次分析法获取各指标权重,利用加权法定量揭示了黑河中游张掖地区的人类活动强度;汪桂生等(2013)以耕地面积、人口数量、粮食单产、灌渠长度作为人类活动强度评价指标,基于历史文献记载及估算数据,采用变异系数法、熵值法、标准离差法和基于指标相关性的权重确定方法(Criteria Importance Through Intercriteria Correlation,CRITIC)定量揭示了明清时期及民国时期黑河中游的人类活动强度;关靖云等(2015)以社会文化因子、经济因子、自然禀赋因子为指标构建人类活动强度评价体系,采用变异系数法和权重加权法计算 2002—2011 年吐鲁番人类活动强度指数并探讨其驱动因素;马欣敏等(2015)选取农田、道路、建筑用地、海拔、坡度和坡向作为人类活动强度的评价因子,采用层次分析法确定各指标权重,定量研究了哈巴雪山自然保护区人类活动强度的时空演变;刘春雨等(2016)选取交通、居民点和高程作为指标,采用层次分析法确定指标权重,构建了甘肃省人类活动强度指数,探讨了人类活动强度对甘肃省净初级生产力的影响;韩美等(2017)选取耕地、居民点、工矿用地、交通用地作为人类活动强度评价指标,采用加权综合指数法对各指标进行权重赋值计算人类活动强度,在地理信息系统(Geographic Information System,GIS)中借助反距离权重插值和自然断点法形成人类活动强度分布图,进而分析了人类活动强度对黄河三角洲湿地景观格局的影响。

通过指标选择、权重赋值计算人类活动强度的方法具有问题导向性比较明确、地域特点比较突出的优点。但是该方法的人类活动强度概念含义比较宽泛,构建人类活动强度的指标缺乏标准界定,指标选择上的主观性强,往往因人而异、因研究区域而异;其人口、经济、社会等数据受限于统计数据,在人类活动强度评价过程中需以行政区域为单元;综合指标的物理意义不清,研究尺度较小,普适性弱,不便于开展区域之间人类活动强度空间分布差异的对比研究。

2）通过土地利用/覆被类型数据构建人类活动强度的方法及其应用

人类活动对自然生态环境的影响主要体现在土地利用、城市化空间扩张、大型工程设施建设、诱发自然灾害等方面（魏建兵等，2006）。土地利用/覆被变化（Land-Use and Land-Cover Change，LUCC）既是表征人类活动对地球表层系统影响的最直接表现形式（Lawler et al.，2014），也是表征人类活动对全球变化响应的重要因素之一（刘纪远等，2018）。1995年国际地圈生物圈计划（IGBP）和全球环境变化人文因素计划（International Human Dimension Programme on Global Environmental Change，IHDP）共同制订的土地利用/覆被变化科学研究计划以及2005年发布的全球土地计划（Global Land Project，GLP），将土地利用/覆被变化作为全球变化研究的核心内容（Turner et al.，1995；Howells et al.，2013）。土地利用/覆被变化（LUCC）研究在将经济社会因素纳入土地利用/覆被变化的成因、机制、驱动力解析以及模型构建的过程中（Pelorosso et al.，2009；刘纪远等，2009），存在只采用国土开发强度（建设地面积占国土面积的比重）、单位面积产出等单类型指标，致使研究结果片面的问题（唐华俊等，2009）。基于此，徐勇等（2015）提出了陆地表层人类活动强度（HAILS）的概念，即在一定区域内人类对陆地表层利用、改造和开发的程度，可通过土地利用类型来反映，构建了人类活动强度算法模型和土地利用/覆被类型的建设用地当量系数折算方法，并利用1984—2008年的土地利用数据，分别以省级、市级和县级行政区划为空间单元对全国进行了实证研究。之后一些学者应用陆地表层人类活动强度（HAILS）计算方法，取得了一系列研究成果。刘慧明等（2016）采用陆地表层人类活动强度（HAILS）计算方法构建人类干扰指数，以900 m×900 m的网格为空间单元，定量分析了2000—2010年桂西黔南生物多样性保护优先区人类干扰程度的空间分布与动态变化特征；徐小任等（2017）利用陆地表层人类活动强度（HAILS）计算方法，从总体变化、类型时空分异、地域单元变化及空间自相关性等方面，以县级行政区划为空间单元分析1992—2008年黄土高原地区人类活动强度的时空变化特征；章侃丰等（2017）采用陆地表层人类活动强度（HAILS）计算方法以1 km×1 km的网格为空间单元，定量揭示了2010年哈尼梯田区人类活动强度的空间分异特征；温小洁等（2018）采用陆地表层人类活动强度（HAILS）计算方法以县级行政区划为空间单元分析了2000—2015年黄河中上游植被覆盖与人类活动强度动态演变趋势；赵亮等（2019）采用陆地表层人类活动强度（HAILS）计算方法以县级行政区划为空间单元分析了1975—2015年黄土高原人类活动强度的时空演变特征及驱动因素。

上述方法能比较客观地表征人类对陆地表层利用、改造和开发程度的综合状况，因学科领域和研究目标不同，人类活动强度可以有不同的表达方式和测度方法（徐勇等，2015）；其研究尺度可大、可小，不局限于以行政区划为研究单元,可以是流域单元、自定义尺度的网格单元,比较适用于跨多区域的无明确行政边界范围地区的人类活动强度计算及空间分布表达,利于不同区域之间相关研究成果的对比分析,普适性比较强。

2.2.3 自然保护地周边及流域内保护地研究进展

自然保护地是保护生态系统的关键。建设自然保护地是保护我国生态环境、自然资源、景观资源的有效措施。自然保护地在保护生物多样性、保存自然遗产、改善生态环境质量和维护国家生态安全方面发挥着重要作用。但是,自然保护地周边区域的发展所导致的栖息地破碎与丧失、生态退化等问题对自然保护地构成了威胁。目前,越来越多的学者认识到对于自然保护地的保护不能只保护其内部,保护地外部近邻区域景观格局的变化必须引起重视,2019 年 7 月在内蒙古大兴安岭汉马国家级自然保护区举行的"2019 国际自然保护地联盟年会暨跨界自然保护地研究与管理合作研讨会"建议世界各国积极推进自然保护地及周边的友好发展,从根本上缓解自然保护地周边发展与保护之间的冲突与矛盾。

1) 关于自然保护地周边区域人类活动对保护地影响的研究

土地利用/覆被变化(LUCC)是人类活动与自然环境相互作用最直接的表现形式,是导致生物多样性变化的首要驱动因子(Wade et al.,2011;Foley et al.,2005),是定量揭示自然保护地内部和外围区域结构及格局变化的基础(Vitousek et al.,1997;Chapin et al.,2000)。汉森等(Hansen et al.,2007)认为保护区是更大生态系统的一部分,未受保护的生态系统土地利用变化可能会重新调整生态系统,导致保护区功能和生物多样性的变化。他提出了保护区外围区域土地利用对保护区生态和生物多样性影响机制的概念模型并进行了全面阐述(图 2-1)。在图 2-1(a)中,保护区作为更大生态系统的一部分,有能量、物质和/或有机体流经这个生态系统,未受土地利用变化影响;在图 2-1(b)中,土地利用变化减少了生态系统的有效规模;在图 2-1(c)中,土地利用改变了生态流;在图2-1(d)中,土地利用的变化消除了独特的生境,并破坏了源—汇动态;在图2-1(e)中,土地利用的边缘效应对公园产生了负面影响。汉森(Hansen)还指出流域常被定义为水生态系统的范围,生态系统的许多组成部分之间在流域内发生强烈的相互作用,因此流域可被看作"更大生态系统",保护区是更大生态系统的一部分。

麦克唐纳等(McDonald et al.,2008)指出,随着社会经济发展,一些自然保护地与城市之间的距离将大幅缩小,城市与自然保护地距离的日益逼近将会导致自然保护地的生物多样性退化。哈特等(Hartter et al.,2009)对乌干达的基贝尔(Kibale)国家公园进行研究发现,国家公园建立后公园内的森林植被得到了极好的保护,公园边界保持得极为完整,但随着公园外围人口的增长和土地的稀缺,公园外围的森林和湿地逐渐被转化

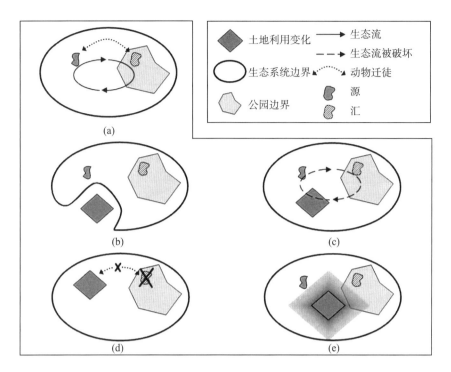

图 2-1　土地利用变化对生态系统影响的概念模型图解

为牧场和农业用地,公园周围的景观越来越分散,森林和湿地的斑块数量减少、面积减小,基贝尔国家公园越来越被孤岛化。琼斯等(Jones et al.,2009)认为自然保护地外部的人类活动会缩小保护地的有效大小,限制其保护生物多样性和生态系统功能的能力,并采用汉森(Hansen)所提出的土地利用变化对生态系统功能影响的机制,对美国黄石国家公园和大提顿国家公园及其外围区域进行了实证研究。贝利等(Bailey et al.,2016)研究了马普托—蓬多兰—奥尔巴尼生物多样性热点地区周边保护区的土地覆盖变化,对每个保护区内部和周围的土地进行分类,研究表明每个保护区周围的人类住区都在增加,这可能会增加保护区边缘的人类活动,并威胁到它们的生态完整性。虽然保护区周围的城市扩张幅度各不相同,但增幅高达 10%。马蒂努兹等(Martinuzzi et al.,2015)研究并预测了2001—2051 年美国 1 260 个保护区的土地利用情况,研究表明保护区周围城市扩张仍是主要威胁,并且相当多数量的保护区将会失去其周围的自然植被。杨静怡等(Yang et al.,2019)以中国 2 740 个不同类型的自然保护区及其周边区域为研究对象,从自然保护区的面积损失、生境破碎化、潜在威胁程度等方面量化保护区周围区域的居住用地扩张对自然保护区的影响,并评估了在不同开发和保护情景下,到 2050 年人类居住区扩张对自然保护区的影响,研究发现内陆湿地和森林生态型保护地受到保护地周边区域居住区扩张等人类活动干扰的强度大于荒漠生态、海洋海岸、草原草甸等其他类型的自然保护地。

我国学者就自然保护地周边区域的影响研究也取得了一定成果。刘红玉等(2008)以三江平原浓江河流域的洪河国家级自然保护区及其周边区域为研究对象,利用景观多样性指数和景观连通性指数等方法探讨了周边区域湿地景观变化对保护区内景观结构的影响。范泽孟等(2012)以我国180个国家级自然保护区为研究对象,构建土地覆盖类型转换方向判别指数模型,运用生态多样性模型和斑块连通性模型,对各类国家级自然保护区及其核心区、缓冲区和实验区的土地覆盖转换趋势进行计算,对保护区的保护成效进行评估。占昕等(2017)利用遥感(Remote Sensing,RS)和地理信息系统(GIS)空间分析技术计算闽江河口湿地自然保护区的自然景观特征、生态学干扰和景观破碎化程度三项指标,并在此基础上构建二层次的景观自然性评价指标体系,定量分析了2003—2013年研究区域内景观自然性的变化,并进一步探讨了不同距离的环状带对湿地保护区及周边区域景观自然性的影响,同时对闽江河口湿地保护区及其周边区域的景观自然性变化进行了分析。尹炀等(2018)选取能够反映湿地景观格局变化的景观格局指数作为指标,构建保护区湿地保护的有效性评价指标体系,以距保护区边界50 km的周边地区为参照背景,利用信息熵模型,对1985—2017年洪河国家级自然保护区的湿地保护有效性进行定量评价。朱琪等(2019)以长白山国家级自然保护区及其周边30 km缓冲区为研究区域,结合"敏感度—恢复力—压力度"概念模型和空间主成分分析法评估保护区内外2005—2015年的生态脆弱状况,并分析其主要驱动力。

目前,关于自然保护地周边区域的研究多见于自然保护区中,也有学者对风景名胜区与遗产地外围区域开展研究。于涵(2018)在分析我国风景名胜区外围保护地带作用和缺失的基础上,结合青城山—都江堰风景名胜区外围的文化景观发展历史及景观特征,从景观格局、分层/分区控制等方面提出外围保护地带的规划保护建议。周年兴等(2008)根据世界自然保护联盟的技术评估报告和世界遗产委员会的决议,对186处世界自然遗产地受到的威胁因素进行识别和评估,研究表明遗产地外围区域的城市化建设、人口增长、工业发展、环境污染等是自然遗产地的主要威胁因素,外围开发使遗产地呈孤岛状态。美国黄石国家公园由于边界之外的不合理城市建设和资源开采,曾于1995年被列入"濒危世界遗产名录"。贾丽奇(2015)在其博士学位论文中以隶属于国家级风景名胜区的世界遗产缓冲区为研究对象,研究世界遗产外围缓冲区的规划策略,并以泰山遗产地为实证开展研究。

2)自然保护地空间近邻效应研究

空间近邻效应是经济地理学中的理论,国内外学者的研究表明自然保护地同样存在空间近邻效应,包括溢出效应和泄漏效应。溢出效应是指保护地的建立对周边区域的生态环境保护起到积极作用,为正效应(Russ et al.,2004;Nepstad et al.,2006);泄露效应是指保护地的建立可能会把原本发生于保护地内部的人类活动转移到保护地周边邻近区域,使其人类活动强度高于保护地和更远外围区域,为负效应(Oliveira et al.,2007;Wittemyer et al.,2008;Ewers et al.,2008)。桑切斯-阿佐菲法等(Sánchez-Azofeifa et al.,2003)研究发现哥斯达黎加所有国家公园和生物保护区周围0.5 km和1.0 km缓冲区的森林砍伐量和砍伐率远低于10 km缓冲区。尤尔斯等(Ewers et al.,2008)研究发现新西兰塔拉纳基山上的埃格蒙特国家公园于1881年被列为森林保护区,于1900年又被设立为国家公园,保护区和国家公园的设立使保护区内的自然植被得到了有效保护,但保护区周围地区森林砍伐面积的急剧增加最终使保护地孤立于景观之中。刘方正等(2017)基于人工地物时空变化评估了沙坡头国家级自然保护区的空间近邻效应,结果表明保护区周边区域的人工地物占比逐渐增加,且以距保护区边界0—5 km外围区域尤为突出。左丹丹等(2019)以斑块密度、最大斑块指数和蔓延度指数等景观格局指数为指标,分析了若尔盖保护区的空间邻近效应和保护成效,结果表明保护区邻近区比保护区内部和距离保护区更远区域受到的人类干扰更强。因此,研究自然保护地的空间近邻效应,并揭示其主要影响范围,将有助于推动自然保护地内外整体性管理与保护,对避免保护地的"孤岛"现象起到重要支撑作用。

3)流域内自然保护地研究

流域生态系统是一个以水文过程为纽带而将整个流域内各生态系统有机联系在一起的复合生态系统(杨海乐等,2016)。流域内的保护地深受流域景观格局的影响,一些学者针对流域保护地进行了研究。汉森等(Hansen et al.,2007)认为大沼泽地生态系统是包括佛罗里达州南部大量连续的淡水缓流海域,而大沼泽地国家公园只包括这一大型流域的一部分,其生态过程受到流域上游未被保护土地的强烈影响(National Academy of Sciences,2003)。凯德拉等(Kedra et al.,2019)认为伴随着气候条件的变化,国家公园和自然保护区周边广泛分布的由人类活动导致的土地覆被转换,会对这些保护地的自然环境和生态系统产生严重影响,同时他们还评估了波兰喀尔巴阡山脉地区诸河流域的6个国家公园及其周边区域的土地覆被转变方向和幅度。

李红清等(2012)从数量、面积、类型、分布、管理等方面,对长江流域内的自然保护区进行了识别、整理、统计分析。燕然然等(2013)从流域视角,以长江流域二级子流域为基本研究单元,分析长江流域湿地自然保护区的代表性、重要性程度、空间分布与组成结构现状特征以及保护管理存在的问题。幸赞品等(2019)从流域尺度分析了白龙江流域8个自然保护区生态系统服务价值的变化。但以上研究均未分析流域景观格局/土地利用变化对自然保护区的影响。

刘红玉等(2007)从流域尺度分析了浓江河流域和流域内洪河国家级自然保护区1954—2005年的土地利用/覆被变化,并采用景观生态学方法计算洪河国家级自然保护区和浓江河流域湿地景观多样性和景观连通度,系统研究了流域土地利用变化对保护区湿地景观的影响,研究表明土地利用/覆被变化直接导致流域湿地景观多样性降低、间接影响洪河保护区湿地景观多样性,是洪河保护区湿地景观结构和功能改变的主要因素之一,强调必须恢复保护区周边区域一定面积的湿地以维持景观连通性。杨海乐等(2016)以阿尔泰两河流域为研究对象,提出要从流域生态系统层面进行阿尔泰两河流域生态保护体系建设,即"抓点—连线—带面"三个阶段,其中"抓点"是指完善关键生态热点区的保护地建设;"连线"是指构建以流域水系为纽带的保护地网络;"带面"是指推进阿尔泰两河流域的绿色发展。流域生态保护体系建设的思路或将为流域生态文明建设带来启示。边红枫(2016)在其博士学位论文中以洮儿河流域及流域内的莫莫格国家级自然保护区为研究对象,将流域作为一个整体系统,采用土地利用变化、景观格局指数等方法揭示了洮儿河流域景观格局变化及其对莫莫格国家级自然保护区湿地面积、生态服务功能的影响;并根据景观生态学连通理论,提出了基于湿地景观保护的洮儿河流域土地利用优化方案。

以上研究针对流域景观格局变化对自然保护地的影响进行了探讨,为开展长江中下游流域的研究提供了参考价值。长江中下游流域地域跨度大,流域内水量充足、河湖水系密布,湿地资源、景观资源极为丰富,各类型自然保护地数量众多。目前针对长江中下游流域土地利用变化/景观格局变化对自然保护地的影响研究比较缺乏,然而长江中下游流域是各类型自然保护地所处的更大生态系统,流域内的土地利用变化或景观格局变化势必会对自然保护地产生一定影响。

2.2.4　研究进展评述

自然资源丰富、景观独特、生物多样的长江中下游流域拥有多样化的生态系统和众多的自然保护地及重要的生态功能区。同时,该区域作为我国东西南北经济与自然之间的纽带,是我国经济的主要支柱之一,也是长江经济带国家发展战略的重要组成部分,其肩负着推动经济发展、保护生态环境以及打造长江绿色生态廊道的重任。

在研究对象和范围上,景观格局是人类对土地利用的直观体现,通过景观格局分析可以较好地掌握人类对景观的干扰,是景观生态学的热点问题之一。现有研究从景观格局演变,或与景观梯度、景观生态风险、生态系统服务价值相结合等方面进行了大量研究,并取得了一系列成果。但是目前的研究多集中于长江中游城市、长江三角洲、巢湖流域、太湖流域等中小尺度范围,缺少诸如长江中下游流域、长江流域等更大空间范围的研究,并且结合地形地貌特征、子流域揭示长江中下游流域景观结构变化的研究也相对较少。

在研究视角上,以上研究基本都是针对单一对象研究其景观格局及生态效应或人类活动强度或流域内的自然保护地,缺少将流域视作一个完整系统、将流域内的典型区段和自然保护地视作子系统,在"流域—典型区段—保护地"三个层面系统开展研究。本书从流域视角分析流域景观格局变化、人类活动强度及其与自然保护地、湿地景观等生态敏感区的互作关系;从典型区段视角分析区域景观格局演变、沿江梯度特征以及景观格局时空变化对景观生态风险和生态系统服务价值的影响;从保护地视角分析自然保护地周边区域的景观格局变化对保护地的影响。

在研究方法上,关于景观格局时空演变的研究,国内外主要采用的是土地利用转移矩阵、单一动态度、整体动态度和景观格局指数等方法,本书在这些传统而经典的研究方法上结合地形地貌特征和子流域,揭示长江中下游流域的景观格局时空演变规律和地形上、区域间的差异。关于人类活动强度的计算,以往研究大多通过选取指标层来构建人类活动强度指标体系,采用层次分析法确定指标权重,进而采用指标加权求和计算出人类活动强度,但该方法在指标选取时的主观性比较强、研究尺度较小,因此本书采用不受行政单元和研究尺度限制的土地利用/覆被类型来构建陆地表层人类活动强度模型的方法予以研究。

3 长江中下游流域及自然保护地概况与分析

本章从流域及对其形态特征的认知出发,重点从自然地理、社会与生态环境、自然保护地等方面对长江中下游流域开展分析。考虑湖北西部和陕西西部山地地貌景观的连续性,本书中的长江中下游流域包括小部分本属于长江上游地区的湖北宜昌西部和陕西西部边界区域。研究区分布着丰富的水体、湿地和植被等资源,生态系统多样,生物多样性极其丰富,景观资源丰富,分布有类型多样、数量庞大的自然保护区、风景名胜区、森林公园、湿地公园等自然保护地;同时,长江中下游流域也是我国人口密度最高、经济活动强度最大、环境压力最重的流域之一(姚瑞华等,2014),是经济发展、自然资源利用与生物多样性及自然景观资源保护之间冲突最为激烈的区域之一。

3.1 流域及其形态特征

3.1.1 中国流域分布

流域是指一个水系干流和支流所流经的整个区域,流域生态系统具有自然边界清晰、资源供给稳定、生物资源丰富、地域文化突出等特征。流域的分水岭对于许多生物来说是一个重要屏障,对于人类来说也是难以逾越的障碍,因此流域中的人群组成相对比较固定,这在历史上造就了各种以流域为边界的独特流域文化(赵斌,2014)。

根据中国科学院地理科学与资源研究所数据可知,中国可划分为九大流域片区,具体为松辽流域、海河流域、淮河流域、黄河流域、长江流域、珠江流域、东南诸河流域、西南诸河流域、内陆河流域,其中长江流域的水系最为丰富。

3.1.2 长江流域形态及特征

长江发源于青藏高原的唐古拉山脉各拉丹冬雪山西南侧,其干流流经的省市包括青海、西藏、四川、云南、重庆、湖北、湖南、江西、安徽、江苏和上海,在长江三角洲崇明岛以东注入东海,全长约 6 300 km,是中国第一大河、世界第三大河,流域面积约为 1.8×10^6 km²,约占我国陆地总面积的

18.8%。其中，湖北宜昌以上为上游，长约 4 500 km，流域面积约为 1×10^6 km²；宜昌至江西湖口段为中游，长约 955 km，流域面积约为 6.8×10^5 km²，主干流地势平坦、水流平缓，主要包括长江南岸洞庭湖水系的沅江、湘江和鄱阳湖水系的赣江，以及长江北岸的汉江，在自然地理上覆盖了江南丘陵、秦岭东段南坡和大巴山区东段、部分淮阳山地和中下游平原低海拔地区；湖口以下至入海口为下游，长约 938 km，流域面积约为 1.2×10^5 km²，江阔水深，地势平缓(李红清等，2012)。

　　长江流域的界线，北以昆仑山、巴颜喀拉山、西倾山、岷山、秦岭、伏牛山、桐柏山、大别山、淮阳丘陵等与黄河、淮河流域为界；南以横断山脉的云岭、大理鸡足山、滇中东西向山岭、乌蒙山、苗岭、南岭等与澜沧江、元江和珠江流域为界；西部以可可西里山、乌兰乌拉山、祖尔肯乌拉山、尕恰迪如岗雪山群与藏北羌塘内陆水系分界；东南以武夷山、石耳山、黄山、天目山等与闽浙水系为界(水利部长江水利委员会，1999；长江水利委员会综合勘测局，2003)。长江干流横跨东西，支流伸展南北，从西到东跨越我国大地形的三大台阶，串联起青南—川西高原、横断山区、秦巴山地、四川盆地、云贵高原、大别山地、江南丘陵和长江中下游平原等多个大地构造地貌(《中国河湖大典》编纂委员会，2010)。图 3-1 为长江流域现代地貌区划，分为上游深切割高原区、中游中切割山地区、中下游低山丘陵平原区 3 个一级地貌区和 15 个二级地貌区。长江流域山水林田湖草浑然一体，动植物资源丰富，是我国重要的生物基因宝库，分为东部湿润常绿阔叶林，西部半湿润常绿阔叶林，亚热带山地寒温性针叶林，青藏高原高寒草甸、高寒草原植被 4 个植被区域和东部丘陵平原亚区、西部山地高原亚区等多个动物地理亚区，动植物区划如图 3-2、图 3-3 所示。同时，长江流域分布有中华鲟、江豚、扬子鳄、大熊猫、金丝猴等珍稀动物和银杉、水杉、珙桐等珍稀植物，是我国珍稀濒危野生动植物集中分布区域(长江水利委员会综合勘测局，2003)。

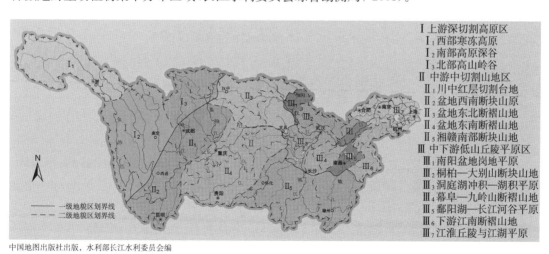

中国地图出版社出版，水利部长江水利委员会编

图 3-1　长江流域现代地貌区划

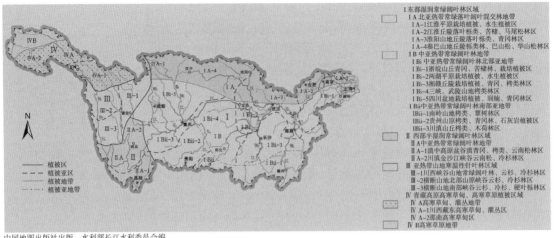

中国地图出版社出版，水利部长江水利委员会编

图 3-2　长江流域植被区划

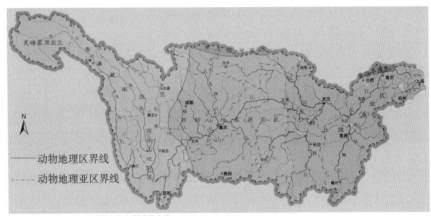

中国地图出版社出版，水利部长江水利委员会编

图 3-3　长江流域动物地理区划

3.2　长江中下游流域自然地理概况及分析

3.2.1　地理位置

长江中下游流域泛指湖北宜昌以东的长江流域，北起秦岭、南至南岭、西通巴蜀、东抵黄海（地处 105°30′—122°30′E，23°45′—34°15′N）[①]，本书涉及上海、江苏、浙江、安徽、江西、湖北、湖南、河南、陕西八省一市，其中上海、江西、湖北、湖南 97% 以上的面积在研究区内，江苏、安徽、陕西35%—50% 的面积在研究区内，浙江、河南 12%—17% 的面积在研究区内，研究区总面积约为 776 321.83 km²，约占我国陆地总面积的 8%，在地理分区上主要涵盖华中区和华东区。研究区是沟通我国东西南北经济与

自然联系的纽带和桥梁,有巨大的发展潜力(雷昆,2005),其中,上海、江苏、浙江、安徽、江西、湖北、湖南是长江经济带的重要区域,肩负着经济发展和生态环境保护及绿色生态廊道建设的多重责任。

3.2.2 地形地貌

长江流域地跨扬子准地台、三江褶皱系、松潘—甘孜褶皱系、秦岭褶皱系和华南褶皱系五大构造区,地质构造复杂多变。长江流域整个地势西高东低,跨越中国地势的三大阶梯。其中,长江上游属第一、第二级阶梯,海拔为500—5 000 m。研究区海拔在—181 m 至 3 486 m 之间,高值区主要分布在秦岭山地、武陵山区等。长江中下游大部分地区处于第三级阶梯,包括长江干流中下游、汉江中下游及洞庭湖、鄱阳湖、巢湖、太湖水系流经的淮阳山地、江南丘陵和长江中下游平原等,海拔在 500 m 以下,地势平缓;第二、第三级阶梯间的过渡地带由南阳盆地、江汉平原、洞庭湖平原西缘的狭长岗丘和湘西丘陵组成,一般海拔为 200—500 m(《中国河湖大典》编纂委员会,2010)。研究区高程及 29°0′0″N、30°0′0″N、31°0′0″N 横断面图和 111°30′0″E、114°0′0″E、116°30′0″E、119°0′0″E 纵断面图见图 3-4。研究区地貌类型多样,空间层次感较强,根据中国 100 万地貌类型空间分布数据(数据源自中国科学院资源环境科学与数据中心)和《中华人民共和国地貌图集(1∶1 000 000)》可知,研究区包括平原、台地、丘陵、小起伏山地、中起伏山地、大起伏山地六种地貌类型(0≤平原<30 m、30 m≤台地<70 m、70 m≤丘陵<200 m、200 m≤小起伏山地<500 m、500 m≤中起伏山地<1 000 m、1 000 m≤大起伏山地<2 500 m)(Cheng et al.,2011)(图 3-5)。

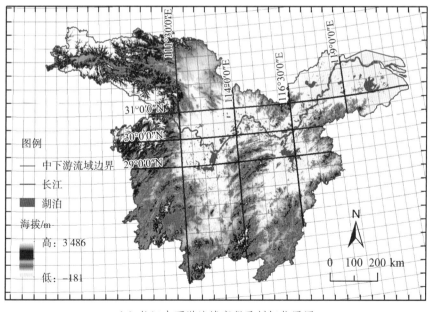

(a) 长江中下游流域高程及剖切位置图

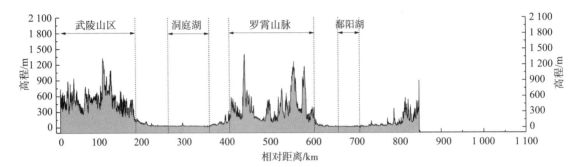

（b）研究区 29°0′0″N 断面图

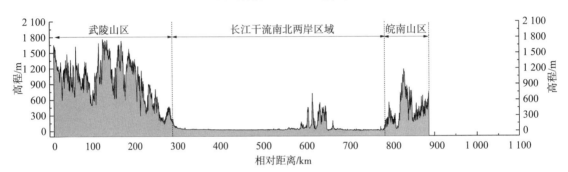

（c）研究区 30°0′0″N 断面图

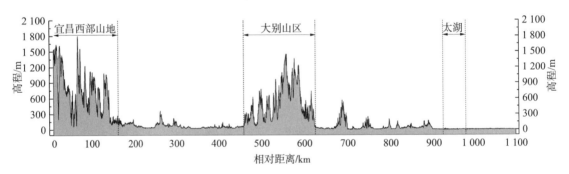

（d）研究区 31°0′0″N 断面图

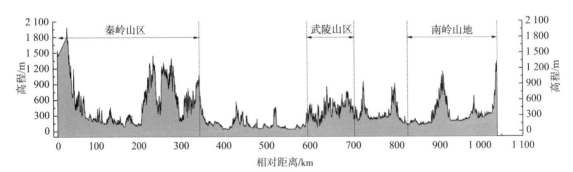

（e）研究区 111°30′0″E 断面图

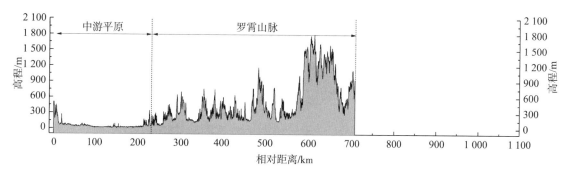

（f）研究区114°0′0″E断面图

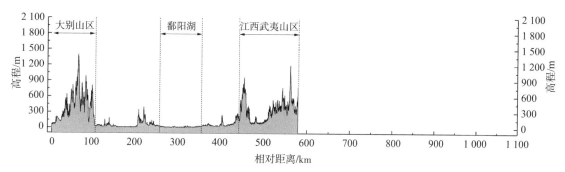

（g）研究区116°30′0″E断面图

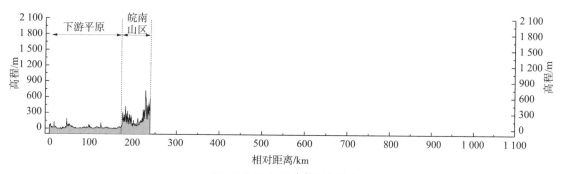

（h）研究区119°0′0″E断面图

图3-4 研究区高程及断面图

平原、台地、丘陵、小起伏山地和中起伏山地是长江中下游流域主要的地貌类型,占流域总面积的94.60%。其中,平原面积最大,为188 725.02 km²,占比达24.31%;其次是中起伏山地,占比达19.57%(表3-1)。结合图3-5可知,平原和台地主要分布在长江干流附近,包括长江三角洲区域、安徽沿江区域、鄱阳湖区域、洞庭湖区域、江汉湖群区域和河南南阳区域(即南阳盆地)等,长江下游以平原和台地为主;丘陵、山地(小起伏山地、中起伏山地和大起伏山地)主要分布在平原和台地的外围,是长江各支流流经地区,涵盖陕西秦岭山区、湖北神农架林区、湖北西南部及湖南西北部的武陵山区、湖南雪峰山区域、湖南东南部及江西西南部的罗霄山区域、安徽九华山与大别山区域等,主要集中于长江中游,小部分分布于长江下游。长

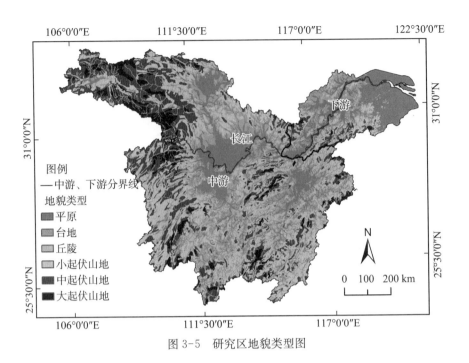

图 3-5　研究区地貌类型图

江中下游流域平原、台地和低山丘陵区域,是我国重要的工农业生产基地,人口与产业高度密集,也是受人为活动干扰最强烈的地貌区域。多样的地形地貌,孕育了丰富的生态系统和生物多样性。

表 3-1　研究区不同地貌类型的面积及占比

地貌类型	面积/km²	占比/%
平原	188 725.02	24.31
台地	134 817.88	17.37
丘陵	119 310.60	15.37
小起伏山地	139 616.62	17.98
中起伏山地	151 949.68	19.57
大起伏山地	41 902.03	5.40

3.2.3　气候条件

长江中下游流域在气候区划上涵盖中亚热带、北亚热带和南温带,分别占 38.93%、56.34% 和 4.73%(图 3-6);位于东亚季风区,具有显著的季风气候特征,冬冷夏热,四季分明,并且年平均气温呈东高西低、南高北低的分布趋势(陈进等,2008)。大部分地区的年平均气温为 16—18℃,湖南、江西南部至南岭以北地区在 18℃ 以上,为研究区年平均气温最高的区域;长江三角洲和汉江中下游的年平均气温在 16℃ 左右,汉江上游的年平均气温为 14℃ 左右。研究区的年平均最高气温为 20—24℃,年平均最低气温为 12—14℃。

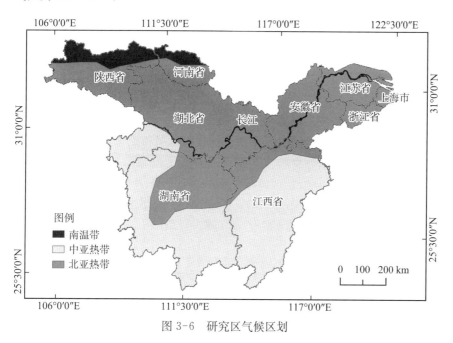

图 3-6　研究区气候区划

由于季风气候的影响,长江中下游地区降水丰沛、雨热同季,但地域跨度大、地形不一,年降水量的时空分布很不均匀,总体呈由东南向西北递减、山区多于平原的变化趋势。洞庭湖水系受地形影响,区内出现了降水量大于 1 600 mm 的多雨带;汉江流域多年平均降水量为 800—1 200 mm;鄱阳湖水系大部分地区的降水量在 1 600 mm 以上;长江中游除洞庭湖水系、汉江水系和鄱阳湖水系以外的地区,年降水量为 1 200—1 400 mm;长江下游大部分地区地势平坦,年降水量在空间分布上的变化不大,降水量为 1 000—1 400 mm(陈进,2012)。长江中下游流域表现出的气温、降水多样性和复杂性的气候特征,是孕育丰富生态系统和生物多样性的重要气候条件。

3.2.4　河湖水系

长江中下游流域包括汉江水系(流域面积为 152 671.48 km²,占比为 20.36%)、中游干流区间(流域面积为 94 852.48 km²,占比为 12.65%)、洞庭湖水系(流域面积为 218 381.79 km²,占比为 29.12%)、鄱阳湖水系(流域面积为 160 909.16 km²,占比为 21.45%)、下游干流区间(流域面积为 86 741.92 km²,占比为 11.56%)和太湖水系(流域面积为

36 466.82 km²,占比为 4.86%)二级子流域。流域内水系发达、支流众多，主要支流约有 223 条；在中游汇入长江的支流，北岸有沮漳河、汉江，南岸有清江和隶属于洞庭湖水系的澧水、沅江、资水、湘江四水及隶属于鄱阳湖水系的赣江、抚河、信江、饶河、修水五河；在下游汇入长江的支流，北岸有皖河、滁河、巢湖水系，南岸有青弋江、水阳江、漳河、太湖水系和黄浦江，京杭运河在扬州与镇江间穿越长江(陈进，2012)。其中，汉江、赣江、沅江、湘江的长度超过 500 km，流域面积均超过 5 万 km²(图 3-7)。长江中下游湖泊星罗棋布，我国五大淡水湖除洪泽湖外，洞庭湖、鄱阳湖、巢湖和太湖均集中于长江中下游流域，湖泊面积约占长江流域湖泊总面积的 93%，面积大于 100 km² 的湖泊有鄱阳湖、洞庭湖、太湖、巢湖、华阳河水系湖泊、梁子湖、洪湖、石臼湖、南漪湖、西凉湖、长湖、武昌湖和菜子湖，共计 13 个，鄱阳湖和洞庭湖的面积分别居全国淡水湖的第 1 位和第 2 位。水库属于人工湖泊，截至 1997 年底，长江流域已有大型、中型、小型水库 4 万余座(长江水利委员会综合勘测局，2003)。到 2009 年底，长江流域内的各类水库已达 4.6 万座，总库容超 2 500 亿 m³(陈进，2012)。

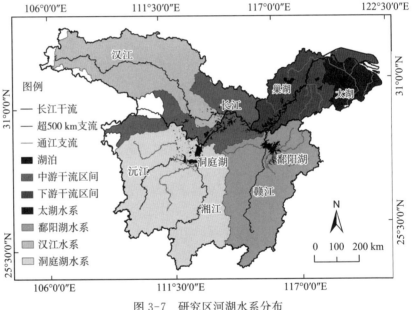

图 3-7　研究区河湖水系分布

长江南北两岸密布的支流、长江干流、湖泊、水库、人工运河等共同构成了长江水系，使长江中下游流域的湿地资源极为多样(包括河流、湖泊、滩涂、滩地、沼泽地等自然湿地和库塘等人工湿地)，且分布广泛，对维护湿地生物多样性起着至关重要的作用，也为长江中下游流域带来了数量众多的湿地类自然保护区、湿地公园等自然保护地。

3.2.5 土壤类型与分布

长江流域横跨中国地势的三大阶梯,地形地貌复杂、气候区划多样、植被类型丰富、水热条件差异明显,这些因素导致长江流域土壤类型丰富多样。长江流域共有土壤资源 1.73×10^6 km²,但上游、中游、下游分布不平衡,中游地区的土壤面积占比为 38.40%,而下游地区仅占 9.0%(水利部长江水利委员会,1999)。中下游流域主要的土壤类型有红壤、黄棕壤、水稻土、黄壤、潮土等,中下游流域土壤类型的分布表现为由北向南随温度带而变化的规律,北亚热带的秦岭山区和北亚热带江北区的湖北北部主要为黄棕壤,黄棕壤比较适于林木生长,在植被组成上既有温带特征的落叶树种,又有常绿的阔叶树种和针叶树种,在栽培树种中也有竹类[*Bambusoideae*(*Bambusaceae*)]、油桐[*Vernicia fordii*(*Hemsl.*)*Airy Shaw*]、茶[*Camellia sinensis*(*L.*)*O. Ktze.*]等;中亚热带的江南区和南岭山区主要为红壤和黄壤,其中红壤比较适于生长柑橘(*Citrus reticulata Blanco*)、油茶(*Camellia oleifera Abel.*)、油桐、茶等经济林树种,黄壤是旱作、药材、经济林木生长的主要土壤。

此外,由于地形、水文地质、母质及人为耕作等因素的影响,土壤分布具有地域和微域特征,如在长江中游和下游的江汉平原、洞庭湖平原、太湖平原等区域广泛分布着水稻土,因为中下游平原区是长江中下游流域农业开发的核心区域(图 3-8)。而潮土是近代河流沉积物受地下水影响和经长期旱作而成的土壤,主要分布在长江干流、支流两岸的沙岗和洲地,江汉平原和苏北平原有大片分布,是蔬菜、瓜果、棉麦种植基地。

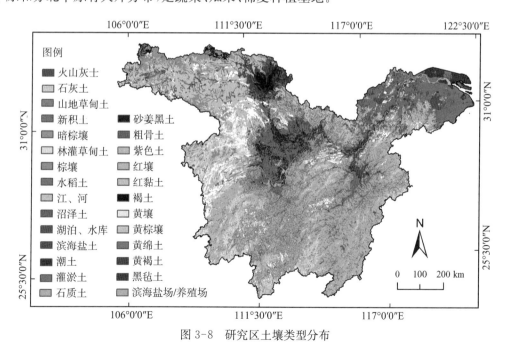

图 3-8 研究区土壤类型分布

3.3 长江中下游流域社会环境概况及分析

3.3.1 行政区划

长江中下游流域所涵盖的上海、江苏、浙江、安徽、江西、湖北、湖南、河南和陕西八省一市,截至 2015 年底共有 70 个地级市(州),其中上海 1 个、江苏 8 个、浙江 3 个、安徽 10 个、江西 11 个、湖北 16 个、湖南 14 个、河南 3 个、陕西 4 个,是我国城市化水平较高、工业发达的地区之一。各省级行政单位在研究区的面积差异较大(图 3-9),湖南、湖北和江西的面积较大,在研究区的面积占比分别为 26.60%、23.74% 和 20.99%,陕西和安徽的占比分别为 9.33% 和 8.59%,其他省市占比均较小,其中上海占比最小,仅为 0.80%(6 244.26 km²)。

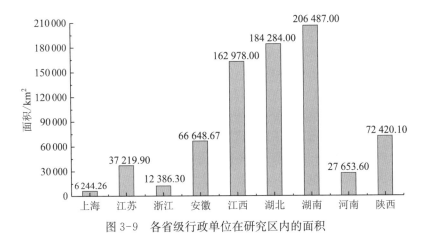

图 3-9 各省级行政单位在研究区内的面积

3.3.2 人口

长江中下游流域是我国人口高度密集、经济发展较快、城市化水平较高的区域,2015 年长江中下游流域总人口约为 30 420.85 万人,占全国总人口的 22.19%,人口密度空间分布呈典型的区域聚集特征,并且整体上东部长江三角洲区域的人口密度显著高于其他区域(图 3-10),人口密度相对较高的区域主要集中在长江三角洲城市群、武汉都市圈、长株潭城市群、河南南阳等区域。人口密度数据来自中国科学院资源环境科学与数据中心提供的中国人口分布公里网格数据集,该数据以全国县域人口统计数据为基础,综合考虑了与人口密切相关的夜间灯光亮度、居民点密度等因素,从而实现人口数据空间化。

图 3-11 为 1995 年、2005 年和 2015 年长江中下游流域各省市的人口密度变化图。由图 3-11 可知,研究区各省市的人口密度大致呈由东向西

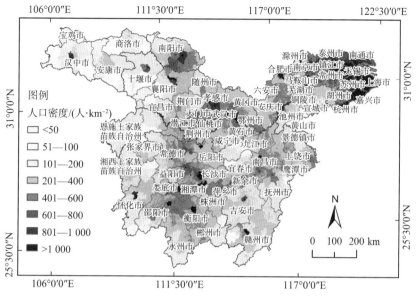

图 3-10　2015 年研究区人口密度空间分布图

递减的变化趋势,东部的上海市、江苏省、浙江省的人口密度较大。1995—
2015 年,长江中下游流域各省市的人口密度均呈增加趋势,其中上海市增长
幅度最大,增长率为 70.67%;其次为浙江省,增长率为 28.25%;江苏省和江
西省的增长率均在 12% 以上,其他省份增长率相对较小。

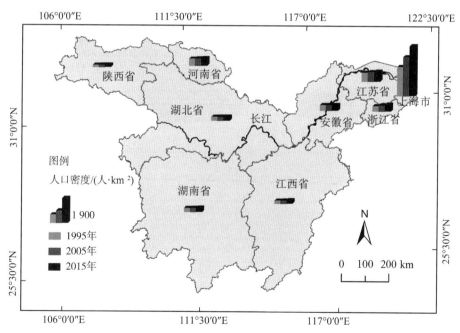

图 3-11　1995 年、2005 年和 2015 年研究区各省市人口密度变化图

注:1 900 表示柱状图中最高者的人口密度为 1 900 人/km²。下同。

3.3.3 经济

长江中下游流域工业基础雄厚,城市化水平较高,经济总量大,发展迅速,在我国经济建设和社会发展中具有极其重要的战略地位。2015年,长江中下游流域的地区生产总值约为188 366.62亿元,占全国地区生产总值的27.46%,人均地区生产总值达61 920.24元,远高于我国人均生产总值(50 028.00元)(表3-2)。

表3-2 2015年研究区各地区社会经济数据

地区		年末常住人口/万人	地区生产总值/亿元	人均地区生产总值/元
上海市		2 415.00	25 113.45	103 989.44
江苏省	苏州	1 046.60	14 504.07	138 582.74
	无锡	637.26	8 518.26	133 670.09
	常州	459.20	5 273.20	114 834.49
	镇江	311.34	3 502.48	112 496.95
	泰州	461.86	3 655.53	79 148.01
	南通	728.28	6 148.40	84 423.57
	南京	800.47	9 720.77	121 438.28
浙江省	湖州	289.35	2 084.30	72 033.87
	嘉兴	450.17	3 517.06	78 127.37
	杭州	870.04	10 050.21	115 514.34
安徽省	滁州	393.80	1 305.70	33 156.42
	合肥	570.20	5 660.27	99 268.15
	马鞍山	136.60	1 365.30	99 948.76
	芜湖	226.30	2 457.30	108 585.95
	铜陵	72.40	721.30	99 627.07
	六安	561.20	1 143.40	20 374.20
	安庆	531.10	1 613.20	30 374.69
	池州	140.30	530.60	37 818.96
	宣城	253.30	971.50	38 353.73
江西省		4 566.00	16 723.78	36 626.76
湖北省		5 852.00	29 550.19	50 495.88
湖南省		6 783.00	28 902.21	42 609.77
河南省	南阳	1 026.30	2 875.02	28 013.45

地区		年末常住人口/万人	地区生产总值/亿元	人均地区生产总值/元
陕西省	商洛	234.17	621.83	26 554.64
	安康	262.99	772.46	29 372.22
	汉中	341.62	1 064.83	31 170.01
总计		30 420.85	188 366.62	61 920.24
全国		137 121.79	685 992.90	50 028.00

注:由于江西、湖北、湖南和上海的全部区域基本均在长江中下游流域范围,因此统计值为该几个省市的总数据。

由 1995 年、2005 年和 2015 年长江中下游流域各省市人均地区生产总值变化图(图 3-12)可知,长江下游尤其是上海市、江苏省、浙江省的人均地区生产总值较大,经济发展水平较高,2015 年上海市、江苏省、浙江省的人均地区生产总值分别为 103 989.44 元、87 909.20 元和 77 426.41 元,显著高于全国平均水平。1995—2015 年,长江中下游流域各省市的人均地区生产总值均呈急剧增长趋势,增长幅度以 2005—2015 年尤为突出。1995—2015 年上海人均地区生产总值增长量最大,为 86 325.62 元,其次是江苏省和浙江省。但 2005—2015 年人均地区生产总值年均增长率较大且显著高于 1995—2005 年年均增长率的地区有陕西省、湖北省、安徽省、湖南省,说明该地区在 2005—2015 年经济迅速发展;江苏省、河南省和江西省在两个时段的年均增长率变化不大,而上海市和浙江省在 2005—2015 年的年均增长率低于 1995—2005 年。

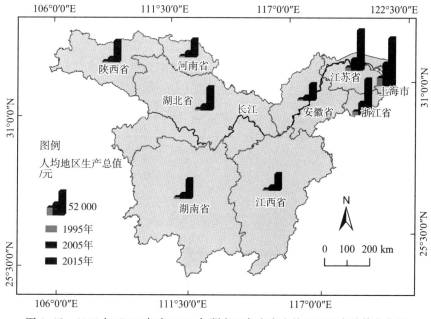

图 3-12　1995 年、2005 年和 2015 年研究区各省市人均地区生产总值变化图

由表 3-3 中的数据分析可知,长江中下游流域各省市产业结构在
1995 年、2005 年、2015 年表现出明显的时空差异性。1995—2015 年,上海
第一产业、第二产业占比持续下降,而第三产业占比不断显著增加,由
1995 年的 40.82% 增长到 2015 年的 67.78%,明显高于其他省份的第三产
业占比,进一步说明上海经济发展水平最高;江苏、浙江、河南的第一产业
均呈减少趋势,第二产业占比均先增长后减少,而第三产业占比持续增加,
说明该地区逐渐由工业主导向服务业转型发展;江西、湖北、湖南和陕西的
第一产业占比不断减少,而第二产业、第三产业占比均一直增加;安徽的第
一产业占比持续减少,第二产业占比持续增长,而第三产业占比先增长后
减少。整体来看,长江下游各省市由 1995 年的第二产业、第三产业比重较
大并且以第二产业为主导转变为 2015 年的第三产业占主导,长江中游各
省份由 1995 年的第一产业、第二产业、第三产业占比相对均衡转变为
2015 年的第二产业、第三产业比重较大且以第二产业为主,说明长江中
游地区的经济发展较长江下游地区相对滞后,研究区的经济重心依旧集中
在下游地区。但整体来看,1995—2015 年研究区的经济迅速发展,并更加
注重生态资源环境保护和生态文明建设。

表 3-3　1995 年、2005 年和 2015 年研究区各省市产业结构占比

单位:%

地区	1995 年			2005 年			2015 年		
	第一产业	第二产业	第三产业	第一产业	第二产业	第三产业	第一产业	第二产业	第三产业
上海	2.39	56.79	40.82	0.98	47.38	51.64	0.44	31.78	67.78
江苏	16.80	52.67	30.53	7.86	56.59	35.55	5.68	45.70	48.62
浙江	15.46	52.13	32.41	6.65	53.40	39.95	4.27	45.96	49.77
安徽	32.26	36.46	31.28	18.06	41.98	39.96	11.16	49.75	39.09
江西	32.03	34.52	33.45	17.93	47.27	34.80	10.60	50.30	39.10
湖北	29.38	36.99	33.63	16.42	43.28	40.30	11.20	45.70	43.10
湖南	32.14	36.15	31.71	16.69	39.61	43.70	11.53	44.32	44.15
河南	25.53	46.68	27.79	17.87	52.08	30.05	11.38	48.42	40.20
陕西	20.95	42.60	36.45	11.08	49.61	39.31	8.86	50.40	40.74

3.3.4　历史文化

大江大河流域自古是人类文明的发祥地,长江流域是典型的大河流
域,是我国最大的河流网系,也是中华民族的发源地之一,更是培育多元文
化的温床。而长江中下游流域气候温湿宜人,河流纵横交织,湖泊星罗棋
布,资源丰富,由古至今经济发达、文化繁盛,是众多文化的交融地。根据
王会昌(2010)提出的中国文化地理区划方案可知,长江中下游流域涵盖荆
湘文化副区、鄱阳文化副区、吴越文化副区、淮河流域文化亚区四个副区以

及分散在各文化副区内的少数民族文化区。

荆湘文化副区地处长江中游地区的江汉—洞庭湖平原(巫山、武陵山屏障其西境,东有幕阜、武功诸山与吴越相隔,北以桐柏山、大别山与中原分野,南以五岭为界),先秦的楚文化作为发展的开端,逐步分化出荆楚文化与湘楚文化,优越的自然地理条件,山岳、湖泊资源的集中分布奠定了该区自然保护地数量上的优势;鄱阳文化副区地处今鄱阳湖一带,脱胎于越文化与吴文化,并不断与中原文化融合,该区域东部、西部、南部三面环山,复杂多样的地形与文化结合衍生出国家级风景名胜区;淮河流域文化亚区位于长江流域与黄河流域之间(北界陇海铁路,南濒长江,西临河南、湖北,东达江苏北部沿海),作为自然地理的过渡带,是秦岭—淮河气候带的重要标志;吴越文化副区指长江三角洲及其附近地区,与长江三角洲文明的集约化发展相适应,在狭义的江南地区,分化出吴文化、越文化、徽文化等地域文化分支(吴必虎,1996)。长江中下游文化区属于汉族集聚区,少数民族在部分省市局部有分布,地理环境、历史发展以及上述二者相结合形成了特有的历史区位关系。少数民族文化区多位于各种文化区的连接处,复杂多样的自然特征孕育了富有特色的少数民族文化。

3.4 长江中下游流域生态环境概况及分析

3.4.1 植被类型与分布

长江中下游流域植被类型丰富,有阔叶林、针叶林、针阔叶混交林等八种植被类型,植被区划上主要包括北亚热带常绿落叶阔叶混交林地带和中亚热带常绿阔叶林地带(图 3-13)。在中亚热带常绿阔叶林地带,地带性

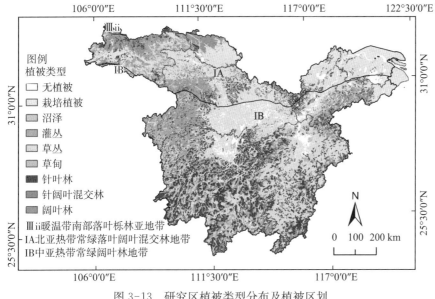

图 3-13　研究区植被类型分布及植被区划

植被是常绿阔叶林,广大低山丘陵分布有马尾松(*Pinus massoniana Lamb.*)林,阴湿沟谷和阴坡以杉木[*Cunninghamia lanceolata (Lamb.) Hook.*]林分布为主,土层厚处常有毛竹[*Phyllostachys heterocycla (Carr.) Mitford cv. Pubescens*]林和水竹(*Phyllostachys heteroclada Oliver*)林等。

湖北西部、中下游和江南丘陵为常绿阔叶林地带的北部亚地带,优势树种有青冈属(*Cyclobalanopsis*)的青冈[*Cyclobalanopsis glauca (Thunberg) Oersted*]、小叶青冈[*Cyclobalanopsis myrsinifolia (Blume) Oersted*]、细叶青冈[*Cyclobalanopsis gracilis (Rehder et E. H. Wilson) W. C. Cheng et T. Hong*]、曼青冈[*Cyclobalanopsis oxyodon (Miquel) Oersted*];石栎属(*Lithocarpus*)的石栎[*Lithocarpus glaber (Thunb.) Nakai*];栲属[*Castanopsis (D.Don) Spach*]的甜槠[*Castanopsis eyrei (Champ. ex Benth.) Tutch.*]、苦槠[*Castanopsis sclerophylla (Lindl.) Schott.*]、米槠[*Castanopsis carlesii (Hemsl.) Hayata.*]、峨眉栲(*Castanopsis platyacantha Rehd. et Wils.*)等。中下游流域内的南岭山地为中亚热带常绿阔叶林地带的南部亚地带,优势树种主要为栲属的栲树(*Castanopsis fargesii Franch.*)、南岭栲(*Castanopsis fordii Hance*)、峨眉栲、米槠、甜槠;樟科(*Lauraceae*)的润楠(*Machilus pingii Cheng ex Yang*)、厚壳桂[*Cryptocarya chinensis (Hance) Hemsl.*]等。

研究区内的森林生态系统主要分布在长江中游的秦岭南麓、河南西部山地、湖北西部、湖南和江西,长江下游安徽境内的大别山南麓及皖南山区等,因为该区域丘陵及小起伏山地、中起伏山地、大起伏山地皆备,地形复杂,环境梯度大,植被发育良好,植物多样性丰富,是长江中下游流域植物物种的集中分布地区。长江中游主要有杉木、冷杉[*Abies fabri (Mast.) Craib*]、水杉(*Metasequoia glyptostroboides Hu et W. C. Cheng*)、油松(*Pinus tabulaeformis Carr.*)、落叶松[*Larix gmelinii (Ruprecht) Kuzeneva*]、白皮松(*Pinus bungeana Zucc. et Endi.*)、杜松(*Juniperus rigida Sieb. et Zucc.*)、马尾松、柏科(*Cupressaceae Gray*)等针叶树种,桦(*Betula*)、椴(*Tilia tuan Szysz.*)、杨(*Populus*)、栎(*Quercus*)、栲(*Castanopsis fargesii Franch.*)、鹅耳枥(*Carpinus turczaninowii Hance*)、樟(*Camphora officinarum Nees ex Wall*)、楠木(*Phoebe zhennan S. Lee et F. N. Wei*)等阔叶树种,油茶(*Camellia oleifera Abel.*)、油桐[*Vernicia fordii (Hemsl.) Airy Shaw*]、柑橘(*Citrus reticulata Blanco*)、茶[*Camellia sinensis (L.) O. Ktze.*]等经济树种以及竹类;长江下游主要树种有杉木、马尾松、水杉、柏类、栎属(*Quercus L.*)、苦槠、刺槐(*Robinia pseudoacacia Linn.*)、泡桐[*Paulownia fortunei (Seem.) Hemsl.*]、板栗(*Castanea mollissima Bl.*)、油茶、刚竹属(*Phyllostachys Siebold & Zucc.*)等。同时,我国特有的重

要保护植物如秦岭冷杉（*Abies chensiensis Tiegh.*）、珙桐（*Davidia involucrata Baill.*）、银杉（*Cathaya argyrophylla Chun et Kuang*）、大别山五针松（*Pinus dabeshanensis Cheng et Law*）、黄山松（*Pinus taiwanensis Hayata*）等分别主要分布于秦岭山地、湖北西部、湖南西部及南部、大别山南麓、皖南山区等区域。

此外，由于长江中下游流域湿地分布面积较大、类型多样（包括河流、湖泊、滩涂、滩地、沼泽地等），因此以湿地为生的沉水植物、浮叶植物、挺水植物以及湿生植物的数量庞大、种类多样。许多湿生植物是我国特有种或世界濒危种群，如国家一级重点保护野生植物中华水韭（*Isoetes sinensis Palmer*）、水松（*Glyptostrobus pensilis*）、水杉、莼菜（*Brasenia schreberi J. F. Gmel.*）等（陈家宽等，2010）。

3.4.2　生物多样性

长江中下游流域是大熊猫（*Ailuropoda melanoleuca*）、金丝猴（*Rhinopithecus roxellana*）、羚牛（*Budorcas taxicolor*）、朱鹮（*Nipponia nippon*）等中国国家一级保护动物和珍稀濒危动物的重要分布区域，也是草、青、鲢、鳙四大家鱼的主要天然产地以及其他重要水产种质资源的主要栖息地，生物多样性极为丰富，动物资源类型多样。根据中国科学院生态环境研究中心等（2011）编制的《长江流域生物多样性格局与保护图集》以及徐卫华等（2010）的研究成果，长江中下游流域分布有 6 处陆地生物多样性保护优先区（包括秦岭山区、神农架林区、武陵山区、湘江—资江源头区、罗霄山区和皖南山区）和 10 处湿地生物多样性保护优先区（包括丹江口—汉江区、三峡库区、江汉湖群区、洞庭湖区、湘江干流区、鄱阳湖区、安庆沿江湿地、扬子鳄保护地、太湖区和河口与沿海湿地），其空间分布如图 3-14 所示。

研究区内生物多样性保护优先区的总面积约为 246 188 km²，占研究区总面积的 31.71%。其中，重要保护哺乳动物如羚牛、黑熊（*Ursus thibetanus*）、小麂（*Muntiacus reevesi*）等主要分布于研究区内的秦岭山区、鄱阳湖区和皖南山区等。重要保护鸟类如黑鹳（*Ciconia nigra*）、白枕鹤（*Grus vipio*）、小天鹅（*Cygnus columbianus*）等主要分布于研究区内的秦岭山区、鄱阳湖区、河口与沿海湿地。中下游湖泊湿地众多，为鸟类、水禽提供了重要的栖息、觅食、越冬迁徙和繁殖场所。重要保护爬行动物如秦岭滑蜥（*Scincella tsinlingensis*）、斑鳖（*Rafetus swinhoei*）、扬子鳄（*Alligator sinensis*）等主要分布于研究区内的秦岭山区、太湖区及长江下游地区等。各个保护优先区的分布区域、面积大小及主要保护物种见表 3-4。

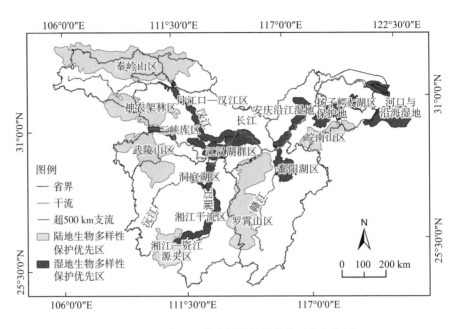

图 3-14 研究区生物多样性保护优先区分布格局

表 3-4 研究区生物多样性保护优先区概况

类型	名称	分布区域	面积/km²	主要保护对象
陆地生物多样性保护优先区	秦岭山区	陕西省南部至河南省西部	45 314 (62 338)	大熊猫、朱鹮、羚牛等
	神农架林区	湖北省西部	18 545 (26 577)	金丝猴和丰富的物种多样性资源等
	武陵山区	湖北省西南部、湖南西部	27 947 (30 084)	云豹（*Neofelis nebulosa*）、金雕（*Aquila chrysaetos*）以及丰富的物种多样性资源
	湘江—资江源头区	湖南省西南部	9 702 (17 808)	云豹、南方红豆杉（*Taxus chinensis var. mairei.*）、香果树（*Emmenopterys henryi Oliv.*）、钟萼木（*Bretschneidera sinensis Hemsl.*）以及其他的物种多样性资源
	罗霄山区	江西省和湖南省交界处	47 562	云豹和黄腹角雉（*Tragopan caboti*）等
	皖南山区	跨安徽省南部与浙江省西部	7 716 (14 244)	云豹、梅花鹿（*Cervus nippon*）以及丰富的物种多样性资源

类型	名称	分布区域	面积/km²	主要保护对象
湿地生物多样性保护优先区	丹江口—汉江区	丹江口水库和汉江中下游流域	12 203	鸟类和珍稀水生生物
	三峡库区	湖北省宜昌市	3 087	中华鲟（Acipenser sinensis）、达氏鲟（Acipenser dabryanus）、白鲟（Psephurus gladius）、中国大鲵（Andrias davidianus）、胭脂鱼（Myxocyprinus asiaticus）等
	江汉湖群区	长江、汉水两个流域所冲积、淤积的江汉平原	17 293	是迁徙水禽极其重要的越冬地和水生、湿生植物重要的生境
	洞庭湖区	湖南省东北部、长江南岸	7 093	迁徙鸟类和江豚（Neophocaena phocaenoides）等
	湘江干流区	湖南省东部	16 108	鱼类资源
	鄱阳湖区	江西省北部、长江南岸	8 110	迁徙鸟类、中华鲟、白鲟、江豚等
	安庆沿江湿地	安徽省西南部、长江下游北岸	8 892	湿地水禽
	扬子鳄保护地	江南古陆与金陵凹陷的过渡地带	8 525	扬子鳄
	太湖区	江苏省南部、浙江省北部	2 553	太湖银鱼（Hemisalanx prognathus Regan）、秀丽白虾（Palaemon modestus）、翘嘴红鲌（Erythroculter ilishaeformis）等
	河口与沿海湿地	地处上海、江苏和浙江三省市	5 538（19 880）	迁徙鸟类与江豚等

注："（ ）"中的数字为生物多样性保护优先区的完整面积；非"（ ）"中的数字为研究区内保护优先区的面积。

3.4.3　生态功能区划

　　根据 2015 年环境保护部和中国科学院发布的《全国生态功能区划（修编版）》可知，长江中下游流域分布着面积较大、类型多样的重要生态功能区，按主导功能划分有水源涵养、生物多样性保护、洪水调蓄三类重要生态区，其空间分布如图 3-15 所示。其中，图中 1、2、3 和 4 分别为大别山水源涵养与生物多样性保护重要区、天目山—怀玉山水源涵养与生物多样性保

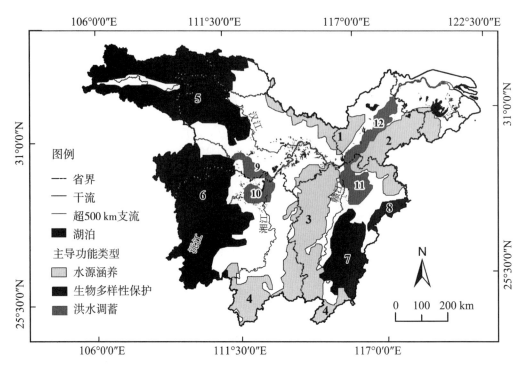

图 3-15　研究区重要生态功能区分布图

护重要区、罗霄山脉水源涵养与生物多样性保护重要区和南岭山地水源涵养与生物多样性保护重要区;5、6、7 和 8 分别为秦岭—大巴山生物多样性保护与水源涵养重要区、武陵山区生物多样性保护与水源涵养重要区、武夷山—戴云山生物多样性保护重要区和浙闽山地生物多样性保护与水源涵养重要区;9、10、11 和 12 分别为江汉平原湖泊湿地洪水调蓄重要区、洞庭湖洪水调蓄与生物多样性保护重要区、鄱阳湖洪水调蓄与生物多样性保护重要区和皖江湿地洪水调蓄重要区。

　　研究区内重要生态功能区的总面积约为 464 361 km², 占研究区总面积的 59.82%, 对维护长江中下游流域的生态安全、保护生物多样性和生态系统稳定具有重要作用。其中,以水源涵养功能为主导的重要生态功能区的面积达 160 328 km², 占生态功能区总面积的 34.53%;以生物多样性保护功能为主导的重要生态功能区的面积达 272 476 km², 占生态功能区总面积的 58.68%;以洪水调蓄功能为主导的重要生态功能区的面积为 31 557 km², 占生态功能区总面积的 6.80%。但近年来随着过度开垦、矿产资源开采、城镇化建设等人类活动干扰的不断增强,重要生态功能区的生态功能衰退,生物多样性受到威胁。各个生态功能区的分布区域、面积大小及主要存在的问题见表 3-5。

表 3-5　研究区重要生态功能区概况

主导类型	名称	分布区域	面积/km²	主要存在的问题
水源涵养	大别山水源涵养与生物多样性保护重要区	行政区涉及安徽安庆、六安,湖北随州、孝感、黄冈,河南驻马店、信阳	20 685	森林生态结构破坏严重,水源涵养与土壤保持功能下降,栖息地破碎化严重,生物多样性受到威胁
	天目山—怀玉山水源涵养与生物多样性保护重要区	行政区涉及安徽池州、黄山、宣城,浙江湖州、衢州、杭州,江西九江、景德镇、上饶	41 945	森林破碎程度高,物种多样性保护和水源涵养功能较弱,采石业与生态保育矛盾突出
	罗霄山脉水源涵养与生物多样性保护重要区	行政区涉及江西萍乡、新余、吉安、宜春、九江,湖北黄石、咸宁,湖南郴州、株洲、长沙、岳阳	70 202	自然森林破坏严重,水源涵养和土壤保持功能退化,矿产资源无序开发
	南岭山地水源涵养与生物多样性保护重要区	行政区涉及江西赣州,湖南郴州、永州	27 496	自然森林破坏严重,水源涵养和土壤保持功能较弱,矿产资源无序开发
生物多样性保护	秦岭—大巴山生物多样性保护与水源涵养重要区	行政区涉及湖北十堰、襄阳、神农架林区,河南南阳,陕西宝鸡、汉中、安康、商洛	117 162	水电、矿产等资源开发对生态破坏严重,野生动植物栖息地破碎化加剧,生物多样性受到威胁
	武陵山区生物多样性保护与水源涵养重要区	行政区涉及湖北恩施、宜昌,湖南常德、张家界、湘西、益阳、怀化、邵阳	112 075	森林资源的不合理开发导致生态功能退化问题较为突出,野生动植物栖息地破坏较严重
	武夷山—戴云山生物多样性保护重要区	行政区涉及江西抚州、吉安、赣州	36 434	矿产的不合理开发加剧了栖息地的破碎化与丧失
	浙闽山地生物多样性保护与水源涵养重要区	行政区涉及江西上饶、鹰潭、抚州	6 805	森林破碎化程度高,物种多样性保护和水源涵养功能较弱

主导类型	名称	分布区域	面积/km²	主要存在的问题
洪水调蓄	江汉平原湖泊湿地洪水调蓄重要区	湖北荆州	4 570	过度开垦,湖泊湿地生态系统丧失严重,生物多样性丧失严重
	洞庭湖洪水调蓄与生物多样性保护重要区	洞庭湖及其周边湿地,行政区涉及湖南岳阳、常德、益阳	5 216	湖泊面积缩小,洪水调蓄能力降低,迁徙鸟类等重要物种的栖息地受损
	鄱阳湖洪水调蓄与生物多样性保护重要区	鄱阳湖及其周边湿地,行政区涉及江西九江、上饶、南昌	10 175	调蓄能力下降,迁徙鸟类的栖息地退化
	皖江湿地洪水调蓄重要区	安徽沿长江两岸,行政区涉及马鞍山、芜湖、安庆、池州	11 596	湿地生态系统退化,调蓄能力下降,生物多样性丧失严重,水禽等重要物种栖息地受到威胁

3.4.4 生态环境问题

随着社会经济发展、城镇化建设和人口激增,人类活动对长江中下游流域的影响范围与强度不断增大,致使中下游流域的生态环境受到影响。长江中下游流域面临的主要生态环境问题有自然植被破坏、江湖阻隔、湖泊沼泽自然湿地萎缩、生境片段化及退化、资源过度开发、水体污染等。

人类活动是导致生境丧失和退化的首要原因(臧春鑫等,2016)。人口剧增以及农村与城镇扩张,致使大面积的天然林地、湿地、草地等自然生态系统遭到破坏,生境破碎化,大量野生动植物濒临灭绝,如分布于湖北枝城以下的长江中下游地区的白鱀豚已处于极度濒危状态。20世纪50年代以来,由于沿江修堤建闸及河道上梯级水库开发等水利工程设施建设、围垦造田以及围网养殖等活动加剧,长江中下游大多数湖泊与长江阻隔,目前只有洞庭湖、鄱阳湖和石臼湖自然通江。长江中下游湖泊湿地是400余种鱼类、350余种鸟类、600余种水生及湿生植物等物种的重要栖息地,江湖阻隔,天然湖泊急剧萎缩,湿地生态和生境被破坏,生态功能退化,导致湿地生物多样性减少(杨桂山等,2010)。沿江沿湖周边区域的城镇建设规模和强度不断增大,如鄱阳湖环湖生态经济区、合肥巢湖新城、无锡太湖新城等的开发建设加重了对生态环境的干扰。

随着江河、湖泊流域及其周边区域的人口增长、城镇化建设和经济快速发展,进入江河、湖泊的污染物逐渐增多,致使中下游流域的水环境污染不断加重,如 1995—2010 年鄱阳湖、太湖、巢湖的水质整体呈下降趋势,水环境质量不容乐观。过度围网、围堤养殖等活动引起的水质下降和水体过度利用,导致湖泊生态退化、生物多样性丧失严重、生态服务功能减弱,如长江中游的斧头湖、长湖、大冶湖等被围网割裂得极为严重(杨桂山等,2010)。

3.5 长江中下游流域自然保护地建设与保护概况

3.5.1 自然保护地类型及发展历程

自然保护地是世界各国为有效保护生物多样性而划定并实施管理的区域,同时也多是生态系统服务价值较高的区域(Borrini-Feyerabend et al.,2013)。根据世界自然保护联盟(IUCN)指南可知,自然保护地是指通过立法或其他有效途径识别、专用和管理的具有明确边界的地理空间,以达到长期自然保育、生态系统服务价值和文化价值保护的目的(Dudley,2008),其实质是对物种及其栖息地进行就地保护(in situ conservation)(杨锐等,2018)。目前,我国自然保护地主要包括 10 类,按各类型自然保护地的始建时间排序为自然保护区、风景名胜区(自然景观类)、森林公园、地质公园、水利风景区(包括水库型、湿地型、自然河湖型、城市河湖型、水土保持型和灌区型)、湿地公园、海洋特别保护区、水产种质资源保护区、国家公园、沙漠公园(彭杨靖等,2018)。各类型自然保护地的定义概况见表3-6。

表 3-6　各类型自然保护地定义概况

名称	定义	定义来源	自然属性	功能属性
自然保护区	指对有代表性的自然生态系统、珍稀濒危野生动植物物种的天然集中分布、有特殊意义的自然遗迹等保护对象所在的陆地、陆地水体或海域,依法划出一定面积予以特殊保护和管理的区域	《中华人民共和国自然保护区条例》(2017 年修订)	有代表性的自然生态系统、珍稀濒危野生动植物物种天然集中分布区、有特殊意义的自然遗迹等	予以特殊保护和管理
风景名胜区	具有观赏、文化或者科学价值,自然景观,人文景观比较集中,环境优美,可供人们游览或者进行科学、文化活动的区域	《风景名胜区条例》(2006 年)	自然景观	可供人们游览、观光或进行科学、文化活动

名称	定义	定义来源	自然属性	功能属性
森林公园	森林景观优美,自然景观和人文景物集中,具有一定规模,可供人们游览、休息或进行科学、文化、教育活动的场所	《森林公园管理办法》(2016 年修订)	森林景观优美,自然景观和人文景物集中,具有一定规模	可供游览、休息或进行科学、文化、教育活动
地质公园(地质遗迹保护区)	具有国际、国内和区域性典型意义的地质遗迹,可建立国家级、省级、县级地质遗迹保护段,地质遗迹保护点或地质公园	《地质遗迹保护管理规定》(1995 年)	以地质遗迹景观为主体,融合其他自然景观	具有典型地质科学意义、稀有自然属性和重要美学观赏价值
水利风景区	以水域(水体)或水利工程为依托,具有一定规模和质量的风景资源与环境条件,可以开展观光、娱乐、休闲、度假或科学、文化、教育活动的区域	《水利风景区管理办法》(2004 年)	水域(水体)	可开展观光、娱乐、休闲、度假或科学、文化、教育活动
湿地公园(国家湿地公园)	以保护湿地生态系统、合理利用湿地资源、开展湿地宣传教育和科学研究为目的,经国家林业局批准设立,按照有关规定予以保护和管理的特定区域	《国家湿地公园管理办法》(2018 年)	湿地生态系统及湿地资源	可供开展湿地保护、恢复、宣传教育、科研、监测、生态旅游等活动
海洋特别保护区(海洋公园)	具有特殊地理条件、生态系统、生物与非生物资源及海洋开发利用特殊要求,需要采取有效的保护措施和科学的开发方式进行特殊管理的区域	《海洋特别保护区管理办法》(2010 年)	生态系统、生物与非生物资源	需采取有效保护措施和科学开发方式
水产种质资源保护区	为保护水产种质资源及其生存环境,在具有较高经济价值和遗传育种价值的水产种质资源的主要生长繁育区域,依法划定并予以特殊保护和管理的水域、滩涂及其毗邻的岛礁、陆域	《水产种质资源保护区管理暂行办法》(2011 年)	具有较高经济价值和遗传育种价值的水产种质资源的主要生长繁育区域	保护水产种质资源及其生存环境
国家公园(体制试点)	由国家批准设立并主导管理,边界清晰,以保护具有国家代表性的大面积自然生态系统为主要目的,实现自然资源科学保护和合理利用的特定陆地或海洋区域	《建立国家公园体制总体方案》(2017 年)	具有国家代表性的大面积自然生态系统	实现自然资源的科学保护和合理利用
沙漠公园	以沙漠景观为主体,以保护荒漠生态系统为目的,在促进防沙治沙和保护生态功能的基础上,合理利用沙区资源,开展公众游憩、旅游休闲和进行科学、文化、宣传和教育活动的特定区域	《国家沙漠公园试点建设管理办法》(2014 年)	沙漠景观	以保护荒漠生态系统为目的,开展公众游憩、旅游休闲和进行科学、文化、宣传和教育活动

2019 年 10 月 30 日,时任国家林业和草原局副局长李春良在第一届中国自然保护国际论坛上指出,目前我国已建立各级各类自然保护地 1.18 万处,占国土陆域面积的 18%、领海面积的 4.6%。其中,国家公园体制试点 10 处、国家级自然保护区 474 处、国家级风景名胜区 244 处,拥有世界自然遗产 14 项,世界自然与文化双遗产 4 项,世界地质公园 39 处,数量均居世界第一。

长江中下游流域是水系、山脉、植物、动物和人文的综合体,丰富的河湖水系湿地资源、丰富的地形地貌特征、多样的气候区划、多样的生态系统和动植被分布、丰富多彩的历史文化等使长江中下流域兼具自然景观资源和人文景观资源优势,因此形成了数量众多的国家级自然保护地。本书中的长江中下游流域自然保护地主要包括自然保护区、风景名胜区、森林公园、地质公园、水利风景区和湿地公园六类国家级自然保护地。研究区内自然保护地的发展历程包括以下四个阶段:

第一阶段:以生物多样性保护和自然生态系统保护为主的单一自然保护地阶段(1956—1981 年)。1956 年诞生的全国第一个自然保护区——鼎湖山自然保护区,标志着我国自然保护地发展的起点(王献溥等,2003)。1956—1981 年,我国建设的保护地类型相对单一。1978 年,研究区内出现了第一个国家级自然保护区,即陕西佛坪国家级自然保护区。

第二阶段:具有游憩功能的自然保护地兴起阶段(1982—1999 年)。1982 年我国首批国家级风景名胜区有 44 处获批,其中,长江中下游流域有武当山风景名胜区、南京钟山风景名胜区、太湖风景名胜区等 12 个;同年,第一个国家级森林公园——湖南张家界国家森林公园成立,标志着具有游憩观光功能的自然保护地兴起(李柏青等,2009;贾建中,2012)。该阶段国家级风景名胜区和森林公园逐年增加,截至 1999 年底研究区内共有 22 个国家级风景名胜区、75 个国家级森林公园。

第三阶段:类型与功能多样的自然保护地增长阶段(2000—2014 年)。该阶段研究区内相继出现了国家级地质公园(2000 年)、国家级水利风景区(2001 年)、国家级湿地公园(2005 年),丰富了自然保护地的类型与功能。2000 年建立的地质公园有湖南张家界砂岩峰林国家地质公园、江西庐山世界地质公园、江西龙虎山国家地质公园;2001 年建立的水利风景区有江苏溧阳天目湖旅游度假区、安徽太平湖风景区、安徽龙河口水利风景区;2005 年建立的湿地公园有杭州西溪国家湿地公园、安徽太平湖国家湿地公园、江西孔目江国家湿地公园、湖南东江湖国家湿地公园。该时期各类保护地在数量上均显著增加,截至 2014 年底,地质公园增至 44 个、水利风景区增至 132 个、湿地公园增至 154 个。同时,在该时间段内自然保护区增加了 16 个、风景名胜区增加了 32 个、森林公园增加了 115 个。

第四阶段:梳理现有自然保护地,整合优化其结构阶段(2015 年至今)。2013 年 11 月《中共中央关于全面深化改革若干重大问题的决定》中第一次提出"建立国家公园体制",旨在对自然保护地进行梳理,优化保护地结构,建立完整主导功能体系(杨锐等,2019)。2015年1月,国家发展和改革委员会等13个部门联合印发了《建立国家公园体制试点方案》,拟定在北京、浙江、湖北、湖南等9个省份推进国家公园体制试点,处于研究区的为湖南南山和湖北神农架国家公园,体现了该阶段注重整合优化自然保护地,解决边界交叉重叠、管理混乱、主导功能不明确等问题。2017年9月,中共中央办公厅、国务院办公厅印发《建立国家公园体制总体方案》,推动以国家公园为主的自然保护地体系构建。2018年3月,《深化党和国家机构改革方案》提出组建国家林业和草原局,并加挂国家公园管理局的牌子,4月国家公园管理局正式揭牌,标志着中国国家公园进入了新纪元(唐芳林等,2018)。2019年6月,中共中央办公厅、国务院办公厅印发了《关于建立以国家公园为主体的自然保护地体系的指导意见》,标志着我国自然保护地进入全面深化改革新阶段。

3.5.2　自然保护地数量与分布

截至2017年3月底,长江中下游流域内的国家级自然保护地共有765个(需要说明的是为了统计研究区内各个类型的自然保护地,对于存在多个名称或边界交叉重叠的保护地并未剔除,均进行了统计),各类型自然保护地的名称及简介详见附录1至附录6,存在多个名称或边界交叉重叠问题的国家级自然保护地详见附录7。其中,国家级自然保护区有84个,占全国总量的18.83%,涵盖的类型包括森林生态型(42个)、野生动物型(29个)、野生植物型(2个)、内陆湿地型(8个)、地质遗迹型(1个)和古生物遗迹型(2个),总面积达20 173.14 km²。列入《湿地公约》中《国际重要湿地名录》的自然保护区有上海崇明东滩鸟类国家级自然保护区(2002年列入)、安徽升金湖国家级自然保护区(2015年列入)、江西鄱阳湖候鸟国家级自然保护区(1992年列入)、湖北洪湖国家级自然保护区(2008年列入)、湖南东洞庭湖国家级自然保护区(1992年列入)、湖南西洞庭湖国家级自然保护区(2002年列入)等。国家级风景名胜区有63个,占全国总量的28.00%。国家级森林公园有202个,占全国总量的24.43%,总面积约为11 893.45 km²。国家级地质公园有44个,占全国总量的18.26%。国家级水利风景区有163个,涵盖的类型包括水库型(81个)、城市河湖型(37个)、自然河湖型(30个)、湿地型(5个)、水土保持型(5个)和灌区型(5个),占全国总量的20.95%。国家级湿地公园有209个,占全国总量的29.65%,总面积约为14 609.62 km²。各类自然保护地在长江中下游流域的空间分布如图3-16所示。此外,截至2019年7月研究区分布有4个世界自然遗产及1个世界自然与文化双遗产、10个世界地质公园、12个国际重要湿地(其中国家级保护地7个)、7个世界生物圈保护区,各世界级自然保护地的名称详见附录8。长江中下游流域内各类自然保护地不仅对保存自然本底、保护自然生物资源、维护生态系统稳定、改善生态环境发挥着重要作用，而且给人们带来了优美的景观视觉享受（图 3-17）。

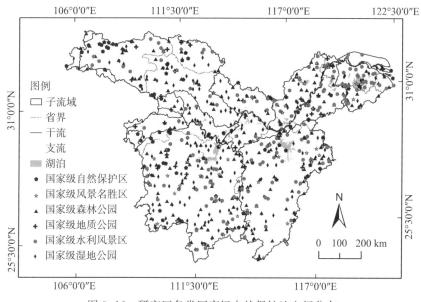

图 3-16　研究区各类国家级自然保护地空间分布

图 3-17　研究区内各类自然保护地的优美景观

各类型自然保护地在研究区各省市的数量统计见表 3-7。按各省市自然保护地数量统计,湖南省最多,达 216 个,其次是湖北省和江西省,分别为 153 个和 151 个,这与该三个省份在研究区内面积较大有关;按自然保护地类型统计,湿地公园数量最多,达 209 个,占所有保护地总数的 27.32%,其次是森林公园,达 202 个,占比为 26.41%,而地质公园最少,仅 44 个,占所有保护地总数的 5.75%;按自然保护地总数在研究区各省市的密度统计,上海的密度最大,为 20.82 个/万 km²,其次是江苏省,为 16.66 个/万 km²,湖北、湖南和江西三省的保护地分布密度均在 9 个/万 km² 左右。

表 3-7　研究区各省市各类自然保护地数量统计

单位:个

地区	自然保护区	风景名胜区	森林公园	地质公园	水利风景区	湿地公园	总计
上海	2	0	4	1	4	2	13
江苏	0	3	15	3	27	14	62
浙江	2	2	5	0	4	3	16
安徽	4	10	24	8	19	11	76
江西	15	17	45	5	38	31	151
湖北	17	8	36	10	19	63	153
湖南	22	22	54	12	37	69	216
河南	6	1	4	2	5	5	23
陕西	16	0	15	3	10	11	55
总计	84	63	202	44	163	209	765

注:各类自然保护地统计数据截至 2017 年 3 月底。

各类型自然保护地在长江中下游不同子流域上分布的数量和密度统计分别见表 3-8 和图 3-18。按各子流域自然保护地总数量统计,洞庭湖水系最多,达 224 个,其次是鄱阳湖水系和汉江水系,分别为 148 个和 123 个,这与该三个子流域在研究区的面积较大相关(面积占比均在 20% 以上)。按各类自然保护地在子流域上的数量统计,地质公园、自然保护区、风景名胜区、森林公园和湿地公园均在洞庭湖水系分布最多,分别为 12 个、25 个、22 个、56 个和 72 个。按各类自然保护地在子流域上的密度统计,水利风景区、森林公园、湿地公园均在太湖水系的密度最大,分别为 6.86 个/万 km²、4.66 个/万 km²、4.39 个/万 km²。在汉江水系、中游干流区间和洞庭湖水系上,六类保护地中均以湿地公园的密度最大,鄱阳湖水系、下游干流区间上均以森林公园的密度最大,水利风景区的密度次之。不同子流域上各类自然保护地的名称详见附录 9。

表 3-8　研究区各子流域上各类自然保护地数量统计

单位:个

子流域	自然保护区	风景名胜区	森林公园	地质公园	水利风景区	湿地公园	总计
汉江水系	24	4	31	8	19	37	123
中游干流区间	8	4	18	6	14	37	87
洞庭湖水系	25	22	56	12	37	72	224
鄱阳湖水系	15	17	41	5	39	31	148
下游干流区间	8	12	32	11	29	15	107
太湖水系	1	3	17	1	25	16	63
总计	81	62	195	43	163	208	752

注:有 13 个自然保护地不在上述六个子流域内。

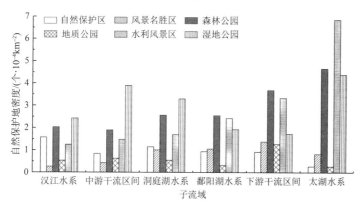

图 3-18　各类自然保护地在不同子流域上分布的密度

将长江中下游流域各类自然保护地与生物多样性保护优先区和重要生态功能区叠加,得到各类自然保护地在优先保护区和生态功能区的空间分布(图 3-19、图 3-20),其数量统计见表 3-9。

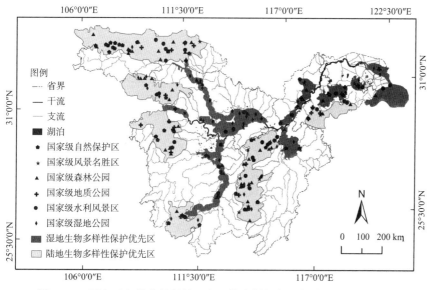

图 3-19　研究区各类自然保护地在生物多样性保护优先区的空间分布

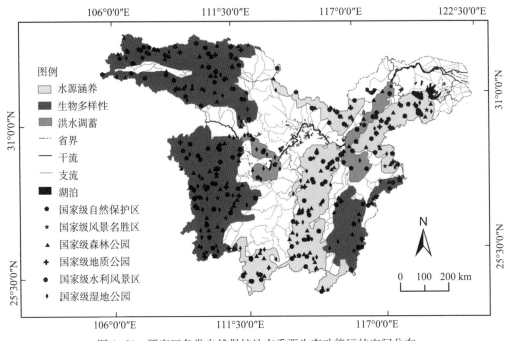

图 3-20　研究区各类自然保护地在重要生态功能区的空间分布

表 3-9　研究区各类自然保护地在生物多样性保护优先区和重要生态功能区的数量统计

单位:个

类型		自然保护区	风景名胜区	森林公园	地质公园	水利风景区	湿地公园	总计
生物多样性保护优先区	陆地生物多样性保护优先区	35	13	45	16	22	23	154
	湿地生物多样性保护优先区	8	9	17	5	12	29	80
	总计	43	22	62	21	34	52	234
重要生态功能区	水源涵养	16	18	49	9	48	41	181
	生物多样性保护	45	18	60	18	31	53	225
	洪水调蓄	9	3	7	1	6	11	37
	总计	70	39	116	28	85	105	443

　　生物多样性保护优先区共分布有 234 个自然保护地,占研究区保护地总数的 30.59%。其中,陆地生物多样性保护优先区分布有 154 个各类自然保护区,密度为 9.82 个/万 km²;在数量上,森林公园最多,达 45 个,其次是自然保护区,为 35 个。湿地生物多样性保护优先区分布有 80 个各类自然保护区,密度为 8.95 个/万 km²;在数量上,湿地公园最多,达 29 个,占湿地生物多样性保护优先区保护地总数的 36.25%,其次是森林公园,

为 17 个。除湿地公园外,陆地生物多样性保护优先区分布的各类保护地数量均显著多于湿地生物多样性保护优先区,这不仅与保护优先区的面积相关,而且与各类保护地的景观侧重和景观资源分布密切联系。

长江中下游流域各类重要生态功能区共分布有 443 个自然保护地,占研究区保护地总数的 57.91%。其中,生物多样性保护功能主导区分布有 225 个各类自然保护地,密度为 8.26 个/万 km²;在数量上,森林公园最多,达 60 个,其次是湿地公园、自然保护区,分别为 53 个、45 个。水源涵养功能主导区分布有 181 个各类自然保护地,密度为 11.29 个/万 km²;在数量上,森林公园最多,达 49 个,其次是水利风景区、湿地公园,分别为 48 个、41 个。洪水调蓄功能主导区分布有 37 个各类自然保护地,密度为 11.72 个/万 km²;在数量上,湿地公园最多,达 11 个,其次是自然保护区、森林公园,分别为 9 个、7 个。

经叠加分析可知,均分布在生物多样性保护优先区和重要生态功能区的各类自然保护地共达 168 个,其中有 36 个自然保护区、15 个风景名胜区、55 个森林公园、14 个地质公园、26 个水利风景区、22 个湿地公园,说明长江中下游流域自然保护地在生物多样性保护、生态功能保护、景观资源保护等方面起着重要作用,同时这种交叉重叠现象对长江中下游流域国家公园建设和自然保护地的整合优化具有重要的参考价值。

3.5.3　自然保护地存在的问题

长江中下游流域从 1978 年建立第一个国家级自然保护地(陕西佛坪国家级自然保护区)起,截至 2017 年 3 月底研究区共建立了自然保护区、风景名胜区、森林公园、地质公园、水利风景区和湿地公园 6 类国家级自然保护地 765 个,数量庞大、类型丰富、功能多样,并且各类保护地的数量每年不断增长,在保护生物多样性、保护自然景观、保存自然遗产、改善生态环境质量和维护长江流域生态安全等方面发挥着举足轻重的作用,但保护地的管理水平跟不上类型和数量的发展速度,在保护地建设上缺乏系统性、科学性(张卓然等,2017),存在多头管理、边界不清、重叠设置、定位模糊、权责不明等问题。如江苏太湖(太湖国家级风景名胜区、太湖西山国家地质公园、苏州太湖国家级湿地公园)、安徽九华山(九华山风景区、九华山国家级地质公园、九华山国家森林公园)等存在边界交叉重叠的问题,湖北武当山(武当山风景区、武当山国家地质公园)、湖南衡山(南岳衡山国家级自然保护区、衡山风景名胜区)、安徽天柱山(天柱山风景名胜区、天柱山国家地质公园、天柱山国家森林公园)等涵盖了 2 个及以上的保护地名称,研究区内具体存在多个名称或边界交叉重叠问题的国家级自然保护地的统计情况详见附表 7。长江中下游流域的自然保护地虽然具有数量上庞大和空间上集聚的优势,但自然保护地的连通性不足,尚未形成有机联系、互为补充和整体高效的自然保护地体系(杨锐等,2018;唐芳林,2018)。

此外,社会经济的发展和城市化建设必然导致建设用地的增多。长江中下游流域是我国最具经济发展活力的区域之一,尤其是下游长江三角洲地区的经济发展水平更高,不断扩张的城镇用地侵占了林地、草地、湿地等自然生态用地,自然资源斑块破碎化严重,难以建立较大面积的自然保护地(付励强等,2015)。在长江中下游流域的自然保护地内存在违规开发建设、违法开垦、采矿、采砂等问题,侵占保护地空间,改变保护地土地利用类型。例如,2018 年 11 月中央第三生态环境保护督察组对安徽扬子鳄国家级自然保护区现场督察时发现,扬子鳄保护区边界被擅自更改,双坑片区 6 km² 多的区域被泾县开发区侵占,扬子鳄栖息地遭到严重破坏(图3-21)。近些年,由于旅游业发展带动的交通、餐饮、住宿等配套基础设施的开发建设和城镇、乡村居民点分布及垦殖区扩张等因素,自然保护地周边近邻区域的土地利用强度不断增强,人工景观不断增多,土地利用类型逐渐发生变化,自然保护地的生态保护压力不断增大,面临"孤岛化"现象。

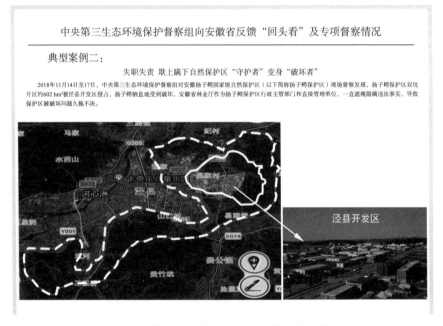

图 3-21　扬子鳄保护区双坑片区被侵占现状图

注:白色实线为核心区;白色虚线为实验区。

3.6　本章小结

正如前文所述,长江中下游流域生态系统类型多样,具有丰富的动植物资源、湿地资源、自然景观等,分布着数量众多的国家级自然保护地,但长江中下游流域也是我国人口和产业高度密集、经济发展最具活力、生态环境压力最大的流域之一,人类活动强度大,人地矛盾极为突出。本章主要从地理位置、地形地貌、气候条件、河湖水系、土壤类型与分布五个方面分析了长江中下游流域的自然环境概况;从行政区划、人口、经济和历史文化四个方面分析了中下游流域的社会环境概况;从植被类型与分布、生物多样性分布、生态功能区划和生态环境问题四个方面分析了中下游流域的生态环境概况;最后从自然保护地类型及发展历程、自然保护地在各省市与子流域上的数量与分布以及在生物多样性保护优先区与重要生态功能区的数量与分布等方面分析了中下游流域生态系统的重要性和自然保护地建设与现存问题,为下文分析各类自然保护地在不同人类活动强度带的分布、保护地空间近邻效应和流域景观保护奠定了基础。

第 3 章注释
① E 表示东经;N 表示北纬。

4 长江中下游流域景观格局时空演变分析

　　流域是一个相对独立的自然地理系统,以水为纽带将系统内各自然地理要素连成一个整体(陈希等,2016)。流域景观格局是自然与人类社会活动相互作用的结果,其演变直接影响流域内自然过程的发生发展和流域生态安全(万荣荣等,2005),通过研究其景观格局演变可以探讨景观生态状况、空间变异规律和资源环境问题等,明确人类活动对景观生态环境的影响(傅伯杰,1995;刘焱序等,2013)。因此开展流域景观格局演变研究对流域内的景观调控和流域综合治理具有重要的理论与现实意义。

　　本章从宏观上,即流域层面分析1995年、2005年和2015年长江中下游流域的景观类型空间分布和构成及其动态变化(1995—2015年是我国改革开放以来快速城镇化阶段,人类活动对生态环境及景观干扰强度较大,以其为研究时段具有典型性),结合地貌类型、子流域定量揭示其21年来景观结构变化和景观格局时空演变规律,并着重分析湿地景观格局变化特征,为进一步分析长江中下游流域人类活动强度及其与自然保护地、湿地景观等生态敏感区的互作关系奠定基础。

4.1　数据来源

　　基础数据为1995年、2005年和2015年上海、江苏、浙江、安徽、江西、湖北、湖南、河南和陕西的土地利用/覆被类型栅格数据,空间分辨率为30 m,数据源自中国科学院资源环境科学与数据中心。该数据集是基于1995年、2005年的美国陆地探测卫星系统专题绘图仪(Landsat-TM)和2015年美国陆地探测卫星系统第八颗卫星(Landsat-8)的陆地成像仪(Operational Land Imager,OLI)遥感影像(30 m)解译得到的,经过波段提取、合成、几何精纠正、镶嵌等预处理,利用人机交互目视解译,最终通过混淆矩阵进行分类精度及总精度评价,总体精度在90%以上,数据质量可靠;统一采用以下参数:大地坐标系,阿尔伯斯(Albers)正轴等面积双标准纬线圆锥投影,椭球参数采用克拉索夫斯基(Krasovsky)参数,东经105°基准经线,北纬25°和47°基准纬线(刘纪远等,2018;Liu et al.,2014)。

　　对长江中下游流域矢量边界进行裁剪,得到1995年、2005年和2015年研究区的土地利用类型图,矢量边界数据和湖泊空间分布数据源自国家科技资源共享服务平台国家地球系统科学数据中心的湖泊—流域分中心。1:1 000 000 地貌类型空间分布数据和数字高程模型(Digital Elevation Model,DEM)数据(空间分辨率为 90 m)均源自中国科学院资源环境科学与数据中心。根据《土地利用现状分类》(GB/T 21010—2017)和研究目的将长江中下游流域景观类型分为耕地、林地、草地、湿地、建设用地和未利用地 6 个一级类型和 20 个二级类型(表 4-1),1995 年、2005 年和 2015 年三个时期的景观类型分类图如图 4-1 至图 4-3 所示。

表 4-1　景观类型分类说明

景观分类系统		定义
一级类型	二级类型	
耕地	旱地	指无灌溉水源及设施,靠天然降水生长作物的耕地;有水源和浇灌设施,在一般年景下能正常灌溉的旱作物耕地;以种菜为主的耕地;正常轮作的休闲地和轮歇地
	水田	指有水源保证和灌溉设施,在一般年景能正常灌溉,用以种植水稻、莲藕等水生农作物的耕地
林地	有林地	指郁闭度>30%的天然林和人工林,包括用材林、经济林、防护林等成片林地
	灌木林	指郁闭度>40%、高度在 2 m 以下的矮林地和灌丛林地
	疏林地	指林木郁闭度为 10%—30%的林地
	其他林地	指未成林造林地、迹地、苗圃及各类园地(果园、桑园、茶园、热作林园等)
草地	高覆盖度草地	指覆盖度>50%的天然草地、改良草地和割草地,此类草地一般水分条件较好,草被生长茂密
	中覆盖度草地	指覆盖度为 21%—50%的天然草地和改良草地,此类草地一般水分不足,草被较稀疏
	低覆盖度草地	指覆盖度为 5%—20%的天然草地,此类草地水分缺乏,草被稀疏,牧业利用条件差
湿地	河渠	指天然形成或人工开挖的河流及主干渠常年水位以下的土地
	湖泊	指天然形成的积水区常年水位以下的土地
	水库坑塘	指人工修建的蓄水区常年水位以下的土地
	滩涂	指沿海大潮高潮位与低潮位之间的潮浸地带
	滩地	指河、湖水域平水期水位与洪水期水位之间的土地
	沼泽地	指地势平坦低洼,排水不畅,长期潮湿,季节性积水或常年积水,表层生长湿生植物的土地
建设用地	城镇用地	指大、中、小城市及县镇以上建成区用地
	农村居民点	指独立于城镇以外的农村居民点
	其他建设用地	指厂矿、大型工业区、油田、盐场、采石场等用地以及交通道路、机场及特殊用地

景观分类系统		定义
一级类型	二级类型	
未利用地	裸土地	指地表土质覆盖,植被覆盖度在 5% 以下的土地
	裸岩石质地	指地表为岩石或石砾,岩石或石砾的覆盖面积 > 5% 的土地

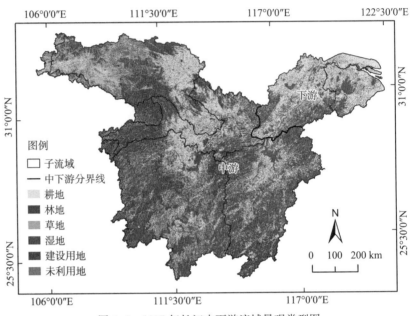

图 4-1 1995 年长江中下游流域景观类型图

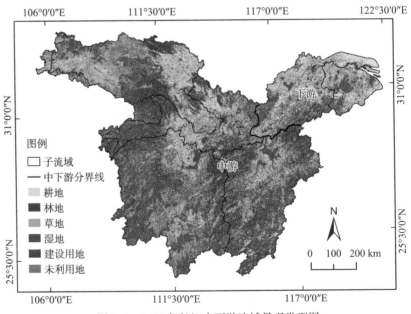

图 4-2 2005 年长江中下游流域景观类型图

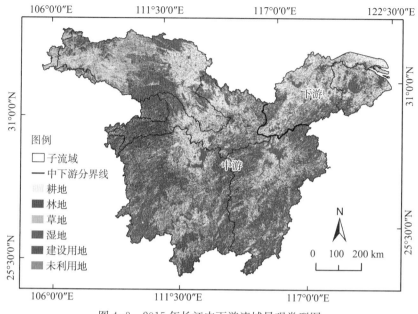

图 4-3   2015 年长江中下游流域景观类型图

4.2   研究方法

4.2.1   景观动态度模型

1）单一景观动态度

单一景观动态度是指在某一时间段内研究区某一景观类型的变化情况,用来评价不同景观类型在一定时段内的变化量与变化速度(蒋勇军等,2004),能够揭示景观类型变化的剧烈程度和变化趋势(王戈等,2019),计算公式为

$$K = \frac{U_b - U_a}{U_a} \times \frac{1}{T} \times 100\%$$

（4-1）

式中:K 为某一景观类型动态度;U_a 和 U_b 分别为研究初期和末期某景观类型的面积/km^2;T 为研究时段长/a。

2）整体景观动态度

整体景观动态度反映一定时段内整个研究区景观类型变化的快慢情况(王鹏等,2018),计算公式为

$$LC = \frac{\sum_{i=1}^{n} \Delta LU_{i-j}}{2LU} \times \frac{1}{T} \times 100\%$$

（4-2）

式中:LC 为整体景观类型动态度;LU 为研究区总面积/km^2;ΔLU_{i-j} 为

研究时段内第 i 类景观类型转变为非 i 类(用 j 表示)景观类型面积的绝对值；T 为研究时段长/a。

4.2.2 景观转移矩阵

景观转移矩阵用于描述不同景观类型之间的转化情况(曾辉等，2003)，能够全面反映景观类型数量和方向等变化的细节结构特征(佟光臣等，2017)。为进一步分析长江中下游流域某种景观类型的转入与转出以及景观类型的时空演变过程与机制，分析 1995—2005 年、2005—2015 年的景观类型转移矩阵。景观转移矩阵的计算公式为

$$\boldsymbol{P} = \begin{bmatrix} P_{11} & P_{12} & \cdots & P_{1n} \\ P_{21} & P_{22} & \cdots & P_{2n} \\ \vdots & \vdots & \vdots & \vdots \\ P_{n1} & P_{n2} & \cdots & P_{nn} \end{bmatrix} \tag{4-3}$$

式中：$\boldsymbol{P}$ 表示某种景观类型的面积矩阵/km^2；P_{ii} 是指时段内该景观类型保持不变的面积/km^2；P_{ij} 指时段内由第 i 种景观类型转化为第 j 种景观类型的面积/km^2；n 为景观类型的种类/种。

4.2.3 景观格局指数

景观格局指数是指能够高度浓缩景观格局信息，反映景观结构特征和空间格局变化的简单定量指标，包括单一斑块水平、类型水平和景观水平三个层次的分析(邬建国，2007；Malinverni，2011)。目前景观格局指数的运用主要集中于斑块面积、斑块密度、斑块边界、形状、蔓延度、集聚度、连接性和多样性等方面。研究区地貌类型多样，平原、台地、丘陵山地皆备，是我国最具经济发展活力的区域之一，人口基数大、人口和产业高度密集，随着城镇化发展和人类活动强度增强，土地利用类型在面积、形状、连通性、多样性等方面均会发生变化。参考相关研究(王芳等，2017)，并根据研究区景观特征和景观格局指数表征景观格局空间分布的有效性(李秀珍等，2004)，在类型水平上选择斑块面积(CA)、斑块面积占比(PLAND)、斑块数(NP)、斑块密度(PD)、平均斑块面积(MPS)、最大斑块指数(LPI)、景观形状指数(LSI)、斑块结合度指数(COHESION)、面积加权平均斑块分维数(AWMPFD)、聚合度指数(AI)；在景观水平上选择边缘密度(ED)、蔓延度指数(CONTAG)、聚合度指数(AI)、香农多样性指数(SHDI)、香农均匀度指数(SHEI)。从多个角度全面、系统地描述景观格局结构及其动态变化等特征。各景观格局指数的具体公式和生态学意义详见表 4-2，各景观格局指数在景观格局指数计算软件 Fragstats 中计算得到。

表 4-2　景观格局指数及其生态学意义

景观格局指数	公式	生态学意义
斑块面积 (CA)/hm²	$$CA = \frac{\sum\limits_{j=1}^{n} a_{ij}}{10\ 000}$$	度量景观组分。i 是斑块类型；n 是第 i 类斑块的总数目/个；a_{ij} 是第 i 类斑块类型中第 j 个斑块的面积/km²
斑块面积 占比 (PLAND) /%	$$PLAND = P_i = \frac{\sum\limits_{j=1}^{n} a_{ij}}{A} \times 100\%$$	确定景观中基质或优势景观元素的依据之一，是决定景观中优势类型、数量及生物多样性等生态指标的重要因素。P_i 为景观类型 i 的面积占比/%；a_{ij} 是斑块 ij 的面积/m²；A 是景观总面积/m²
斑块数 (NP)/个	$$NP = n$$	反映整个景观异质性，其值大小与景观破碎度有很好的正相关性。n 是斑块数/个
斑块密度(PD)/ (个·hm⁻²)	$$PD = NP/A$$	表征景观破碎度。NP 是斑块数量/个；A 是景观总面积/hm²
平均斑块面积 (MPS)/km²	$$MPS = \frac{CA}{n}$$	表征景观破碎度。CA 是斑块面积/km²；n 是斑块数/个
最大斑块指数 (LPI)/%	$$LPI = \frac{\max\limits_{j=1}^{n}\{a_{ij}\}}{A} \times 100\%$$	在景观类型中，该类斑块中的最大斑块面积占该类型景观面积的比重；确定景观中的优势类型，反映人类活动的方向和强弱，LPI 越小，景观破碎度越大。a_{ij} 是斑块 ij 的面积/m²；A 是景观总面积/m²
景观形状指数 (LSI)	$$LSI = \frac{e_i}{\min\{e_i\}}$$	斑块形状对维持区域景观功能具有重要作用，是研究生态功能与生态过程的重要参数。e_i 是景观类型 i 的边缘总长/m；$\min\{e_i\}$ 表示 e_i 的可能最小值/m；$LSI \geqslant 1$
斑块 结合度指数 (COHESION)	$$COHESION = \left(1 - \frac{\sum\limits_{j=1}^{n} p_{ij}}{\sum\limits_{j=1}^{n} p_{ij}\sqrt{a_{ij}}}\right) \div \left(1 - \frac{1}{\sqrt{A}}\right) \times 100$$	衡量斑块类型的物理连接度，斑块在空间分布上越聚集，连接性越好。p_{ij} 是斑块 ij 的周长/m；a_{ij} 是斑块 ij 的面积/m²
面积加权平均 斑块分维数 (AWMPFD)	$$AWMPFD = \sum_{i=1}^{m}\sum_{j=1}^{n}\left[\frac{2\ln(0.25 p_{ij})}{\ln(a_{ij})} \times \frac{a_{ij}}{A}\right]$$	描述景观斑块形状的复杂程度。p_{ij} 是斑块 ij 的周长/m；a_{ij} 是斑块 ij 的面积/m²；A 是景观总面积/m²；$1 \leqslant AWMPFD \leqslant 2$
聚合度指数 (AI)/%	$$AI = \frac{g_{ii}}{\max\{g_{ii}\}} \times 100\%$$	表征景观要素空间分布的离散程度或聚集程度。g_{ii} 是基于单倍法的斑块类型 i 像元间的节点数/个
边缘密度(ED) /(m·hm⁻²)	$$ED = \frac{E}{A} \div 10\ 000$$	E 为景观中所有斑块边界的总长度/m；A 为景观总面积/m²
蔓延度指数 (CONTAG) /%	$$CONTAG = \left\{1 + \frac{\sum\limits_{i=1}^{m}\sum\limits_{k=1}^{m}\left[\left(p_i \times \frac{g_{ik}}{\sum\limits_{k=1}^{m} g_{ik}}\right)\left[\ln\left(p_i \times \frac{g_{ik}}{\sum\limits_{k=1}^{m} g_{ik}}\right)\right]\right]}{2\ln m}\right\} \times 100\%$$	描述景观中不同斑块类型的团聚程度或延展趋势。值越大，斑块连接性越好；反之，景观破碎度越高。g_{ik} 为斑块类型 i 和 k 之间相邻的网格单元数/个；p_i 为景观类型 i 的面积占比；m 为景观类型总数/个

景观格局指数	公式	生态学意义
香农多样性指数（SHDI）	$$SHDI = -\sum_{i=1}^{m}(p_i \times \ln p_i)$$	反映景观异质性，对景观中各斑块类型非均衡分布状况较敏感。p_i 是景观类型 i 的面积占比/%；m 是景观类型总数/个
香农均匀度指数（SHEI）	$$SHEI = \frac{-\sum_{i=1}^{m}(p_i \times \ln p_i)}{\ln m}$$	描述不同类型斑块的分布，值越大，斑块分布越均匀，优势度越低。p_i 是景观类型 i 的面积占比/%；m 是景观类型总数/个

4.3 长江中下游流域景观结构特征与变化分析

4.3.1 中下游流域景观结构特征与变化

长江中下游流域景观类型多样，格局复杂（表 4-3 至表 4-5），1995—2015 年林地和耕地始终是优势景观，面积占比分别在 49% 和 33% 以上；草地和湿地的面积占比分别在 7% 和 5% 以上，草地主要分布在研究区西北部的陕西省境内，湿地主要分布在长江干流区域和洞庭湖、鄱阳湖、江汉湖群、太湖和巢湖等区域；1995 年、2005 年和 2015 年建设用地的面积占比分别为 3.14%、3.65% 和 4.58%，主要集中分布在长江三角洲城市群、武汉都市圈、长株潭城市群、环鄱阳湖城市群等区域。由于城镇化扩张、农业开发、水资源开发、"退田还湖"等因素的影响，研究区耕地、林地、草地的面积不断减少，湿地、建设用地和未利用地的面积呈增加趋势。

表 4-3 1995 年研究区各景观类型面积及占比

景观分类系统		1995 年中游		1995 年下游		1995 年整个中下游流域	
一级类型	二级类型	面积/km²	占比/%	面积/km²	占比/%	面积/km²	占比/%
耕地	水田	121 303.27	18.57	59 922.72	48.64	181 225.99	23.34
	旱地	81 133.45	12.42	9 302.48	7.55	90 435.93	11.65
	小计	202 436.72	30.99	69 225.20	56.19	271 661.92	34.99
林地	有林地	215 388.10	32.98	19 999.42	16.23	235 387.52	30.32
	灌木林	45 166.71	6.92	5 327.12	4.32	50 493.83	6.50
	疏林地	91 587.33	14.02	1 232.79	1.00	92 820.12	11.96
	其他林地	3 745.36	0.57	325.92	0.26	4 071.28	0.52
	小计	355 887.50	54.49	26 885.25	21.81	382 772.75	49.30

景观分类系统		1995 年中游		1995 年下游		1995 年整个中下游流域	
一级类型	二级类型	面积/km²	占比/%	面积/km²	占比/%	面积/km²	占比/%
草地	高覆盖度草地	29 647.64	4.54	5 084.20	4.13	34 731.84	4.47
	中覆盖度草地	21 542.49	3.31	60.19	0.05	21 602.68	2.79
	低覆盖度草地	1 075.79	0.16	20.05	0.02	1 095.84	0.14
	小计	52 265.92	8.01	5 164.44	4.20	57 430.36	7.40
湿地	河渠	6 485.12	0.99	2 598.34	2.11	9 083.46	1.17
	湖泊	6 994.75	1.07	5 546.76	4.50	12 541.51	1.62
	水库坑塘	8 447.16	1.29	2 629.86	2.13	11 077.01	1.43
	滩涂	0.37	0.00	17.19	0.01	17.56	0.00
	滩地	4 341.07	0.67	945.80	0.77	5 286.88	0.68
	沼泽地	1 905.64	0.29	20.87	0.02	1 926.51	0.25
	小计	28 174.11	4.31	11 758.82	9.54	39 932.93	5.15
建设用地	城镇用地	3 360.76	0.51	3 062.43	2.49	6 423.19	0.83
	农村居民点	9 114.64	1.40	6 741.13	5.47	15 855.77	2.04
	其他建设用地	1 782.17	0.27	328.32	0.27	2 110.49	0.27
	小计	14 257.57	2.18	10 131.88	8.23	24 389.45	3.14
未利用地	裸土地	61.02	0.01	8.96	0.01	69.98	0.01
	裸岩石质地	44.21	0.01	20.23	0.02	64.44	0.01
	小计	105.23	0.02	29.19	0.03	134.42	0.02

　　就各类一级景观类型构成来看,1995 年、2005 年和 2015 年三个时期,在耕地景观中,水田占总耕地面积的比重均在 66% 以上;在林地景观中,有林地面积最大,占林地总面积的比重均在 61% 以上;在草地景观中,以高覆盖度草地为主导,占比均在 60% 以上;在湿地景观中,各年份湖泊和水库坑塘的总面积基本相当,占比分别在 30% 和 27% 以上,河渠的占比均在 22% 以上;在建设用地中,农村居民点面积最大,1995 年、2005 年和 2015 年的占比分别为 65.01%、60.65% 和 52.23%,呈递减趋势,其次是城镇用地,三个时期的占比均在 26% 以上,厂矿、交通道路等其他建设用地的占比逐年显著增加。

表 4-4　2005 年研究区各景观类型面积及占比

景观分类系统		2005 年中游		2005 年下游		2005 年整个中下游流域	
一级类型	二级类型	面积/km²	占比/%	面积/km²	占比/%	面积/km²	占比/%
耕地	水田	120 235.17	18.41	57 343.88	46.55	177 579.05	22.87
	旱地	80 743.48	12.36	9 031.74	7.33	89 775.22	11.55
	小计	200 978.65	30.77	66 375.62	53.88	267 354.27	34.42
林地	有林地	214 400.44	32.83	19 955.39	16.20	234 355.83	30.19
	灌木林	45 075.27	6.90	5 318.71	4.32	50 393.98	6.49
	疏林地	91 289.00	13.98	1 220.82	0.99	92 509.82	11.92
	其他林地	4 675.42	0.72	342.34	0.27	5 017.76	0.65
	小计	355 440.13	54.43	26 837.26	21.78	382 277.39	49.25
草地	高覆盖度草地	29 636.22	4.54	5 058.01	4.11	34 694.23	4.47
	中覆盖度草地	21 455.25	3.29	61.72	0.05	21 516.97	2.77
	低覆盖度草地	1 088.19	0.17	19.02	0.02	1 107.21	0.14
	小计	52 179.66	8.00	5 138.75	4.18	57 318.41	7.38
湿地	河渠	6 609.16	1.01	2 593.27	2.11	9 202.43	1.19
	湖泊	7 757.23	1.19	5 506.30	4.47	13 263.53	1.71
	水库坑塘	9 050.69	1.39	3 010.70	2.44	12 061.39	1.55
	滩涂	0.37	0.00	17.90	0.01	18.27	0.00
	滩地	3 806.85	0.58	977.19	0.78	4 784.04	0.62
	沼泽地	1 589.51	0.23	21.62	0.02	1 611.13	0.21
	小计	28 813.81	4.40	12 126.98	9.83	40 940.79	5.28
建设用地	城镇用地	4 067.77	0.62	4 231.28	3.43	8 299.05	1.07
	农村居民点	9 359.57	1.43	7 804.53	6.34	17 164.10	2.21
	其他建设用地	2 186.46	0.33	648.86	0.53	2 835.32	0.37
	小计	15 613.80	2.38	12 684.67	10.30	28 298.47	3.65
未利用地	裸土地	56.23	0.01	10.84	0.01	67.07	0.01
	裸岩石质地	44.75	0.01	20.68	0.02	65.43	0.01
	小计	100.98	0.02	31.52	0.03	132.50	0.02

在研究区内,长江中游的自然资源丰富,城镇化建设和农业发展水平均较高,分布有整个流域内面积最大的耕地、林地、草地、湿地和建设用地,其在 1995 年、2005 年和 2015 年三个时期在整个流域中对应景观中的占比分别均在 74%、92%、90%、70% 和 54% 以上;在耕地景观中,89% 以上的旱地分布于中游;在林地景观中,91% 以上的有林地和 89% 以上的灌木林

均分布于中游;在草地景观中,85%以上的高覆盖度草地和99%以上的中覆盖度草地分布于中游;在湿地景观中,71%以上的河渠、55%以上的湖泊、75%以上的水库坑塘、79%以上的滩地和98%以上的沼泽地分布于中游;同时,长江中游分布有面积最大的厂矿、交通道路等其他建设用地,在1995年、2005年和2015年三个时期占中下游流域其他建设用地面积的比重分别为84.44%、77.12%和78.54%。1995—2015年,长江中游耕地减少4 074.69 km²,减少率为2.01%;林地减少1 819.75 km²,减少率为0.51%;湿地增加821.05 km²,增长率为2.91%;建设用地增加5 147.79 km²,增长率为36.11%。

表4-5 2015年研究区各景观类型面积及占比

景观分类系统		2015年中游		2015年下游		2015年整个中下游流域	
一级类型	二级类型	面积/km²	占比/%	面积/km²	占比/%	面积/km²	占比/%
耕地	水田	118 504.49	18.14	54 262.31	44.05	172 766.80	22.25
	旱地	79 857.54	12.22	8 661.04	7.02	88 518.58	11.41
	小计	198 362.03	30.36	62 923.35	51.07	261 285.38	33.66
林地	有林地	214 094.27	32.78	19 879.04	16.14	233 973.31	30.14
	灌木林	44 421.06	6.80	5 299.44	4.30	49 720.50	6.40
	疏林地	89 257.48	13.67	1 199.98	0.96	90 457.46	11.65
	其他林地	6 294.94	0.96	339.89	0.28	6 634.83	0.85
	小计	354 067.75	54.21	26 718.35	21.68	380 786.10	49.04
草地	高覆盖度草地	29 767.19	4.56	5 084.70	4.13	34 851.89	4.49
	中覆盖度草地	21 346.64	3.27	64.10	0.05	21 410.74	2.76
	低覆盖度草地	1 081.54	0.17	25.69	0.02	1 107.23	0.14
	小计	52 195.37	8.00	5 174.49	4.20	57 369.86	7.39
湿地	河渠	6 707.45	1.03	2 521.73	2.05	9 229.18	1.19
	湖泊	6 878.21	1.05	5 592.00	4.54	12 470.21	1.61
	水库坑塘	9 190.14	1.41	3 040.25	2.46	12 230.39	1.58
	滩涂	0.37	0.00	19.51	0.02	19.88	0.00
	滩地	4 537.04	0.69	955.94	0.78	5 492.98	0.71
	沼泽地	1 681.95	0.26	27.70	0.02	1 709.65	0.22
	小计	28 995.16	4.44	12 157.13	9.87	41 152.29	5.31
建设用地	城镇用地	4 657.55	0.71	5 759.76	4.68	10 417.31	1.34
	农村居民点	9 575.53	1.47	9 011.94	7.32	18 587.47	2.39
	其他建设用地	5 172.28	0.79	1 412.89	1.15	6 585.17	0.85
	小计	19 405.36	2.97	16 184.59	13.15	35 589.95	4.58

景观分类系统		2015 年中游		2015 年下游		2015 年整个中下游流域	
一级类型	二级类型	面积/km²	占比/%	面积/km²	占比/%	面积/km²	占比/%
未利用地	裸土地	56.84	0.01	17.42	0.01	74.26	0.01
	裸岩石质地	44.52	0.01	19.47	0.02	63.99	0.01
	小计	101.36	0.02	36.89	0.03	138.25	0.02

长江下游面积仅占中下游流域的 15.87%，但中下游流域 41% 以上的建设用地、29% 以上的湿地和 24% 以上的耕地密集于此，其中建设用地中的城镇用地面积不断增加，占比分别为 30.23%、33.36% 和 35.59%；在湿地景观中，湖泊占下游湿地面积的比重均在 45% 以上，水库坑塘的占比由 22.36% 增加到 25.01%，河渠占比均在 20% 以上，但呈减少趋势；在耕地景观中，水田的占比均在 86% 以上，这说明长江下游城镇化和农业生产水平较高，湿地资源也比较丰富，人类活动强度大，人地矛盾突出。1995—2015 年，长江下游耕地减少 6 301.85 km²，减少率为 9.10%；林地减少 166.90 km²，减少率为 0.62%；湿地增加 398.31 km²，增长率为 3.39%；建设用地增加 6 052.71 km²，增长率为 59.74%。长江下游耕地的减少量和建设用地的增加量显著高于中游，表明长江下游城镇化建设发展更快。

4.3.2　各地貌类型上景观结构特征与变化

根据第 3 章地形地貌的分析可知，平原、台地、丘陵、小起伏山地和中起伏山地是长江中下游流域主要的地貌类型，五者占流域总面积的 94.60%，其中平原面积最大，占比为 24.31%。由表 4-6 可知，1995 年、2005 年和 2015 年三个时期不同地貌类型上各景观类型的占比存在显著差异，伴随地形起伏度的增加，耕地、湿地和建设用地的占比均呈减小趋势，而草地和林地的占比不断增加；不同地貌类型上的优势景观类型也不同，平原和台地上的优势景观是耕地，其他地貌类型上的优势景观均为林地。

表 4-6　1995 年、2005 年和 2015 年研究区不同地貌类型上景观类型的面积占比

地貌类型	面积占比/%	年份	景观类型的面积占比/%					
			耕地	林地	草地	湿地	建设用地	未利用地
平原	24.31	1995	63.79	8.87	1.53	17.34	8.46	0.01
		2005	61.96	8.81	1.53	17.76	9.93	0.01
		2015	59.85	8.72	1.52	17.85	12.05	0.01
台地	17.37	1995	55.95	33.10	3.53	3.00	4.39	0.03
		2005	55.42	32.91	3.50	3.07	5.07	0.03
		2015	54.13	32.48	3.47	3.09	6.79	0.04

地貌类型	面积占比/%	年份	景观类型的面积占比/%					
			耕地	林地	草地	湿地	建设用地	未利用地
丘陵	15.37	1995	27.94	63.70	5.83	1.36	1.15	0.02
		2005	27.86	63.60	5.79	1.42	1.31	0.02
		2015	27.62	63.22	5.83	1.43	1.88	0.02
小起伏山地	17.98	1995	15.56	74.38	9.07	0.56	0.42	0.01
		2005	15.55	74.30	9.08	0.60	0.46	0.01
		2015	15.50	74.12	9.13	0.61	0.63	0.01
中起伏山地	19.57	1995	11.65	73.17	14.82	0.18	0.17	0.01
		2005	11.63	73.16	14.83	0.19	0.18	0.01
		2015	11.61	73.14	14.81	0.19	0.24	0.01
大起伏山地	5.40	1995	7.82	73.64	18.32	0.11	0.09	0.02
		2005	7.80	73.74	18.23	0.11	0.10	0.02
		2015	7.78	73.72	18.21	0.10	0.17	0.02

在平原上,1995 年、2005 年和 2015 年三个时期均集中了整个研究区43%以上的耕地,82%以上的湿地和 64%以上的建设用地;1995—2015 年耕地不断减少,由 63.79%减少到 59.85%,减少了 7 435.77 km²;建设用地明显增加,由 8.46%(15 966.14 km²)增加到 12.05%(22 741.36 km²),增加了 6 775.22 km²,增长率为 42.43%;湿地增加了 962.50 km²,增长率为2.94%;林地和草地不断减少。该地貌区具有海拔低、温暖、湿润、植被生产力较高等自然优势,较适宜人为开发利用,是人类活动的热点区域,人类活动强度极大,人地矛盾最激烈,以长江三角洲地区尤为突出,如何平衡自然保护和经济发展是亟须解决的问题。

台地上的优势景观为耕地,在 1995 年、2005 年和 2015 年三个时期的占比均在 54%以上,其次是林地,占比均在 32%以上;台地上集中了整个研究区 27%以上的耕地、10%以上的湿地和 24%以上的建设用地;1995—2015 年,耕地、林地和草地分别减少了 2 453.69 km²、835.87 km² 和80.89 km²,湿地增加了 121.34 km²;建设用地由 4.39%(5 918.50 km²)增加到6.79%(9 154.13 km²),增长率为 54.67%。该地貌区域人类活动也比较剧烈,景观类型变化受人为干扰较强。在丘陵区域,1995 年、2005 年和2015 年三个时期的林地和耕地占比分别均在 63%和 27%以上,但面积不断减少;草地先减后增;湿地增加了 83.52 km²,增长率为 5.15%;建设用地增加了 870.97 km²,增长率为 63.48%,该地貌区域也受到了人类活动强度的深刻影响。上述两类地貌区是人文景观和自然景观的交错带,存在激烈竞争,必须协调好两者关系,以自然生态保护为主、资源开发为辅。

在小起伏山地、中起伏山地和大起伏山地区域,以林地和草地景观为主,在1995年、2005年和2015年三个时期的占比分别均在73%和9%以上,自然景观占优势,国家级自然保护地分布较多(如神农架国家级自然保护区、米仓山国家级自然保护区、衡山风景名胜区等)。由于高海拔、地貌特征等因素,人类开发建设活动受到限制,但从1995—2015年,这三种地貌区上的建设用地亦分别增加了293.19 km²、106.36 km²和33.52 km²,增长率分别为50.00%、41.18%和88.89%,这说明山地区域景观格局受人类影响程度也在逐渐增强,必须严格管控人类开发建设活动,从而使该区域更好地发挥生态屏障作用。

4.3.3 各子流域上景观结构特征与变化

在1995年、2005年和2015年三个时期,长江中下游不同子流域上各景观类型的面积占比及变化存在显著差异(表4-7)。汉江水系流域的优势景观是林地和耕地,总体呈减少趋势;其次是草地,占比均在19%以上,占整个中下游流域草地总面积的51%以上,说明草地主要分布在汉江水系。1995—2015年,耕地减少1 038.17 km²,减少率为1.94%,主要转化为建设用地;湿地面积增加335.88 km²,增长率为7.72%;建设用地增加763.36 km²,增长率为16.67%。中游干流区间湿地面积达整个研究区湿地总面积的20%以上,呈增长趋势;耕地减少1 280.51 km²,减少率为3.45%;建设用地增加1 261.54 km²,增长率达33.76%。洞庭湖水系和鄱阳湖水系的优势景观为林地,占比均在61%以上,并分别占整个中下游流域林地总面积的35%以上和26%以上;湿地分别占整个中下游流域湿地总面积的20%以上和17%以上;1995—2015年,洞庭湖水系中的耕地、林地分别减少1 157.42 km²、676.98 km²,建设用地增加1 812.57 km²,增长率达58.04%;鄱阳湖水系中的耕地、林地分别减少563.18 km²、772.36 km²,建设用地增加1 303.36 km²,增长率为49.09%。下游干流区间和太湖水系的优势景观为耕地,耕地和建设用地的变化率极为显著,耕地分别减少2 446.12 km²(减少率为5.17%)、3 861.84 km²(减少率为17.60%),建设用地分别增加2 359.38 km²(增长率为44.16%)、3 690.44 km²(增长率为77.08%),主要由耕地转化而来。综上分析可知,除汉江水系外,长江中下游其他各子流域的建设用地增幅显著,这与快速城镇化建设紧密相关。

表4-7　1995年、2005年和2015年研究区不同子流域上景观类型的面积占比

子流域	面积占比/%	年份	景观类型的面积占比/%					
			耕地	林地	草地	湿地	建设用地	未利用地
汉江水系	20.36	1995	35.02	39.78	19.32	2.85	3.00	0.03
		2005	34.70	39.80	19.33	3.01	3.13	0.03
		2015	34.34	39.72	19.34	3.07	3.50	0.03

子流域	面积占比/%	年份	景观类型的面积占比/%					
			耕地	林地	草地	湿地	建设用地	未利用地
中游干流区间	12.65	1995	39.10	45.04	3.27	8.63	3.94	0.02
		2005	38.61	44.97	3.26	8.94	4.21	0.01
		2015	37.75	44.77	3.25	8.95	5.27	0.01
洞庭湖水系	29.12	1995	29.62	61.58	3.56	3.80	1.43	0.01
		2005	29.48	61.49	3.56	3.81	1.65	0.01
		2015	29.09	61.27	3.53	3.84	2.26	0.01
鄱阳湖水系	21.45	1995	26.91	62.50	4.47	4.46	1.65	0.01
		2005	26.80	62.39	4.40	4.47	1.93	0.01
		2015	26.56	62.02	4.47	4.48	2.46	0.01
下游干流区间	11.56	1995	54.54	25.35	5.73	8.21	6.16	0.01
		2005	53.51	25.34	5.72	8.39	7.03	0.01
		2015	51.72	25.24	5.73	8.40	8.88	0.03
太湖水系	4.86	1995	60.16	13.42	0.51	12.73	13.13	0.05
		2005	54.77	13.32	0.50	13.31	18.05	0.05
		2015	49.57	13.23	0.53	13.38	23.25	0.04

4.4 长江中下游流域景观类型动态转移

由景观类型动态转移的分析可知(表 4-8、表 4-9),1995—2005 年耕地的动态度为 -0.16%,减少了 4 307.65 km²;耕地主要流向建设用地和湿地,由于城镇化建设有 1.26%(3 415.73 km²)的耕地转变为建设用地,占耕地变化量的 59.88%,主要集中分布在长江三角洲城市群,零散分布在武汉、南昌等区域,其地貌以平原和台地为主;有 0.63%(1 705.84 km²)的耕地转变为湿地,占耕地变化量的 39.60%;372.43 km² 和 209.12 km² 的耕地分别转变为林地和草地,这是因为 1998—1999 年我国先后启动了"天然林资源保护工程"和"退耕还林工程"。林地以 0.01% 的速度减少了495.36 km²,主要流向耕地和建设用地;0.13%(510.73 km²)的林地转变为耕地,占林地变化量的 41.55%,主要分布在江西省抚州市北部(平原和台地地区)和赣州市西部区域(小起伏山地地区);404.29 km² 的林地转化为建设用地,占林地变化量的 32.89%,主要分布在长沙中部和萍乡中部区域,地貌上主要是平原和台地。湿地的动态度为 0.25%,增加了1 007.86 km²,主要来源是耕地,占湿地来源量的 90.03%,主要集中在荆州东部的长江北岸区域、仙桃全境、鄂州中部区域、南京西南部区域、马鞍山东南部区域和常州中西部区域,地貌类型均为平原;由于农业围垦开发和城镇化空间扩张,有 639.80 km² 和 143.22 km² 的湿地分别转变为耕地和建设用地。建设用地以 1.60% 的速度增加了 3 909.02 km²,主要来源是耕地,占建设用地来源量的 85.42%;其次是林地和湿地。草地的动态度为 −0.02%,面积减少了 111.95 km²,主要转变为林地(284.00 km²)和耕地(192.51 km²)。研究区的整体动态度为 0.05%。

由表 4-8 和表 4-10 的分析可知,2005—2015 年耕地的动态度为 −0.23%,面积减少了 6 068.89 km²,主要流向建设用地,由于城镇化建设的加快,有 2.13%(5 696.78 km²)的耕地转变为建设用地,占耕地变化量的 85.61%,主要集中分布在长江三角洲城市群、武汉都市圈、长株潭城市群和芜湖、马鞍山等城市的沿江区域,与 1995—2005 年相比建设用地不再局限于城市的某个区域而是涵盖整个城市,扩张范围更大、局部更密集,以长江三角洲城市群尤为突出;508.05 km² 和 325.42 km² 的耕地分别转变为湿地和林地,分别占耕地变化量的 7.63% 和 4.89%。林地的动态度为 −0.04%,减少了 1 491.29 km²,减少量是 1995—2005 年的 3 倍多,主要流向建设用地,有 0.37%(1 423.32 km²)的林地转变为建设用地,占林地变化量的 63.88%,主要分布在长株潭城市群、十堰中部和镇江西北部区域,地貌上为台地、丘陵区;有 448.17 km² 和 287.89 km² 的林地分别转变为草地和耕地,分别占林地变化量的 20.12% 和 12.92%。湿地以 0.05% 的速度增加了 211.50 km²,主要来源仍然是耕地,占湿地来源量的 81.80%;同时有 202.27 km² 和 132.85 km² 的湿地分别流向建设用地和耕地。建设用地以 2.58% 的速度增加了 7 291.48 km²,主要来源仍然是耕地和林地,分别占建设用地来源量的 76.36% 和 19.08%。草地和未利用地的面积变化相对较小。研究区的整体动态度为 0.06%。

表 4-8　研究区景观动态变化

景观类型	1995—2005 年		2005—2015 年		1995—2015 年	
	面积变化/km²	动态度/%	面积变化/km²	动态度/%	面积变化/km²	动态度/%
耕地	−4 307.65	−0.16	−6 068.89	−0.23	−10 376.54	−0.19
林地	−495.36	−0.01	−1 491.29	−0.04	−1 986.65	−0.03
草地	−111.95	−0.02	51.45	0.01	−60.50	−0.01
湿地	1 007.86	0.25	211.50	0.05	1 219.36	0.15
建设用地	3 909.02	1.60	7 291.48	2.58	11 200.50	2.30
未利用地	−1.92	−0.14	5.75	0.43	3.83	0.14
整体动态度/%	0.05		0.06		—	

表 4-9　1995—2005 年研究区景观类型面积转移矩阵表

单位:km²

景观类型		2005 年					
		耕地	林地	草地	湿地	建设用地	未利用地
1995 年	耕地	265 957.90	372.43	209.12	1 705.84	3 415.73	0.90
	林地	510.73	381 543.49	184.42	123.71	404.29	6.11
	草地	192.51	284.00	56 871.74	48.38	33.10	0.63
	湿地	639.80	53.00	50.95	39 045.96	143.22	0.01
	建设用地	52.22	20.59	1.18	15.11	24 299.75	0.60
	未利用地	1.12	3.89	1.00	1.79	2.38	124.24

表 4-10　2005—2015 年研究区景观类型面积转移矩阵表

单位:km²

景观类型		2015 年					
		耕地	林地	草地	湿地	建设用地	未利用地
2005 年	耕地	260 699.60	325.42	111.74	508.05	5 696.78	12.68
	林地	287.89	380 049.44	448.17	64.47	1 423.32	4.10
	草地	45.54	362.38	56 742.54	33.10	132.97	1.88
	湿地	132.85	24.26	50.09	40 531.18	202.27	0.14
	建设用地	117.94	23.45	13.76	13.30	28 129.10	0.92
	未利用地	1.57	1.15	3.57	2.18	5.51	118.53

对比 1995—2005 年和 2005—2015 年研究区的景观动态变化发现,耕地的动态度由 -0.16% 变为 -0.23%,林地的动态度由 -0.01% 变为 -0.04%,这两种景观类型呈加速减少趋势;建设用地的动态度加速增加,由 1.60% 增加到 2.58%,人类活动强度显著增强。1995—2015 年,耕地的动态度为 -0.19%,面积共减少了 10 376.54 km²;林地的动态度为 -0.03%,面积共减少了 1 986.65 km²;湿地的动态度为 0.15%,面积共增加了 1 219.36 km²,说明湿地得到了一定的保护,这与国家和有关部门加大对湿地资源保护的政策和措施紧密相关。建设用地的动态度最大,1995—2015 年整体上以 2.30% 的速度增加了 11 200.50 km²,这是因为社会经济发展和快速城镇化建设,使城镇居住用地、工矿企业用地、公路铁路交通设施用地、生活服务设施用地等大量增加。

4.5　长江中下游流域景观格局时空演变特征

4.5.1　类型水平上景观格局演变特征

斑块数(NP)和平均斑块面积(MPS)分别从数量和面积方面表征景观

的破碎化程度。由图 4-4(a)(b)分析可知,1995 年、2005 年和 2015 年三个时期耕地的斑块数最大,建设用地的次之,并且远高于其他景观类型,说明研究期内长江中下游流域的耕地和建设用地破碎度较高。耕地、林地的斑块数和平均斑块面积在 1995—2005 年均分别呈减少趋势和变化不明显特征,在 2005—2015 年分别呈增加和减少趋势,说明在 1995—2005 年耕地、林地的破碎度减弱,在 2005—2015 年破碎度又显著增强,表明 2005—2015 年人类活动对耕地和林地的景观格局干扰更强;湿地和建设用地的斑块数不断减少,平均斑块面积不断增加,尤其是建设用地更为突出,说明湿地和建

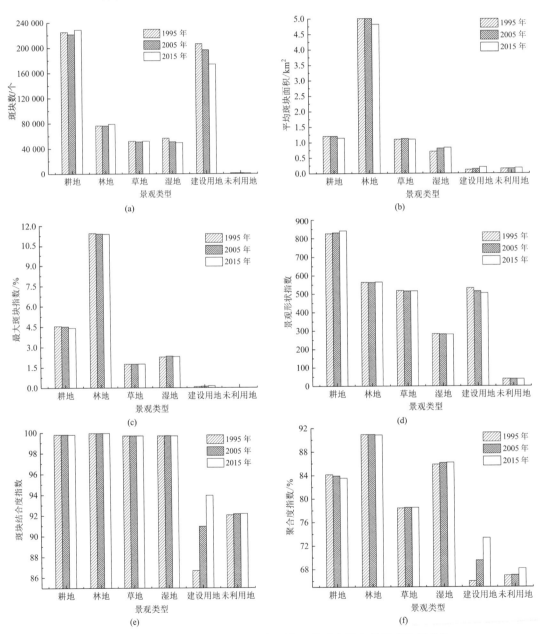

图 4-4 1995 年、2005 年和 2015 年研究区类型水平上的景观格局指数

设用地的破碎度呈减弱趋势。草地和未利用地的斑块数趋于减少,但变化不明显。

最大斑块指数(LPI)反映景观优势度,其值越大,优势度越大。由图4-4(c)可知,1995年、2005年、2015年三个时期林地的最大斑块指数最大,均在11.3%以上,说明林地在研究区中的优势度最大,其次是耕地;但1995—2015年,林地和耕地的最大斑块指数呈减少趋势,景观优势度趋于减弱。湿地和草地的最大斑块指数整体上略有增加趋势,说明这两类景观在研究区的优势度趋于增加。1995—2015年,建设用地的最大斑块指数持续增加,由0.067 3增加到0.135 2,这是由于快速城镇化建设,建设用地大量增加,大的建设用地斑块数增多,说明人类活动对景观格局的干扰不断增强;但建设用地的最大斑块指数相较其他景观类型(未利用地除外)最小,表明建设用地的破碎度最大。

景观形状指数(LSI)表示斑块边缘形状的发育程度,其值越大,景观形状越不规则。由图4-4(d)可知,耕地的景观形状指数不断增加,景观形状越来越不规则,说明人类的开发建设活动对耕地的干扰不断增强;林地的景观形状指数呈先减后增的整体增加趋势,景观形状不规则性增强;草地和湿地的景观形状指数有减小趋势(但不显著),景观形状趋于规则;建设用地的景观形状指数不断减少,不规则程度呈减弱趋势,因为随着城镇化的发展,城乡规划越来越科学,避免了城镇化进程初期无序化扩张、侵占的发展模式。

斑块结合度指数(COHESION)反映相应斑块类型的物理连通度,其值越大,斑块之间越聚集,连通性越好。由图4-4(e)可知,在1995年、2005年、2015年三个时期,耕地、林地、草地和湿地的斑块结合度指数较大,均在99.66以上;1995—2015年呈减少趋势,但变化均不明显,说明这四类景观的连通性较强。伴随年限增长,建设用地的斑块结合度指数不断增加且增幅显著,由1995年的86.665 2增至2015年的93.934 1,这与城镇化建设发展、区域规划紧密相关——城镇居住用地和工矿企业用地不断增多;同时,随着社会经济发展,公路、铁路等线状基础设施的密度不断增大,有助于提高建设用地的连通性,使其有集聚成片的趋势。

聚合度指数(AI)是体现景观组分聚集程度的指数,表征景观要素空间分布的离散程度或聚集程度。由图4-4(f)可知,在1995年、2005年、2015年三个时期,林地的聚合度指数最大,其次是湿地和耕地,说明这三类景观空间分布上的集聚性较高;伴随年限增长,耕地和林地的聚合度指数呈减小趋势,草地、湿地、建设用地和未利用地的聚合度指数呈增加趋势,其中建设用地的变化幅度最大,由1995年的65.981 8%增加到2015年的73.343 0%,增长率为11.16%,说明随着城镇化发展,建设用地的聚集度显著增强,与建设用地的斑块结合度指数的变化趋势互为印证。

4.5.2 景观水平上景观格局演变特征

边缘密度（ED）反映景观边缘形状的复杂程度。蔓延度指数（CONTAG）描述景观中不同斑块类型的团聚程度或延展趋势。聚合度指数（AI）度量景观的离散程度。将蔓延度指数和聚合度指数相结合，在景观尺度上反映景观的聚集度。香农多样性指数（SHDI）反映景观异质性，其值越大，景观多样性越丰富，破碎度越大。香农均匀度指数（SHEI）描述不同类型斑块的分布，其值越大，斑块分布越均匀。将香农多样性指数和香农均匀度指数相结合，可以反映景观多样性。由表 4-11 可知，边缘密度持续增加，说明研究区的景观破碎化程度不断增强；蔓延度指数和聚合度指数不断减小，说明研究区景观的空间聚集性减弱、离散性增强；香农多样性指数和香农均匀度指数持续增加，说明研究区景观多样性不断提高并趋于均匀分布，这是由于耕地和林地面积减少、建设用地和湿地面积增加，各景观类型面积占比之间的差异逐渐缩小，最终导致长江中下游流域景观异质性增强，景观格局趋向复杂化，并且这五种景观格局指数的变化幅度在2005—2015 年更显著。以上分析表明，1995—2015 年人类活动对长江中下游流域景观格局的干扰不断增强，并且 2005—2015 年人类干扰强度显著高于 1995—2005 年。

表 4-11　1995 年、2005 年和 2015 年研究区景观水平上的景观格局指数

年份	边缘密度 /(m·km^{-2})	蔓延度指数 /%	聚合度指数 /%	香农多样性 指数	香农均匀度 指数
1995	26.811 5	53.315 6	86.570 3	1.171 6	0.653 9
2005	26.845 9	52.862 7	86.553 2	1.185 7	0.661 8
2015	27.102 1	52.078 3	86.425 2	1.207 0	0.673 6

4.6　长江中下游流域湿地景观动态演变

湿地景观是自然界中重要的自然资源、景观资源和生态系统，在维护生物多样性和对人类社会发展方面起着重要作用，在目前和未来，湿地景观研究必将进一步显示其对人类的重要意义（陈康娟等，2002）。湿地景观空间格局变化在一定程度上反映了湿地自然资源的开发利用与保护，因此进一步详细分析湿地景观格局的动态演变尤为必要。

4.6.1　湿地景观组分变化分析

1995—2015 年，湿地景观面积不断增加，分别占长江中下游流域总面

积的 5.14%、5.27% 和 5.30%，由 1995 年的 39 932.93 km² 增至 2015 年
的 41 152.29 km²，增长率为 3.05%（表 4-12）。湖泊、水库坑塘和河渠是
长江中下游流域的优势湿地类型，1995 年、2005 年和 2015 年三个时期的
面积占比分别均在 30% 以上、27% 以上和 22% 以上；滩地面积占比在 11%
以上，沼泽地和滩涂的占比则较小。受长江流域水资源开发、洪水多发的
影响以及 1998 年长江特大洪水后"退田还湖"等政策的实施，河渠面积不
断增加，增长率为 1.60%；湖泊在 1995—2005 年增加了 722.02 km²，但由
于围垦养殖、农业开发等人类活动影响，在 2005—2015 年湖泊面积又急剧
减少，分别有 5.50%（690.30 km²）和 1.73%（217.28 km²）的湖泊转化为
滩地和耕地（表 4-13），整体上湖泊减少了 71.30 km²；作为人工湿地的水
库坑塘的面积持续增加且增幅显著，1995—2015 年增加了 1 153.38 km²，
增长率为 10.41%，对湿地总面积增加的贡献率达 94.59%；滩涂面积较
少，呈增加趋势，但有 2.38% 的滩涂转化为建设用地；滩地面积先减少后增
加，整体增加了 206.10 km²，增长率为 3.90%，但有 13%（687.22 km²）的滩地
转化为湖泊；沼泽地的面积呈先减少后增加的整体减少趋势，减少了
216.86 km²，其中有 15.08%（290.59 km²）的沼泽地转化为滩地。综上
分析可知，在城市化建设、农业开发、水资源开发、气候、相关保护政策及措施
等影响下，1995—2015 年长江中下游流域主要是人工湿地水库坑塘在显
著扩张，而自然湿地湖泊和沼泽地在萎缩，因此必须加强对自然湿地的保
护和重视。

表 4-12　1995 年、2005 年和 2015 年研究区湿地类型面积、占比及变化量

湿地类型	1995 年		2005 年		2015 年		面积变化/km²		
	面积/km²	占比/%	面积/km²	占比/%	面积/km²	占比/%	1995—2005 年	2005—2015 年	1995—2015 年
河渠	9 083.46	22.75	9 202.43	22.47	9 229.18	22.43	118.97	26.75	145.72
湖泊	12 541.51	31.41	13 263.53	32.40	12 470.21	30.30	722.02	−793.32	−71.30
水库坑塘	11 077.01	27.74	12 061.39	29.46	12 230.39	29.72	984.38	169.00	1 153.38
滩涂	17.56	0.04	18.27	0.04	19.88	0.05	0.71	1.61	2.32
滩地	5 286.88	13.24	4 784.04	11.69	5 492.98	13.35	−502.84	708.94	206.10
沼泽地	1 926.51	4.82	1 611.13	3.94	1 709.65	4.15	−315.38	98.52	−216.86
总计	39 932.93	100.00	40 940.79	100.00	41 152.29	100.00	1 007.86	211.50	1 219.36

表 4-13　1995—2015 年研究区湿地景观面积转移矩阵表

单位:km^2

景观类型	河渠	湖泊	水库坑塘	滩地	滩涂	沼泽地	耕地	建设用地	林地	草地	未利用地
河渠	8 747.76	83.92	18.57	136.05	1.95	7.79	22.79	22.38	5.52	36.73	0.00
湖泊	7.68	11 399.05	58.12	690.30	0.00	98.47	217.28	52.56	9.68	8.36	0.01
水库坑塘	49.10	65.48	10 011.27	304.71	0.23	41.12	328.18	208.89	43.58	24.33	0.13
滩地	185.25	687.22	259.99	3 898.40	0.24	48.72	112.13	57.45	13.91	23.56	0.01
滩涂	0.01	0.00	0.20	0.00	16.26	0.00	0.16	0.42	0.00	0.52	0.00
沼泽地	6.59	78.36	34.97	290.59	0.00	1 486.03	21.72	4.70	0.72	2.82	0.00
耕地	112.27	124.41	1 729.50	147.48	0.60	23.71	259 397.18	9 112.89	680.63	319.69	13.55
建设用地	7.45	1.56	14.59	1.19	0.00	1.97	170.16	24 152.28	26.73	12.25	1.27
林地	95.55	4.98	72.72	16.14	0.01	0.40	777.98	1 808.97	379 367.29	618.65	10.07
草地	17.36	25.02	27.73	8.12	0.00	1.45	235.30	161.53	632.96	56 318.39	2.49
未利用地	0.15	0.20	2.71	0.00	0.59	0.00	2.49	7.89	5.10	4.56	110.72

注:行表示 1995 年的景观类型,列表示 2015 年的景观类型。

4.6.2　湿地景观格局特征变化分析

在湿地类型水平上(图 4-5),1995—2015 年,河渠、水库坑塘、滩地的斑块密度(PD)和平均斑块面积(MPS)分别均呈减少和增加趋势,说明这三类湿地的斑块不断融合成大斑块,其破碎化程度呈减弱趋势。湖泊和沼泽地的斑块密度均呈先减少后增加的整体减少趋势,湖泊的平均斑块面积由 1995 年的 2.34 km^2 增加到 2005 年的 3.68 km^2 又减少为 2015 年的 2.87 km^2,说明 1995—2005 年湖泊斑块不断融合,2005—2015 年景观破碎度增强;1995 年、2005 年和 2015 年三个时期沼泽地的平均斑块面积分别是 0.86 km^2、1.16 km^2 和 1.14 km^2,与湖泊的变化趋势一致,但整体上湖泊和沼泽地的景观破碎化程度趋于减弱。河渠的面积加权平均斑块分维数(AWMPFD)最高,表明河渠的景观斑块形状最复杂,河渠和湖泊的面积加权平均斑块分维数呈先增加后减少的整体减少趋势,水库坑塘和沼泽地的面积加权平均斑块分维数整体在减少,说明上述四类湿地斑块的形状趋于规则;滩涂和滩地的面积加权平均斑块分维数呈先减少后增加的整体增加趋势,表明滩涂和滩地斑块的形状趋于复杂。各类型湿地的聚合度指

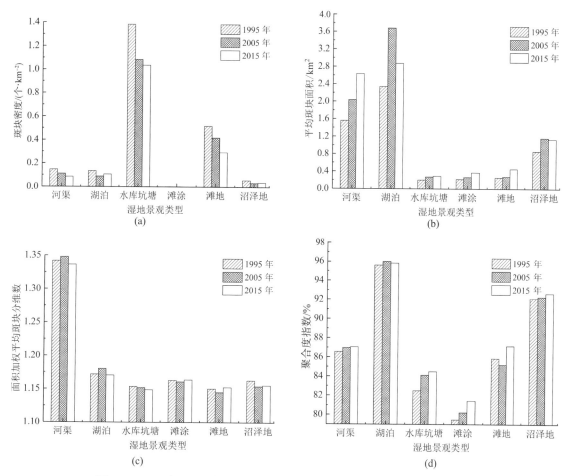

图 4-5 1995 年、2005 年和 2015 年研究区湿地类型水平上的景观格局指数

数(AI)均有所增加,湖泊和沼泽地的聚合度指数相对较高,表明湖泊和沼泽地的空间分布较集中,聚集性较高。

在湿地景观水平上(图 4-6),1995—2015 年湿地的斑块密度和平均斑块面积分别持续下降和上升,说明湿地景观的破碎度不断减弱;面积加权平均斑块分维数呈先增加后减少的整体减少趋势,表明湿地景观形状趋于规则;聚合度指数持续增加,说明湿地空间聚集性增强;香农多样性指数和香农均匀度指数均呈先减少后增加的整体减少趋势,2005 年的值最低,原因是 2005 年各类湿地的面积分布最不均匀,各类湿地的面积占比差距最大,2005—2015 年各类湿地的面积占比差异减小,香农多样性指数和香农均匀度指数上升,但整体呈减少趋势,说明湿地景观多样性趋于减弱。

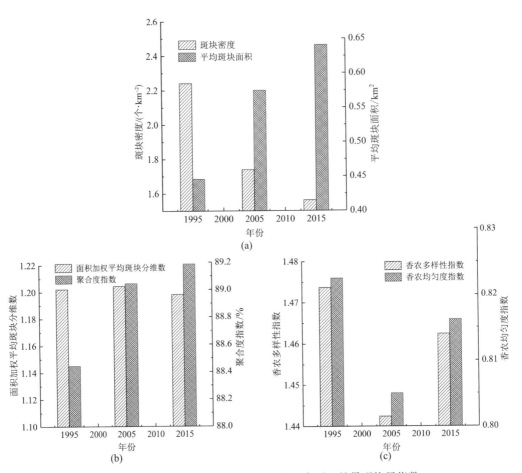

图 4-6　1995—2015 年研究区湿地景观水平上的景观格局指数

4.7　长江中下游流域景观格局演变中的问题

4.7.1　人工湿地显著增加,长江中下游流域自然湿地萎缩依旧严重

　　长江流域以湿地为纽带,连接上下游、左右岸、干支流,形成了独特、复杂的生态系统。而长江中下游流域是我国重要的湿地资源分布区域之一,目前研究区域内有国际重要湿地 12 个、湿地类国家级自然保护区 18 个、国家级水利风景区 163 个、国家级湿地公园 209 个等,长江中下游湿地为多种珍稀物种,尤其是为湿地水禽提供了重要的栖息地,同时也是近百种国际迁徙水鸟的中途停歇地和重要越冬地,在维持长江流域生物多样性方面起着重要的支撑作用。

　　1995—2015 年,长江中下游流域的湿地总面积在国家和地方政府一系列生态保护政策与恢复措施的推动下增加了 1 219.36 km²,其中

2 137.97 km² 的耕地得以恢复成湿地（其中人工湿地水库坑塘为 1 729.50 km²），见表 4-13。然而，湿地景观的变化受到城市化、农业开发等人类活动的严重影响。在此期间，长江中下游流域地区的生产总值和常住人口不断增加，2015 年的地区生产总值约为 1995 年的 13 倍。社会经济的快速发展和人口的增加导致对建设用地、粮食和水资源的需求增加，导致有 346.40 km² 和 702.26 km² 的湿地分别转化为建设用地和耕地。1995—2015 年，长江中下游流域湿地总面积的增加主要是由于人工湿地水库坑塘的显著增加，但自然湿地湖泊和沼泽地的萎缩问题依然严峻，湖泊面积减少了 70.30 km²，沼泽地减少了 216.86 km²。因此，必须加强对长江中下游流域自然湿地景观的生态保护、恢复与修复，严格管控对重要湿地的开发建设活动，尤其是在人类活动强度激烈的区域。

4.7.2 建设用地急剧扩张，长江中下游流域生态环境压力持续增加

长江中下游流域是生态系统丰富、生物多样性丰富、湿地资源和风景资源等自然资源极为丰富的区域，同时也是我国重要的农业区、工业区，是最具经济发展活力的区域之一。该流域人口基数大、人口和产业高度密集、人类活动强度极为剧烈，是我国人口密度最高、经济活动强度最大、环境压力最大的流域之一。

1995—2015 年，长江中游、下游的建设用地均呈快速扩张趋势，不断侵占耕地以及林地、草地、湿地生态用地。结合前文中表 4-3 至表 4-5 的分析可知，在不同类型的建设用地中，面积变化最大的是包括厂矿、大型工业区、采石场、交通道路等的其他建设用地，1995—2015 年增加了 4 474.68 km²，其中 3 390.11 km²（75.76%）分布在中游、1 084.57 km²（24.24%）分布在下游，说明长江中游地区的发展方式属于资源高消耗的发展方式。长江中游城市群的经济结构以工业为主体，且有色冶金、石油化工等基础原材料工业的比重较高，并且中游城市群 90% 的冶金化工产业园分布于长江干流区域和洞庭湖流域，给生态环境带来巨大压力：1995—2015 年中游林地景观减少 1 819.75 km²，占中下游流域林地减少总量的 91.60%；耕地减少 4 074.69 km²，占中下游流域耕地减少总量的 39.27%。

其次是城镇用地，1995—2015 年增加了 3 994.12 km²，其中 1 296.79 km²（32.47%）分布在中游、2 697.33 km²（67.53%）分布在下游，说明长江下游城镇化建设较快，城镇用地急剧扩张，并且主要侵占耕地——1995—2015 年长江下游耕地减少了 6 301.85 km²。社会经济发展是城市用地扩张的根本驱动力，不仅直接影响城市用地扩张，而且通过刺激城市人口增加、促使城市环境条件改善、促进产业集聚以及资源集中与整合来影响景观格局改变。长江下游社会经济发展水平较高，人口高度密集，尤其是长江三角洲城市群，仅上海 2015 年的常住人口已增至 2000 年的 1.5 倍，日益增多的人口对住房、娱乐、餐饮、交通等公共基础设施需求

的增加促使建设用地扩张。持续增加的建设用地侵占耕地和林地、草地、湿地生态用地，给长江中下游流域生态系统健康带来了较大压力。

4.8　讨论

长江中下游流域是生态系统丰富、生物多样性丰富、湿地资源和风景资源等自然资源极为丰富的区域，同时也是我国最具经济发展活力的区域之一。该流域人口基数大，人口和产业高度密集、人类活动强度极为剧烈，人类活动的不断干扰使1995—2015年长江中下游流域的景观格局发生了深刻变化，并存在地域差异。

自然地理条件和城镇化建设及社会经济发展是影响其景观格局变化的重要因素。长江中游丘陵山地面积占64.33%，地貌特征对长江中游城镇化扩张有一定的制约作用；长江下游地势低平，平原台地面积占73.83%，缺乏山地自然屏障对土地利用扩张的限制，有利于城镇化建设。城镇化建设和社会经济发展是景观格局变化的重要驱动力，长江下游尤其是长江三角洲地区对外开放早，经济发展和城镇化建设较快、人口及产业高度密集，对建设用地需求强烈，1995—2015年长江下游建设用地增加了59.74%，耕地减少了9.10%；长江中游地处中部，与长江下游相比，其经济发展、城镇化建设和人口增长相对缓慢，1995—2015年长江中游建设用地增加了36.11%，耕地减少了2.01%，建设用地和耕地的变化率显著小于长江下游。在退耕还湿工程，退田还湖、还滩，长江湿地网络化建设等一系列保护措施和政策的影响下湿地面积总体增加，但城镇化建设所导致的湿地萎缩依然严重，2005—2015年湿地转化为建设用地的面积较1995—2005年明显增加，该研究结果与孔令桥等(2018)的研究结果一致。

4.9　本章小结

本章以1995年、2005年和2015年长江中下游流域土地利用/覆被类型数据为基础，通过计算景观动态度、景观转移矩阵和景观格局指数等，并结合地貌类型和中下游区域特征，从宏观尺度定量揭示了1995—2015年长江中下游流域景观格局的时空演变特征，并分析了不同类型湿地景观的演变特征。

(1) 在景观构成上，林地和耕地始终是长江中下游流域的优势景观，面积占比分别在49%和33%以上，其次是草地、湿地、建设用地等。1995—2015年，研究区耕地、林地、草地的面积减少，湿地、建设用地的面积增加，但长江下游建设用地和耕地的变化率显著高于长江中游。在地貌类型上，平原和台地上的优势景观是耕地，以耕地、建设用地等人为景观为主导，平原上集中了研究区43%以上的耕地、82%以上的湿地和64%以上的建设用地，人类活动最剧烈，人地矛盾突出；丘陵和山地(小起伏山地、中起伏山地和大起伏山地）以林地、草地等自然景观为主导，但人类活动的影响也在逐渐加深。在子流域上，各子流域的林地和耕地均呈减少趋势，建设用地均呈增加趋势，以太湖水系和长江下游干流区间子流域尤为突出。

（2）在景观转移方面，耕地、林地、建设用地和湿地的动态变化明显。1995—2005 年，由于城镇空间的扩张和湿地保护政策等的影响，耕地减少了 4 307.65 km^2，流向建设用地和湿地的面积分别为 3 415.73 km^2 和 1 705.84 km^2，主要集中在平原区域；林地主要流向耕地和建设用地，主要集中在平原和台地区域。2005—2015 年，建设用地扩张显著，5 696.78 km^2 的耕地转变为建设用地，占耕地变化量的 85.61%，主要集中在平原区域；林地减少了 1 491.29 km^2，主要流向建设用地，集中在台地、丘陵区域。

（3）在景观格局指数方面，变化显著。在类型水平上，耕地和林地的景观形状趋于复杂，景观破碎度不断增强；湿地的破碎度呈减弱趋势；建设用地的破碎度减弱，景观优势度和连通性增强，趋于集聚连片分布。在景观水平上，研究区景观的空间聚集性减弱、景观多样性不断提高并趋于均匀分布，景观的总体破碎度呈增强趋势，景观格局趋向复杂化，人类活动对长江中下游流域景观格局的干扰不断增强。

（4）1995—2015 年，湿地分别占研究区总面积的 5.15%、5.28% 和 5.31%。其中，湖泊、水库坑塘和河渠是湿地景观中的优势湿地类型，1995 年、2005 年和 2015 年三个时期的面积占比分别均在 30%、27% 和 22% 以上。1995—2015 年，河渠、水库坑塘、滩地面积增加，湖泊和沼泽地减少。各类型湿地的破碎度减弱，河渠、湖泊、水库坑塘和沼泽地的景观形状均趋于规则，滩涂、滩地的景观形状趋于复杂；整体上，湿地景观的破碎度减弱，空间聚集性增强，但湿地景观形状趋于规则，景观多样性减少。

（5）在 1995—2015 年的长江中下游流域景观格局时空演变过程中，湿地总面积在增加，主要是因为人工湿地水库坑塘的面积显著增加，对湿地总面积增加的贡献率达 94.75%，而自然湿地湖泊和沼泽地的萎缩问题依然严重，必须加强对长江中下游流域自然湿地的生态保护与修复；建设用地急剧扩张，其中长江中游以包括厂矿、大型工业区、采石场、交通道路等的其他建设用地扩张为主，长江下游以城镇用地扩张为主，不断增加的建设用地侵占耕地和林地、草地、湿地生态用地，给长江中下游流域带来的生态环境压力持续增加。

5 长江中下游流域人类活动强度与自然保护地及湿地的关系

土地利用/覆被变化(LUCC)是人类活动与自然环境相互作用最直接的表现形式,土地利用变化的空间格局表征了"人—地"关系在不同地域空间上的作用强度与作用模式(刘纪远等,2014)。本章基于1995年、2005年和2015年长江中下游流域的土地利用/覆被类型数据,采用陆地表层人类活动强度模型(徐勇等,2015)分别计算长江中下游流域三个时期的人类活动强度,并分析其时空演变特征及其与自然保护地、湿地景观等生态敏感区的互作关系,即其与长江中下游流域各类自然保护地空间分布的关系和对中下游流域湿地景观格局的影响。

5.1 数据来源

基础数据为1995年、2005年和2015年长江中下游流域的土地利用/覆被类型栅格数据,空间分辨率为30 m,数据的处理与来源以及景观类型分类参见第4.1章节有关介绍,此处不再赘述。长江中下游流域矢量边界数据、主要河流和湖泊空间分布数据源自国家科技资源共享服务平台国家地球系统科学数据中心的湖泊—流域分中心;年末常住人口、地区生产总值等社会经济数据源自国家统计局。本书中的保护地是指国家级自然保护地,数据主要源自中华人民共和国生态环境部、国家林业和草原局 国家公园管理局、水利风景区建设管理、世界地质公园网络等官方网站和相关文献(彭杨靖等,2018;马坤等,2018)。保护地的空间位置借助谷歌地图和各省市地图,选取其质心坐标,以形成点状数据(朱里莹等,2017)。

5.2 研究方法

5.2.1 人类活动强度提取方法

1) 陆地表层人类活动强度模型

土地利用变化是人类活动作用于陆地表层环境的一种重要方式和响应(Goldewijk et al.,2004)。陆地表层人类活动强度(HAILS)是根据土地利用类型判断人类活动对生态环境干扰程度的指标,不同的人类活动强度对景观格局的影响程度不同,本书选取徐勇等(2015)对我国陆地表层人类活动强度建设用地当量因子的研究结果作为计算基础。利用 1995 年、2005 年和 2015 年长江中下游流域的土地利用类型数据,以建设用地当量(Construction Land Equivalent,CLE)为度量单位,根据相应的建设用地当量折算系数(Conversion Index of Construction Land Equivalent,CI)(表5-1)将相应的土地利用类型换算成建设用地当量,区域内建设用地当量面积占区域总面积的百分比即该区域的人类活动强度。

表 5-1 不同土地利用类型的建设用地当量折算系数

土地利用类型		特征标志说明	建设用地当量折算系数(CI)
耕地	旱地/水田	表层自然覆被改变,即种植 1 年生作物	0.200
林地	有林地/灌木林/疏林地	表层自然覆被未改变且未被利用	0.000
	未成林造林地/苗圃/各类园地(果园、桑园、茶园等)	表层自然覆被改变,即种植多年生植物	0.133
草地	天然牧草地/改良牧草地	表层自然覆被未改变但被利用	0.067
建设用地	城镇用地/农村居民点/独立工矿/交通用地/特殊用地	表层有人工隔层,水分、养分、空气和热量交换阻滞	1.000
湿地	河渠/湖泊/滩涂/滩地/沼泽地	表层自然覆被未改变且未被利用	0.000
	水库坑塘	表层自然覆被改变,空气和热量交换阻滞	0.600
未利用地	沙地/裸土地/裸岩石质地/盐碱地	表层自然覆被未改变且未被利用	0.000

人类活动强度计算公式如下:

$$HAILS = \frac{S_{CLE}}{S} \times 100\% \tag{5-1}$$

$$S_{CLE} = \sum_{i=1}^{n}(SL_i \times CI_i) \tag{5-2}$$

式中:$HAILS$ 为陆地表层人类活动强度;S_{CLE} 为区域内建设用地当量面积/m^2;S 为区域总面积/m^2;SL_i 为第 i 种土地利用类型的面积/m^2;CI_i 为第 i 种土地利用类型的建设用地当量折算系数;n 为土地利用类型的总数量/个(徐勇等,2015)。

2)人类活动强度指标处理

采用有限单元法(将连续问题离散化),综合考虑当下我国主要县区级行政单元大小和计算量,将研究区共划分为 577 个 40 km×40 km 的网格,计算 1995—2015 年研究区每一个网格的人类活动强度,然后以此作为网格中心点的人类活动强度值在地理信息系统软件 ArcGIS 10.2 中进行反距离权重插值计算[考虑到耕地、城镇用地、农村居民用地、工矿用地、交通用地等区域的人类活动对周边区域具有辐射性的影响(郑文武等,2010),其影响随距离增加而逐渐变弱,因此采用反距离权重插值法],得到 1995 年、2005 年和 2015 年三个时期长江中下游流域人类活动强度空间分布图。由于人类活动强度具有明显的分类间隔,因此在地理信息系统软件 ArcGIS 10.2 中采用自然断点法进行人类活动强度样带划分。

5.2.2 景观格局指数法

景观格局指数是高度浓缩景观格局信息的简单定量指标,反映景观结构特征和空间格局的变化(邬建国,2007)。参考相关研究成果(韩美等,2017)及景观格局指数表征空间格局的有效性(李秀珍等,2004),在类型水平上选择斑块面积(CA)、斑块面积占比(PLAND)、斑块数(NP)、斑块密度(PD)、平均斑块面积(MPS)、面积加权平均斑块分维数(AWMPFD)、聚合度指数(AI);景观水平上选择斑块密度(PD)、平均斑块面积(MPS)、面积加权平均斑块分维数(AWMPFD)、聚合度指数(AI)、香农多样性指数(SHDI)、香农均匀度指数(SHEI)。斑块数、斑块密度和平均斑块面积表征斑块数量和面积的变化特征,揭示景观破碎度;面积加权平均斑块分维数表征景观斑块形状的复杂程度,其值越大形状越复杂;聚合度指数是体现景观组分聚集程度的指数;香农多样性指数反映景观异质性,其值越大,景观多样性越丰富;香农均匀度指数表征景观斑块的优势程度,其值越大,斑块分布越均匀;香农多样性指数和香农均匀度指数结合在景观尺度上反映景观的多样性。

5.2.3 保护地空间分布表征方法

采用最邻近指数、地理集中指数和不均衡指数定量表征自然保护地的空间分布特征,各指数的具体定义及计算公式如下:

1) 最邻近指数

最邻近指数 R 表征空间分布形态,反映保护地在整个研究区的相互邻近程度,采用最邻近点对的实测平均距离与理论平均距离的比值来判断分布类型(朱里莹等,2017),一般有随机分布($R=1$)、凝聚分布($R<1$)和均匀分布($R>1$)三种类型。最邻近指数的公式为

$$R = \frac{\bar{r}}{r_E} = \left[\frac{1}{N} \left(\sum_{i=1}^{N} d_{\min-i} \right) \right] / (0.5/\sqrt{N/A}) \qquad (5-3)$$

式中：$\bar{r}$ 为实测平均距离/km；$\overline{r_E}$ 为理论平均距离/km；$d_{\min-i}$ 为 i 点与其最邻近点间的距离/km；N 为保护地的总数量/个；A 为研究区面积/km²。通过该指数可以得到长江中下游流域自然保护地的空间分布形态。

2）地理集中指数

地理集中指数 G 表征空间分布均衡性，反映保护地在各人类活动强度带的集中程度（曹哲等，2019；鄢慧丽等，2019）。G 越大，保护地分布越集中、越不均衡；G 越小，保护地分布越离散。地理集中指数的公式为

$$G = 100 \times \sqrt{\sum_{i=1}^{n} \left(\frac{X_i}{T} \right)^2} \tag{5-4}$$

式中：X_i 为第 i 个人类活动强度带内保护地的数量/个；T 为保护地的总数量/个；n 为强度带数量/个。

3）不均衡指数

不均衡指数 S 表征空间分布均衡性，反映保护地在每一个人类活动强度带的内部分布情况（鄢慧丽等，2019；谢宗强，2000）。$0 \leqslant S \leqslant 1$，若 $S = 0$，则说明保护地均匀分布；若 $S = 1$，则说明保护地集中在一个强度带内。不均衡指数的公式为

$$S = \frac{\sum_{i=1}^{n} Y_i - 50(n+1)}{100n - 50(n+1)} \tag{5-5}$$

式中：Y_i 为各人类活动强度带上保护地数量占研究区保护地总数量的比值从大到小排序后第 i 位的累计百分比/%；n 为强度带数量/个。

5.3 人类活动强度时空演变特征

5.3.1 人类活动强度梯度划分

根据陆地表层人类活动强度模型计算得到长江中下游流域 1995 年、2005 年和 2015 年三个时期的人类活动强度，然后在地理信息系统软件 ArcGIS 10.2 中采用自然断点法进行分类，参考已有相关研究（徐勇等，2015）并结合研究区特征，将长江中下游流域人类活动强度划分为低强度带（HAILS $\leqslant$ 8.020 9%）、较低强度带（8.020 9% $<$ HAILS $\leqslant$ 14.981 3%）、中强度带（14.981 3% $<$ HAILS $\leqslant$ 23.971 8%）、较高强度带（23.971 8% $<$ HAILS $\leqslant$ 34.992 5%）和高强度带（HAILS $>$ 34.992 5%）五个梯度样带，其空间分布如图 5-1 至图 5-3 所示。

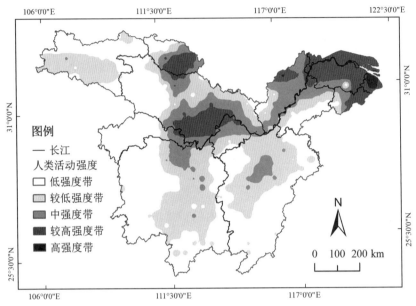

图 5-1　1995 年长江中下游流域人类活动强度空间分布

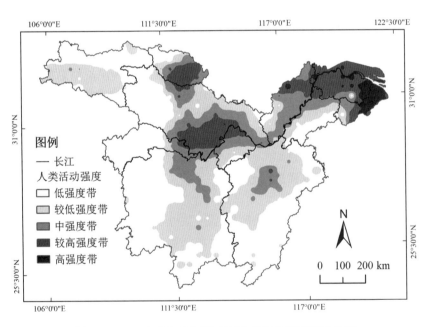

图 5-2　2005 年长江中下游流域人类活动强度空间分布

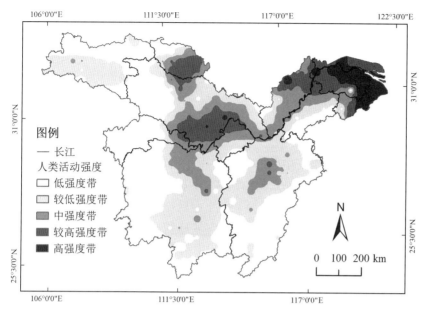

图 5-3　2015 年长江中下游流域人类活动强度空间分布

5.3.2　不同人类活动强度带的空间分布与面积变化

由图 5-1 至图 5-3 和表 5-2 可知,1995—2015 年,长江中下游流域各等级人类活动强度带的空间分布及面积占比的变化趋势存在较大差异。高强度带面积增加显著,1995 年仅占研究区总面积的 0.402 8%,主要分布在上海市;之后显著增加,至 2005 年其面积占比已达 1.863 8%,主要集中分布在上海市全域及其周边的苏州、嘉兴地区,同时合肥区域和江苏沿江地区如南京、镇江等区域的人类活动高强度带范围也明显扩张;2015 年,人类活动高强度带的面积占比增至 3.743 8%,扩展到整个长江三角洲区域,并零散分布在武汉、合肥区域,该区域城镇化水平高、经济发达,主要由早期的较高强度带转化而来。较高强度带的面积呈减少趋势,占比由 1995 年的 10.746 7% 减少到 2015 年的 9.834 4%,减少率为 8.49%,主要分布在经济发展水平较高的长江三角洲区域、南京都市圈、武汉都市圈、合肥中段区域和河南南阳市大部分区域等。中强度带呈先减少后增加的整体增加趋势,至 2015 年占比为 14.983 3%,主要转化为较高强度带,并由早期的较低强度带转化而来,集中分布在较高强度带的外围,零散分布在江西省南昌市、宜春市中东部区域,安徽沿江区域和环洞庭湖生态经济圈。较低强度带呈先减少后增加的整体增加趋势,至 2015 年占比为 30.807 9%,由低强度带转化而来,分布在中强度带的外围、陕西省汉中市及安康市区域和湖南中南部区域。人类活动低强度带的面积急剧减少,1995—2005 年的年平均减少率为 0.26%,2005—2015 年的年平均减少率

表 5-2　1995—2015 年研究区各人类活动强度带面积占比

单位:%

年份	高强度带	较高强度带	中强度带	较低强度带	低强度带
1995	0.402 8	10.746 7	14.222 0	29.852 8	44.775 7
2005	1.863 8	10.540 6	14.215 5	29.763 5	43.616 6
2015	3.743 8	9.834 4	14.983 3	30.807 9	40.630 6

为 0.68%,低强度带集中分布在长江中下游流域的西、西北、南和东南边缘区域,多为地形起伏较大的山地区域。这说明 1995—2015 年研究区的经济发展水平显著提高,尤其是长江下游区域。

结合第 3 章开展的长江中下游流域地貌类型空间分布研究(参见图 3-5),可明显发现人类活动高、较高和中强度带主要覆盖长江中下游平原区域(包括长江三角洲平原、皖苏沿江平原、鄱阳湖平原、洞庭湖平原和江汉平原等),该区域地势平缓、开阔,气候舒适,水资源丰富,具有优越的区位发展优势,较适宜人类开发建设;较低和低强度带主要涵盖丘陵和小起伏山地、中起伏山地、大起伏山地(包括陕西秦岭山区、湖北神农架林区、湖北西南部及湖南西北部的武陵山区、湖南东部与江西西部的罗霄山区、安徽九华山与大别山区域等),该区域的自然生态系统、自然遗迹、自然景观和生物多样性丰富多样,是长江中下游流域重要的生态屏障区。

5.3.3　各强度带人类平均活动强度变化

为便于比较人类活动强度的变化,引入人类活动强度平均值,以 2015 年各人类活动强度带所对应的范围大小为基准,计算 1995—2015 年各基准范围内的人类活动强度平均值,见表 5-3。

由表 5-3 可知,1995—2015 年各强度带的平均值均呈增长趋势,但增长幅度存在显著差异。1995—2005 年各强度带(按高等级到低等级次序)平均值的增加量分别为 4.89%、1.21%、0.55%、0.19% 和 0.07%,而 2005—2015 年各强度带平均值的增加量分别为 5.38%、1.63%、1.14%、0.64% 和 0.17%,每一个强度带的平均值均显著高于 1995—2005 年对应

表 5-3　1995—2015 年研究区各强度带人类活动强度平均值

单位:%

年份	高强度带	较高强度带	中强度带	较低强度带	低强度带
1995	33.01	26.63	18.04	10.00	4.59
2005	37.90	27.84	18.59	10.19	4.66
2015	43.28	29.47	19.73	10.83	4.83

注:平均值计算以 2015 年各人类活动强度带对应的范围大小为基准。

强度带的值,说明 2005—2015 年人类的开发建设力度远大于 1995—2005 年。并且,人类活动强度带等级越高平均值的增幅越大,高强度带的人类活动强度平均值由 1995 年的 33.01% 增长到 2015 年的 43.28%,增长率为 31.11%,而低强度带的增长率仅为 5.23%,说明人类活动强度越高的区域开发建设力度越大。

5.4 人类活动强度与研究区自然保护地的空间分布关系

长江中下游流域已建立国家级的自然保护区、风景名胜区、森林公园、地质公园、水利风景区、湿地公园和国家公园等众多自然保护地。截至 2017 年 3 月底,统计长江中下游流域内的上述六类国家级自然保护地共有 765 个,其中自然保护区 84 个,占全国总量的 18.83%;风景名胜区 63 个,占全国总量的 28.00%;森林公园 202 个,占全国总量的 24.43%;地质公园 44 个,占全国总量的 18.26%;水利风景区 163 个,占全国总量的 20.95%;湿地公园 209 个,占全国总量的 29.65%。自然保护地对保护濒危动植物及其生境、自然遗迹和各类重要生态系统与环境具有重要作用(李红清等,2012)。已有研究主要从功能类型(谢宗强,2000)、子流域(燕然然等,2013)、自然地貌、气候条件、水资源分布、植被分布、土壤分布、文化区划(张卓然等,2017;马坤等,2018)等方面分析自然保护地的分布格局,而关于人类活动强度与自然保护地空间分布关系的研究相对较少。

快速城镇化建设使生物多样性丧失加剧(Araújo,2003;Evans et al.,2007),导致自然保护地面临的生态保护压力不断加大。长江中下游流域人口、产业布局高度密集,人类活动强度剧烈,生态环境受人类干扰更大(杨桂山等,2015)。定量分析其人类活动强度,探讨其与自然保护地空间分布的关系特征,对协调"人—地"矛盾、突出生态保护重点区域具有重要意义。目前,赵广华等(2013)采用县域人口密度、人均国内生产总值(Gross Domestic Product,GDP)和耕地面积占比作为人类活动强度指标,分析了 318 个国家级自然保护区的分布格局及其与人类活动强度的关系;张洪云等(2015)基于农业、工业、旅游、交通等 10 多个因子构建了人类活动影响指数模型,分析了人类活动对黑龙江省级自然保护区的影响。然而,整体上定量揭示自然保护地分布与人类活动强度关系的研究较少,关于长江中下游流域各类自然保护地的更少。

本章节基于 2015 年长江中下游流域土地利用类型数据和六类国家级自然保护地数据,采用陆地表层人类活动强度模型、最邻近指数、地理集中指数和不均衡指数等方法,借助地理信息系统软件 ArcGIS 定量揭示了长江中下游流域内各类自然保护地的空间分布与研究区 2015 年人类活动强度的关系,旨在为建立基于人类活动强度的各类自然保护地管控策略提供科学依据。

5.4.1 自然保护地空间分布类型

借助地理信息系统软件 ArcGIS 空间统计工具（spatial statistics tools）中的最邻近指数（average nearest neighbor）工具计算长江中下游流域各类自然保护地的最邻近指数（表 5-4）。风景名胜区、森林公园、地质公园和湿地公园的最邻近指数 R 均大于 1，属于均匀分布，说明这四类自然保护地在长江中下游流域分布广泛。截至 2017 年 3 月底，研究区分布有巢湖、衡山等国家级风景名胜区 63 个，南京老山、张家界等国家级森林公园 202 个，崇明岛长江三角洲、神农架等国家级地质公园 44 个，苏州太湖等国家级湿地公园 209 个，遍布中下游流域。自然保护区和水利风景区的最邻近指数分别为 0.985 3 和 0.963 7，均小于 1，属于凝聚分布。长青国家级自然保护区、观音山国家级自然保护区等 10 多处集聚在陕西秦岭山区，上海松江生态水利风景区、南京珍珠泉风景区等 30 多处集聚在长江三角洲区域。在研究区内自然保护地总体的最邻近指数 $R=0.856\ 7<1$，说明长江中下游流域自然保护地的空间分布呈凝聚状态。

表 5-4 研究区内各类自然保护地最邻近指数

保护地类型	实测平均距离$\bar{r}$/km	理论平均距离$\bar{r}_E$/km	最邻近指数 R	空间分布类型
自然保护区	47.666 8	48.377 1	0.985 3	凝聚分布
风景名胜区	58.957 8	55.527 6	1.061 8	均匀分布
森林公园	33.886 3	31.010 1	1.092 8	均匀分布
地质公园	81.497 1	66.443 5	1.226 6	均匀分布
水利风景区	33.475 5	34.734 9	0.963 7	凝聚分布
湿地公园	34.543 2	30.486 4	1.133 1	均匀分布
所有保护地	13.677 6	15.966 2	0.856 7	凝聚分布

5.4.2 自然保护地空间分布均衡性

1）自然保护地空间分布集中程度

地理集中指数 G 可用来衡量各强度带之间保护地分布的集中程度。若所有保护地在各强度带之间完全平均分布，则计算得到其地理集中指数为 48.989 8。由表 5-5 可知，六类保护地的地理集中指数均大于保护地完全平均分布的指数值，说明研究区各类保护地在各强度带之间的空间分布不均衡，呈集中分布趋势，但集中程度差异明显。自然保护区的空间分布集中度最大，地理集中指数为 69.762 3，集中分布在低强度带的陕西秦岭山区、湖北西部的神农架林区和湖北西南部及湖南西北部的武陵山区，而该区域的地貌类型均以中起伏山地和大起伏山地为主，动植物种类多样、

表 5-5　研究区内各类自然保护地的均衡性特征

均衡性指标	自然保护区	风景名胜区	森林公园	地质公园	水利风景区	湿地公园
地理集中指数 G	69.762 3	55.827 0	54.198 3	65.001 6	49.160 2	49.217 2
不均衡指数 S	0.708 3	0.515 9	0.455 4	0.670 5	0.319 0	0.315 8

生物多样性丰富；其次是地质公园，其地理集中指数为 65.001 6，集中分布在以中起伏山地、小起伏山地为主的皖南山区和以中起伏山地、大起伏山地、小起伏山地为主的武陵山区，该区域地质遗迹和地质景观资源丰富，均处于人类活动低强度带；水利风景区和湿地公园的空间分布集中度相对较小，且地理集中指数值相差不大，说明这两类保护地在各人类活动强度带之间有发展为均衡分布的趋势。

2）自然保护地空间分布均衡程度

地理集中指数反映保护地在各强度带间的分布情况，未揭示各强度带内的分布格局。因此，引入不均衡指数来衡量保护地在各强度带内分布的均衡程度。由表 5-5 可知，六类保护地的不均衡指数 S 均在 0—1 之间，表明各类保护地均在各强度带内分布不均衡，其不均衡程度为自然保护区>地质公园>风景名胜区>森林公园>水利风景区>湿地公园，与各类保护地空间分布的集中程度趋势基本一致，也进一步验证了自然保护区高度集中在人类活动低强度带。

5.4.3　自然保护地空间分布与人类活动强度的关系

综合分析表 5-6 和图 5-4 至图 5-10 可知，长江中下游流域各类自然保护地在研究区 2015 年不同人类活动强度带上的空间分布格局、分布数量和密度存在显著差异。

表 5-6　各类自然保护地在不同人类活动强度带的分布数量

强度带	自然保护区		风景名胜区		森林公园		地质公园		水利风景区		湿地公园	
	数量/个	占比/%	数量/个	占比/%	数量/个	占比/%	数量/个	占比/%	数量/个	占比/%	数量/个	占比/%
高	2	2.38	2	3.17	14	6.93	1	2.27	22	13.50	11	5.26
较高	2	2.38	4	6.35	15	7.43	2	4.55	14	8.59	29	13.88
中	11	13.10	10	15.88	26	12.87	4	9.09	29	17.79	49	23.44
较低	13	15.47	21	33.33	67	33.17	11	25.00	56	34.35	57	27.28
低	56	66.67	26	41.27	80	39.60	26	59.09	42	25.77	63	30.14
总计	84	100	63	100	202	100	44	100	163	100	209	100

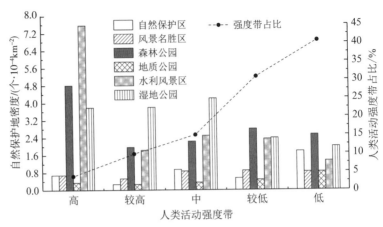

图 5-4　各类自然保护地在不同人类活动强度带分布的密度

自然保护区共 84 个,占自然保护地统计总量的 10.98%;主要分布在低强度带,达 56 个,占自然保护区总量的 66.67%;较低强度带次之,但与低强度带上的数量悬殊较大,仅 13 个,占比为 15.47%;高和较高强度带各有 2 个(图 5-5)。在密度方面,自然保护区在低强度带的密度最大,为 1.77 个/万 km²,大于其在研究区的平均密度 1.08 个/万 km²;其他各强度带的密度均小于平均值。自然保护区高度集中在低强度带,人类活动干扰较小,生态保护压力相对较小。

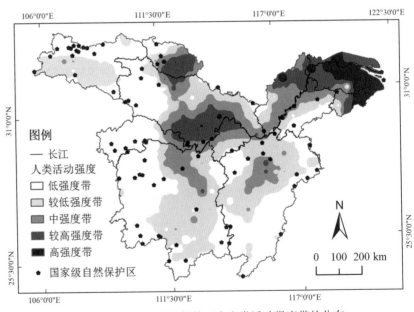

图 5-5　国家级自然保护区在人类活动强度带的分布

风景名胜区共 63 个,占自然保护地统计总量的 8.24%;数量上主要集中于低和较低强度带,分别为 26 个(41.27%)和 21 个(33.33%);高、较高和中强度带上的数量共 16 个(图 5-6)。在密度方面,风景名胜区在较低、中和低强度带的密度分别为 0.88 个/万 km²、0.86 个/万 km² 和 0.82 个/万 km²，均大于其在研究区的平均密度 0.81 个/万 km²；而高和较高强度带的密度（分别为 0.69 个/万 km²、0.52 个/万 km²）均小于平均值。风景名胜区是自然景观和人文景观的综合体现，其分布受风景资源和文化地理区划影响最显著，且主要分布在人类活动强度相对较弱的区域，生态保护压力相对较小。

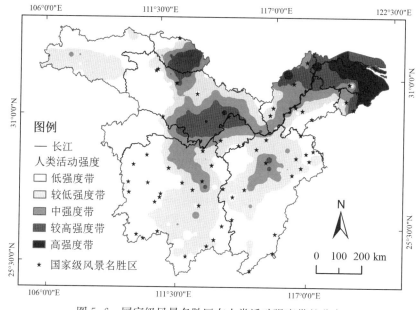

图 5-6　国家级风景名胜区在人类活动强度带的分布

　　森林公园的数量仅次于湿地公园，为 202 个，占自然保护地统计总量的 26.41%。在数量分布上，与湿地公园类似，伴随人类活动强度带等级降低，森林公园的数量不断递增，在低强度带最多，达 80 个，占森林公园总量的 39.60%（图 5-7）。在密度方面，森林公园在高强度带密度最大，达 4.81 个/万 km²，远大于其在研究区的平均密度（2.60 个/万 km²）；较低强度带的密度高于平均密度，较高、中和低强度带的密度均低于平均值。水利风景区共 163 个，占自然保护地统计总量的 21.31%；在较低强度带分布最多，达 56 个，占水利风景区总量的 34.35%；低强度带次之，为 42 个；较高强度带最少，为 14 个（图 5-8）。在密度方面，水利风景区在高强度带密度最大，为 7.56 个/万 km²，是其在研究区平均密度（2.10 个/万 km²）的 3.6 倍；中和较低强度带的密度均大于平均值；较高和低强度带的密度均小于平均值，并且低强度带的水利风景区密度最小，为 1.33 个/万 km²。森林公园和水利风景区在高强度带集中度较大，因此针对人类活动高强度带，须加强对两者的保护。

　　地质公园共 44 个，仅占自然保护地统计总量的 5.75%；各强度带上数量和密度的分布状况与自然保护区类似，低强度带分布量最多，达 26 个，

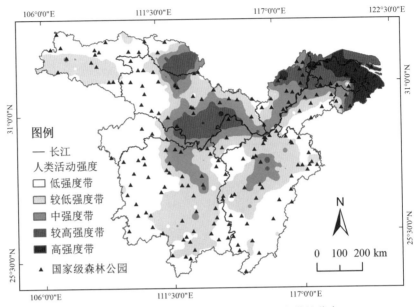

图 5-7　国家级森林公园在人类活动强度带的分布

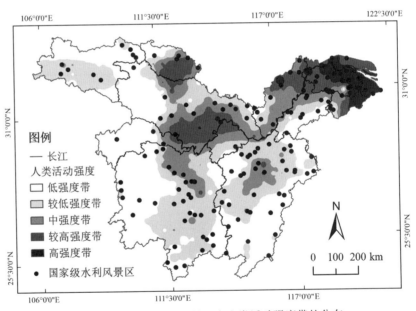

图 5-8　国家级水利风景区在人类活动强度带的分布

占地质公园总量的 59.09%；其次为较低强度带，有 11 个，占比为 25.00%；而高、较高和中强度带上地质公园的占比之和也只有 15.91%（图 5-9）。在密度方面，地质公园在低强度带密度最大，为 0.82 个/万 km^2，大于其在研究区的平均密度（0.57 个/万 km^2）；其他各强度带的密度均小于平均值。地质公园具有稀有的自然属性，其拥有的"地质遗迹"是自然界中形成的具有典型特征的地质构造和地质景观，地貌特征和地质构造是影响其分布的主要因素,陕西的秦岭、湖南的雪峰山、皖南的九华山和黄山等都是各具特色的地质遗迹,均处于人类活动低强度带,因此该区域的地质公园分布较多,人类干扰小,保护压力相对较小。

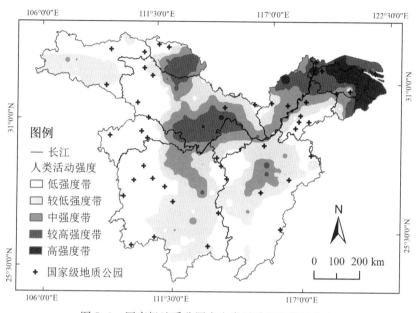

图 5-9　国家级地质公园在人类活动强度带的分布

　　湿地公园的数量最多,达 209 个,占自然保护地统计总量的 27.32%;空间分布上明显存在三个密集区域,即地貌类型均为平原的太湖区、江汉湖群区和洞庭湖区,分别对应人类活动高、较高和中强度带。在数量分布上,随着人类活动强度带等级降低,湿地公园的数量不断增加,在低强度带最多,达 63 个,占湿地公园总量的 30.14%(图 5-10)。在密度方面,湿地公园在中强度带的密度最大,达 4.21 个/万 km²,低强度带的密度最小,为 2.00 个/万 km²,研究区湿地公园的平均密度为 2.69 个/万 km²,高、较高强度带的密度(分别为 3.78 个/万 km²、3.80 个/万 km²)均高于平均密度,而较低强度带的密度(2.38 个/万 km²)低于平均密度。湿地公园的分布与湿地资源的分布特征紧密相关,由于中、高和较高强度带所覆盖的区域恰是长江中下游流域河流、湖泊(洞庭湖、鄱阳湖、江汉湖群、巢湖、太湖等)、滩地、沼泽地、水库坑塘等湿地的主要集中区,因此该区域的湿地公园数量较多。但该区域的人类活动与湿地生态的矛盾也最为激烈,湿地公园保护的压力更大,伴随人类开发建设,人类活动强度不断增强,湖泊、沼泽地等天然湿地逐渐萎缩,因此对高、较高和中强度带湿地资源和生态敏感区的保护必须引起足够重视,同时更要加强对人类活动的管控。

　　综上分析可知,2015 年人类活动高强度带仅占研究区总面积的 3.743 8%,人类活动强度最剧烈的地区却是湿地公园、森林公园和水利风景区高度集中的区域,"人地"矛盾极为突出。因此,必须严格管控人类活

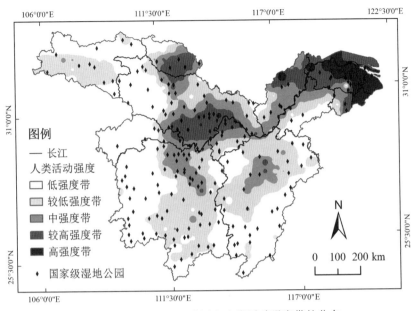

图 5-10　国家级湿地公园在人类活动强度带的分布

动高和较高强度带内的湿地公园、森林公园和水利风景区及其外围区域的
开发建设活动；自然保护区、风景名胜区和地质公园主要集中在人类干扰
较小的区域，生态保护压力相对较小，但人类活动的影响不可小觑，保护力
度也需要不断加大。

5.4.4　自然保护地在不同人类活动强度带上分布的影响因素

运用陆地表层人类活动强度模型、最邻近指数、地理集中指数、不均衡
指数等方法，基于地理信息系统软件 ArcGIS 的可视化表达，从空间分布
形态、均衡程度和分布数量及密度等方面揭示长江中下游流域六类国家级
自然保护地在 2015 年不同人类活动强度带上的空间分布特征；在研究区
内自然保护地总体上呈凝聚分布，各类保护地在不同人类活动强度带分布
不均衡。其中，湿地公园、森林公园和水利风景区在人类活动剧烈的高、较
高强度带的分布密度较大；自然保护区、风景名胜区和地质公园在人类活
动低强度带的分布密度远高于人类活动高强度带，以自然保护区的分布表
现最为突出，究其影响因素主要包括以下方面：

1）原生生态景观和本底自然资源分布的差异

原生生态景观丰富、自然资源雄厚、生态系统多样等生态环境优势是
成为自然保护地的最优先条件（李红清等，2012）。例如，自然保护区高度
集中在低强度带的陕西西北部的秦岭山区、湖北西部的神农架林区和湖北
西南部及湖南西北部的武陵山区，这些区域的森林植被（珙桐、水杉等）和
珍稀动物资源（大熊猫、金丝猴、羚牛、云豹等）丰富（徐卫华等，2010），紫

柏山、星斗山、神农架等国家级自然保护区均集中于此；另外，上述区域以海拔较高的中起伏山地和大起伏山地为主，对人类开发建设活动的吸引力相对较小，保留了较为自然的环境状态。该研究结果与坎图-萨拉查等（Cantú-Salazar et al.，2010）得出的高海拔、距离城市和公路较远、较难被开发利用及受人类干扰相对较小的区域更易被划分为自然保护区的结果一致。

2）经济、交通及国家政策等因素的影响

高强度带水利风景区的密度最大是因为水利风景区通常以水利工程为依托，其建设受资金投入和地区交通条件的影响程度较大，人类活动高强度带所涵盖的区域均是经济发展水平较高的区域，可为水利工程和水利风景区建设提供充裕资金，并且该区域的交通比较发达；此外，国家对水生态环境建设的重视，以及地方政府对水利风景区旅游发展的支持等也是潜在影响因素。该研究结果与胡静等（2017）认为的投资水平、交通条件、经济发展分别是影响国家水利风景区空间格局的直接、主要和重要驱动力的观点一致。

5.5　人类活动强度对湿地景观格局影响研究

湿地被誉为"地球之肾"，拥有丰富的野生动植物资源，是珍贵的自然资源和重要的生态系统。具有蓄洪防旱、调节气候、涵养水源、净化环境和保持生物多样性等多种生态服务功能（Ramachandra et al.，2005），对维持流域生态安全、促进生态文明建设起着重要的支撑作用。长江中下游流域的河网纵横、湖泊分布广泛，湿地资源极其丰富，是亚洲重要的候鸟越冬地，被列为世界湿地和生物多样性保护热点区域（王学雷等，2006b），研究区有国际重要湿地 12 个、湿地类国家级自然保护区 18 个、国家级水利风景区 163 个、国家级湿地公园 209 个等。同时，长江中下游流域也是人类生存发展的源地，人口密度大，全国 1/3 的人口聚集于此，所以该区域的湿地景观受人类活动干扰的强度和风险更大（刘红玉等，2006）。而目前关于长江中下游流域湿地景观的研究多集中在通江湖泊湿地景观格局演变（谭志强等，2017）、湿地自然保护区的分布与保护空缺（燕然然等，2013；高俊琴等，2011）、湿地现状与变化趋势（陈有明等，2014；陈凤先等，2016）、湿地生态系统健康评价（姚萍萍等，2018；潘东华等，2018）及生境适宜性评价（Cui et al.，2019）等方面。也有学者针对人类活动与长江区域湿地开展研究，王毅杰等（2012）研究了围海造地、城市扩张等人类活动对长江三角洲滨海湿地的影响；张猛等（2018）分析了人类干扰对长株潭城市群湿地景观变化的影响。但量化人类活动强度的空间分布特征，定量揭示人类活动强度对整个长江中下游流域湿地景观格局影响的研究较少。

为了研究确定长江中下游流域内人类活动强度对湿地景观格局的影响，以 2015 年的人类活动强度带对应的区域范围为基准，研究 1995 年、2005 年和 2015 年三个时期湿地景观对不同人类活动强度的梯度响应。

借助地理信息系统软件 ArcGIS 10.2 的裁剪与叠加分析功能,将 1995 年、2005 年和 2015 年的湿地景观类型图与 2015 年的人类活动强度样带叠加,获得三个时期不同人类活动强度带的湿地景观类型图,在景观格局指数计算软件 Fragstats 4.2 中计算景观格局指数。

本章节通过人类活动强度与湿地相对增长率的关系和不同人类活动强度下湿地景观水平和类型水平指数的变化,定量分析和揭示长江中下游流域人类活动强度对湿地景观格局的影响,以期为长江中下游流域湿地景观生态保护、景观恢复和人类活动管控提供决策支持,势必对维护长江生态廊道和长江流域可持续发展具有一定意义。

5.5.1 湿地景观在各人类活动强度带的分布

长江中下游流域的湿地景观主要集中分布在中、较低和较高人类活动强度带(表 5-7)。在 1995 年、2005 年和 2015 年三个时期内,中强度带的湿地面积占比最高,均在 37% 以上;其次是较低强度带,均在 25% 以上;较高强度带的湿地占比均在 22% 以上;高、低强度带的湿地占比相当,均在 7% 左右。长江中下游流域湿地的分布特点体现了人类的发展与水体和湿地休戚相关,因此在社会经济发展过程中必须加强对湿地资源的保护。

表 5-7　1995—2015 年湿地景观在各人类活动强度带的面积分布

单位:%

年份	高强度带	较高强度带	中强度带	较低强度带	低强度带
1995	7.44	22.21	37.85	25.85	6.65
2005	7.45	23.32	37.16	25.24	6.83
2015	7.40	23.42	37.03	25.17	6.98

5.5.2 人类活动强度与湿地景观相对增长率

如果总湿地面积在 1995 年、2005 年、2015 年不发生变化,各强度带上湿地面积的变化即是总量不变情况下的内部迁移,可直接揭示湿地分布与人类活动强度的关系。然而,由前述研究可知,总湿地面积在上述三个年度是动态变化的,这就导致各强度带上对应的湿地面积与总的湿地面积都在变化,从而给揭示人类活动强度与湿地景观变化之间的关系带来了困难。为此,采用相对增长率表征湿地景观的变化,涉及总湿地面积相对增长率和各强度带湿地面积相对增长率两个概念,即两个相邻年度的差值与其起始年度的比率。图 5-11 为长江中下游流域人类活动强度与湿地景观变化关系图,实线、虚线分别表示 2015 年相对 2005 年、2005 年相对

1995 年的湿地景观相对增长率,其中两条水平实线、虚线分别表示 2015 年相对 2005 年、2005 年相对 1995 年的两个总湿地景观相对增长率 (分别用 $w_{2015—2005}$、$w_{2005—1995}$ 表示)。

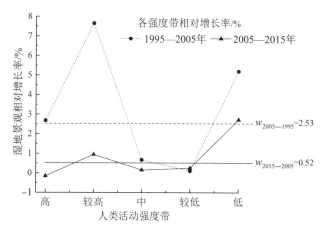

图 5-11　人类活动强度与湿地景观变化关系

分析图 5-11 可知,在人类活动较高和低强度带,对应的湿地景观相对增速均大于总湿地面积的增速,呈"扩张"效应;与之相反,在中和较低人类活动强度带,对应的湿地景观相对增速均小于总湿地面积的增速,呈"收缩"效应。进一步分析可知,在较高、中、较低三个人类活动强度带,2005—2015 年的湿地相对增长率差值波动情况较 1995—2005 年均显著降低,结合前表 5-3 所示的各等级强度带在 1995 年、2005 年和 2015 年三个年度对应人类活动强度平均值的变化规律分析可知,2005—2015 年的人类活动强度增幅均呈现大于 1995—2005 年的特点;与之形成明显对比,在人类活动低强度带,1995—2005 年和 2005—2015 年对应的湿地景观相对增长率差值大小相当(分别是 2.66%、2.20%),这是因为该区域人类活动强度水平低对湿地的相对变化无显著影响,故可以推断伴随人类活动强度的增强湿地相对变化呈"收缩"效应。上述推断可在人类活动高强度带进一步得到揭示,由图 5-11 可知,在总湿地面积增长的背景下,人类活动高强度带对应的湿地面积在 1995—2005 年几乎没有变化,而在 2005—2015 年还出现了降低,即上述人类活动强度增强导致的"收缩"效应在人类活动高强度带显现得更为明显。

5.5.3　景观水平上湿地景观在不同人类活动强度带的变化

选择斑块密度(PD)和平均斑块面积(MPS)、面积加权平均斑块分维数(AWMPFD)、聚合度指数(AI)、香农多样性指数(SHDI)和香农均匀度指数(SHEI),分别从破碎度、景观形状复杂度、聚集度、多样性等方面分析景观水平上不同人类活动强度对湿地景观的影响。

1) 人类活动强度对湿地景观破碎度的影响

由图5-12(a)(b)可知,在相同人类活动强度带上,伴随年限增长湿地景观的斑块密度呈减小趋势,而平均斑块面积呈增加趋势,说明1995—2015年湿地斑块不断融合成大斑块,景观破碎度减弱。在高、较高、中强度带,1995年的湿地斑块密度和平均斑块面积分别呈先增加后减少和先减少后增加的变化趋势,湿地景观破碎度呈先增强后减弱的趋势;2005年、2015年湿地斑块密度和平均斑块面积的变化趋势基本相同,由高强度带到中强度带斑块密度不断减少但减幅不大,而平均斑块面积不断增加,并在中强度带达到最大值,说明在高、较高、中强度带内随着人类活动强度降低,湿地景观破碎度不断减弱。在中、较低、低强度带,1995年、2005年和2015年三个时期的斑块密度和平均斑块面积均呈显著增加和减少的趋势,湿地景观破碎度不断增强并在低强度带破碎度达到最大,这与人类活动低强度带主要为山地、丘陵的地貌特征和长江中下游流域湿地的分布特征紧密相关。

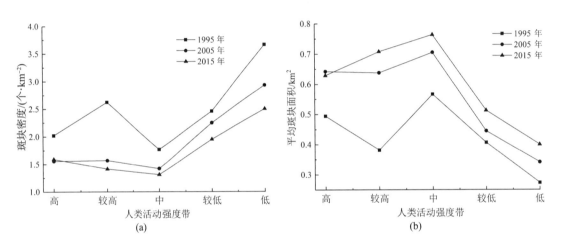

图5-12 不同人类活动强度带上湿地景观破碎度的变化

2) 人类活动强度对湿地景观形状复杂度和聚集度的影响

由图5-13(a)可知,随着人类活动强度降低,1995年、2005年和2015年三个时期的面积加权平均斑块分维数均呈升高趋势,表明湿地景观形状愈加复杂,而在人类活动高强度带湿地类型主要为河渠、湖泊和水库坑塘,其他类型湿地占比极少,受城市化建设、农业开发等人类活动的强烈干扰,湿地的几何形状趋于简单化、规则化。由图5-13(b)可知,随着人类活动强度降低,1995年、2005年和2015年三个时期的聚合度指数均呈减少趋势,其中在高、较高、中、较低强度带上缓慢减少,在较低、低强度带上急剧减少,说明在高等级人类活动区湿地景观的聚集度相对较高,这与河渠、湖泊和水库坑塘集中在上述四个强度带相关,但主要是因为人工湿地水库坑塘在人类活动强度越高的区域面积增加越多,并且高等级强度带

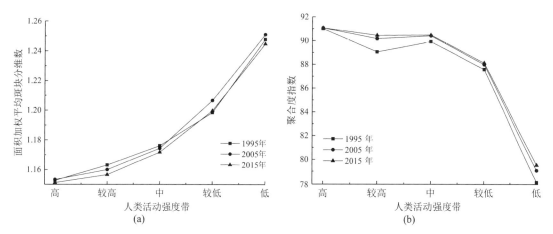

图 5-13   不同人类活动强度带上湿地景观形状复杂度和聚集度的变化

的经济发展水平较高,城市规划建设规模化和有序化更强,因此湿地景观
的聚集度相对较高。

3) 人类活动强度对湿地景观多样性的影响

由图 5-14(a)(b)可知,在相同人类活动强度下,1995—2005 年香农多
样性指数与香农均匀度指数呈减少趋势;2005—2015 年香农多样性指数
和香农均匀度指数在高、较高、中强度带基本无变化,在中、较低、低强度带
内 2015 年的香农多样性指数和香农均匀度指数均高于 2005 年。在不同
人类活动强度影响下,1995 年、2005 年和 2015 年三个时期的香农多样性
指数与香农均匀度指数呈相似的变化规律,均随人类活动强度的降低呈先
增加后减少的变化趋势。香农多样性指数和香农均匀度指数在高、较高、
中、较低强度带呈显著升高趋势,在较低、低强度带急剧下降(因为在低强
度带湿地类型减少至只有河渠、湖泊、水库坑塘、滩地和沼泽地五种,并且
湖泊和沼泽地仅占整个研究区湖泊和沼泽地面积的 0.5% 左右,水库坑塘

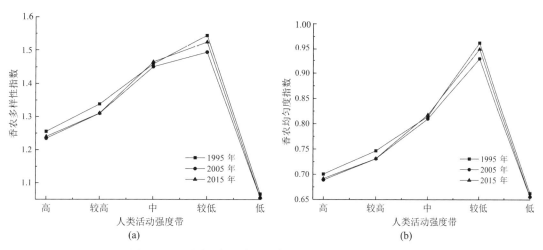

图 5-14   不同人类活动强度带上湿地景观多样性的变化

和滩地也只占 7% 左右,河渠是单一优势类型),香农多样性指数和香农均匀度指数均在较低人类活动强度带出现峰值,因为在该区域人类开发建设程度较低,对自然景观的改造相对较小,且该区域在 1995 年、2005 年和 2015 年三个时期的湿地面积占比均在 25% 以上,湿地资源丰富,类型多样,各类湿地的面积占比差异较小,因此湿地景观多样性较高。

5.5.4 类型水平上湿地景观在不同人类活动强度带的变化

由于滩涂面积较少,数值较小,且在较低和低强度带无分布,因此本章选取河渠、湖泊、水库坑塘、滩地和沼泽地五种湿地类型,以 2015 年为例分析人类活动强度对湿地景观格局的影响(图 5-15)。

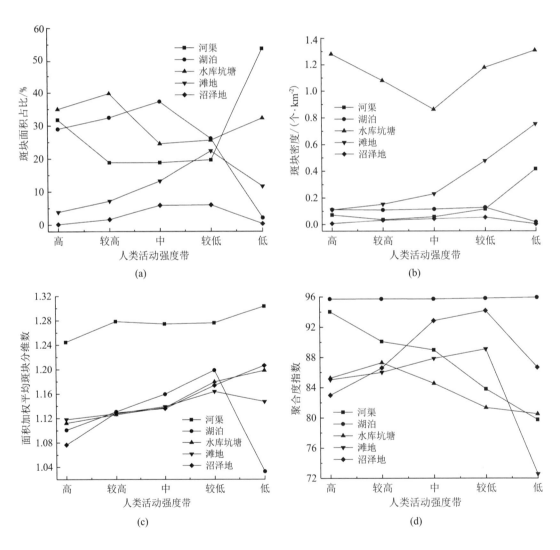

图 5-15 类型水平上湿地景观格局指数在不同人类活动强度带的变化

由图 5-15(a)可知,河渠的斑块面积占比在高、较高强度带迅速下降,在较高、中和较低强度带几乎无变化,之后急剧升高,在低强度带达到最大值 53.37%;湖泊的斑块面积占比随人类活动强度的降低先升高后下降,在中强度带占比最大,为 37.33%;水库坑塘的斑块面积占比呈先升高后下降再升高的变化趋势,在较高强度带达到最大值 39.76%,而在人类活动剧烈的高和较高强度带,水库坑塘的斑块面积占比显著高于各自然湿地,说明高人类活动强度区以人工湿地为主;滩地和沼泽地的斑块面积占比随人类活动强度的降低呈先升高后降低的变化趋势,均在较低强度带最大。由图 5-15(b)可知,水库坑塘的斑块密度远高于其他类型湿地,且随人类活动强度的降低先下降后升高,在中强度带斑块密度最小;其他类型湿地的斑块密度在高、较高和中强度带较小且变化不明显,河渠和滩地在低强度带斑块密度最大,湖泊和沼泽地的斑块密度在低强度带最小。由图 5-15(c)可知,水库坑塘和沼泽地的面积加权平均斑块分维数均随人类活动强度的降低呈升高趋势,说明人类活动强度越小,这两类湿地的景观形状越复杂;河渠的面积加权平均斑块分维数在各强度带均显著高于其他类型湿地,表明河渠的景观形状在各强度带最复杂;湖泊和滩地的面积加权平均斑块分维数随人类活动强度的降低呈先升高后降低的变化趋势,均在较低强度带景观形状最复杂。由图 5-15(d)可知,湖泊的聚集性最强,并且在各强度带变化不明显;河渠和水库坑塘的聚合度指数随人类活动强度的降低而减少,在低强度带空间离散性最强;滩地和沼泽地的聚合度指数变化趋势一致,在高、较高、中和较低强度带随着人类活动强度降低,其空间聚集性增强,均在较低强度带达到最大,而在低强度带分布较离散。

综上所述,各类湿地的斑块面积占比、斑块密度和聚合度指数的变化趋势表明,不同类型的湿地在不同人类活动强度带具有一定的空间变化差异性,而各类型湿地的面积加权平均斑块分维数随人类活动强度变化的趋势较一致,即人类活动强度越大,湿地受到的人为干扰越大,景观形状越趋于规则;人类活动强度越小,湿地受到的自然因素影响越大,景观形状越复杂。

5.5.5　人类活动强度与湿地景观变化驱动机理探讨

长江中下游流域湿地景观的变化受降雨量、气温、洪灾、水资源开发、城市化、农业开发、生态保护政策与恢复措施等综合因素的影响,变化十分复杂。已有研究表明,气温升高、降水增多会对长江流域的水资源总量产生影响(陈进,2012;姜彤等,2005);水资源开发、洪水等使长江中下游流域湿地水表面增加,如南水北调水源区的大片耕地转化为水库(孔令桥等,2018)、水库修建导致河流湿地面积增加(陈凤先等,2016)。也有研究表明,人工湿地与经济发展水平和水利设施兴建密切相关,经济发达地区人工湿地的增加速度较快(宫宁等,2016),在经济发展水平较高的人类活动高和较高强度带,水库坑塘的面积较大,并且在 1995—2015 年增幅显著,经济的快速发展促进人工湿地水库坑塘面积增加。

此外,湿地面积的增加与国家和有关部门加大对湿地资源保护与恢复的政策和措施紧密相关,1992 年我国加入《湿地公约》后于 2000 年实施《中国湿地保护行动计划》,2003 年国务院批复《全国湿地保护工程规划(2002—2030 年)》,并启动"退耕还湿工程",2004 年国务院发布《关于加强湿地保护管理的通知》(田信桥等,2011);1998 年长江"特大洪水"后,长江生态引起了国内与国际社会的关注,国务院和国家有关部门先后提出了治理长江流域的一系列方针政策和生态环境保护项目及计划;2007 年"长江中下游湿地保护网络"平台成立;2014 年国务院在《关于依托黄金水道推动长江经济带发展的指导意见》中强调推进全流域湿地生态保护与修复工程;2015 年中央一号文件即《关于加大改革创新力度加快农业现代化建设的若干意见》要求"实施湿地生态效益补偿、湿地保护奖励试点和沙化土地封禁保护区补贴政策"等(陈凤学,2015)。国家的一系列政策对长江中下游流域的湿地保护起到了积极的推动作用。1995—2015 年,有 2 137.97 km² 的耕地恢复为湿地(其中人工湿地水库坑塘为 1 729.50 km²),湿地总面积增加了 1 219.36 km²。

但是,湿地景观变化受城市化、农业开发等人类活动干扰的影响也尤为突出。1995—2015 年,长江中下游流域的地区生产总值和常住人口不断增加,2015 年的地区生产总值约是 1995 年的 13 倍(图 5-16),社会经济的发展和人口的增多对建设用地、粮食和水资源的需求增多,研究期内有 346.40 km² 和 702.26 km² 的湿地景观分别转化为建设用地和耕地;人类活动强度与湿地景观相对增长率的分析也表明在城市化和经济发展较快的 2005—2015 年,湿地景观相对增长率呈显著的"收缩"效应。1995—

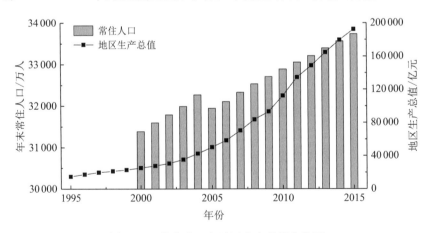

图 5-16　常住人口与地区生产总值变化图

注:常住人口和地区生产总值的统计值为研究区主要覆盖区上海市、江苏省、安徽省、江西省、湖北省、湖南省所对应数值的总和。

2015 年,长江中下游流域总湿地面积增加主要是因为人工湿地水库坑塘显著增加,而自然湿地湖泊和沼泽地萎缩问题依然严峻,该研究结果与孔令桥等(2018)的研究一致。因此,必须加强对长江中下游流域自然湿地的保护与修复,严格管控对重要湿地景观(长江中下游流域有国际重要湿地12 个、湿地类国家级自然保护区 18 个、国家级水利风景区 163 个、国家级湿地公园 209 个等)的开发建设活动,尤其是在人类活动强度激烈的区域。

5.6   本章小结

本章以长江中下游流域1995 年、2005 年和2015 年三个时期的土地利用/覆被类型数据为基础,采取陆地表层人类活动强度模型、景观格局指数、保护地空间分布表征等研究方法,提取并分析人类活动强度时空变化特征;分析长江中下游流域内自然保护区、风景名胜区、森林公园、地质公园、水利风景区和湿地公园六类国家级自然保护地的空间分布与研究区2015 年人类活动强度的关系;并通过分析人类活动强度与湿地景观相对增长率的关系和不同人类活动强度下湿地景观水平及类型水平景观格局指数的变化,揭示长江中下游流域人类活动强度对湿地景观格局的影响。

(1)在研究期内,人类活动高强度带的面积显著增加,在研究区的占比由 1995 年的 0.402 8%增至 2015 年的 3.743 8%,空间分布上由上海市扩展到整个长江三角洲区域,并零散分布在武汉、合肥区域;低等级强度带不断向高等级强度带转化;高等级强度带主要分布在长江三角洲平原、皖苏沿江平原、鄱阳湖平原、洞庭湖平原和江汉平原等平原区域;低等级强度带主要分布在秦岭山区、神农架林区、武陵山区、罗霄山区、九华山与大别山等自然生态系统、自然遗迹、自然景观和生物多样性丰富的山地、丘陵区域。1995—2015 年,各强度带的人类活动强度平均值均呈增长趋势,且2005—2015 年的增幅均显著高于 1995—2005 年;强度带等级越高,人类活动强度平均值的增幅越大。

(2)风景名胜区、森林公园、地质公园和湿地公园的最邻近指数 $R >$ 1,空间分布为均匀型,表明这四类自然保护地在长江中下游流域分布广泛;自然保护区和水利风景区的最邻近指数 $R <$ 1,空间分布为凝聚型,分别主要集聚于长江三角洲区域和陕西秦岭山区等。六类保护地的地理集中指数均大于保护地完全平均分布的指数值,不均衡指数 S 均在 0 至 1 之间,表明六类保护地在各人类活动强度带分布不均衡。

(3)在数量方面,除水利风景区外,其他各类自然保护地的数量随人类活动强度带等级的降低而递增。在密度方面,自然保护区、风景名胜区、森林公园、地质公园、水利风景区和湿地公园分别在低、较低、高、低、高和中强度带的斑块密度最大;在高等级强度带"人地"矛盾突出,应加大对自然保护地的保护力度,尤其应加强对森林公园、水利风景区和湿地公园的监管保护和人类活动管控。

（4）人类活动强度与湿地景观相对增长率的关系表明，伴随人类活动强度的增强湿地景观相对变化呈"收缩"效应，并且在人类活动强度越高的区域"收缩"效应越明显。1995—2015年，在景观水平上，随着人类活动强度降低，湿地景观破碎度不断减弱，景观形状不断趋于复杂化，聚集度不断减弱，景观多样性不断提高；在类型水平上（以2015年为例），河渠、湖泊、水库坑塘、滩地和沼泽地的斑块面积占比、斑块密度和聚合度指数的变化趋势表明，不同类型湿地在不同人类活动强度带具有一定的空间变化差异性，而各类型湿地的面积加权平均斑块分维数随人类活动强度变化的趋势较一致。

6 长江中下游流域典型区段景观格局演变与梯度分析

为定量研究城镇化快速发展时期长江与城市的互作特征,以长江中下游流域芜湖市(对应 2011 年行政区划调整后的芜湖市辖区范围)为对象开展典型区段层面的实证研究。之所以选取芜湖市作为典型区段,有以下三个原因:(1)芜湖市处于长江下游干流区间子流域内,是长江下游折弯处的重要节点区域,是长江流域自然优势生态区,由第 3.4.2 节和第 3.4.3 节分析可知芜湖市是安庆沿江湿地生物多样性保护优先区和皖江湿地洪水调蓄重要区的组成部分,在该生态功能区中的面积约为 3 425 km²,占生态功能区总面积的 29.54%,可见其地理区位具有代表性;(2)由第 5 章分析可知,芜湖市恰好处于长江中下游流域人类活动强度由低等级向高等级过渡的地带,即中等级人类活动强度带;(3)芜湖市自 2011 年行政区划调整后由滨江变为跨江,地方政府加大江北发展力度,使其实现跨江发展,以其为研究对象能较好地反映景观梯度特征和城市化建设对景观格局的影响。

本章从典型区段层面,以芜湖市为研究对象,分析其景观格局演变和景观梯度,以揭示其景观格局时空演变特征、长江对南北两岸景观的辐射效应和城市建设发展对长江生态廊道的影响。需要说明的是早期研究时该部分缺少 2015 年的高质量遥感影像数据,故与流域层面不同,采用 1995 年、2005 年和 2016 年的数据。

6.1 典型区段概况

典型区段以芜湖市为例,芜湖市地处安徽省东南部,位于长江下游,地理坐标为 117°58′—118°43′E、30°38′—31°31′N,南倚皖南山系,北望江淮平原(图 6-1)。芜湖市属北亚热带季风气候,年平均气温为 15—16℃,年降雨量为 1 200 mm,无霜期每年达 219—240 天。地势南高北低,地貌类型多样,平原、丘陵、低山皆备,以平原为主;市域内河湖水网密布,有各级河道 50 余条,大小湖泊 20 多个,湿地资源极为丰富,有"徽风皖韵、千湖之城"的美誉。区域内有多处国家级自然保护地,分别为天井山国家森林公园、繁昌马仁山国家地质公园、芜湖滨江国家水利风景区、陶辛水韵国家水利风景区、南陵大浦国家水利风景区,并且铜陵淡水豚国家级自然保护区和扬子鳄国家级自然保护区的部分区域亦位于芜湖境内。截至 2016 年

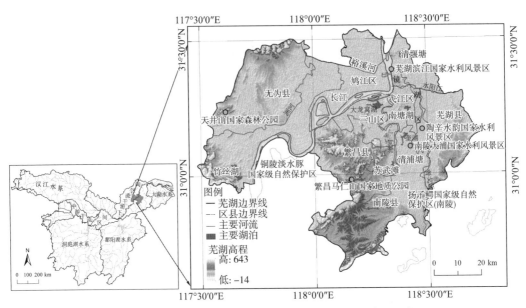

图 6-1 芜湖市在长江中下游流域的区位及研究范围示意

底,研究区辖无为、芜湖、繁昌、南陵四县和镜湖、弋江、三山、鸠江四区,面积约为 6 026 km²,市区面积约为 1 491 km²,数据源自《芜湖统计年鉴:2017》(需要说明的是,本书的一系列计算是根据芜湖市行政区划提取的矢量边界数据进行的,由于边界提取时存在一定的不可避免的误差,因此本书中的研究面积略小于统计年鉴中的面积,本书中的芜湖市面积是6 020.17 km²)。截至 2016 年底,研究区年末总人口约为 387.58 万人,地区生产总值约为 2 699.44 亿元,三次产业的生产总值产业构成分别为 4.7%、55.8%、39.5%;芜湖市是安徽省的经济、文化、交通、政治次中心,是国务院批准的沿江重点开放城市、皖江城市带承接产业转移示范区核心城市、南京都市圈成员城市,邻近大都市上海、杭州等,拥有优越的地理位置条件,是安徽省城镇化效率较高的城市(张荣天等,2017),素有"长江巨埠,皖之中坚"之称。

芜湖市是长江中下游流域典型的跨江区段,长江自城西南向东北横穿而过将其分为江南、江北两个区域,并使芜湖市拥有独特的区位优势、景观优势、资源优势,境内有长江岸线 194 km。长江不仅是润泽芜湖两岸的生命线,而且是支撑其经济发展的大动脉。但随着城镇化进程的加快,长江沿岸土地利用类型景观的格局发生了深刻变化,生态系统的结构和功能受到影响。

6.2 数据与方法

6.2.1 数据来源及处理

以覆盖芜湖市的 1995 年、2005 年的美国陆地探测卫星系统第五颗卫星专题绘图仪(Landsat-5 TM)和2016年美国陆地探测卫星系统第八颗卫星(Landsat-8)的陆地成像仪(OLI)三个时段九景遥感影像为数据源,影像显示此时段均为植被生长旺季,地面分辨率为30 m,数据源自地理空间数据云。对三个时期的影像分别进行波段组合、镶嵌、图像增强、几何裁剪等处理。长江矢量数据和芜湖市矢量数据均源自中国科学院资源环境科学与数据中心。

以中国科学院资源环境科学与数据中心提供的2010年中国30 m土地覆被类型数据为分类参照样本,参照《土地利用现状分类》(GB/T 21010—2017)(国家质量监督检验检疫总局等,2017)国家标准,结合研究区景观特征、谷歌(Google Earth)数据以及研究目的,采用人机交互目视解译的方法进行监督分类,将研究区景观划分为五种基本类型,即耕地、林地、湿地、建设用地、裸地:耕地,包括旱地、水田;林地,包括有林地、灌木林、疏林地和其他林地;湿地,包括河渠、湖泊、水库坑塘、滩涂、滩地和沼泽地;建设用地,包括城镇用地、农村居民点、其他建设用地(交通、工矿企业等);裸地,指无植被覆盖的用地,包括采石、采砂后被废弃的用地(图6-2至图6-4)。在遥感图像处理平台ENVI中采用最大似然法进行监督分类,最后结合实地调研,利用混淆矩阵方法评价分类结果的精度,三期遥感影像分类结果的总体精度均在85%以上,满足判别误差的精度要求。人口、社会、经济等数据源自相关文献及《芜湖统计年鉴:2017》。数据处理平台包括遥感图像处理平台ENVI 5.3、地理信息系统软件ArcGIS 10.2和景观格局指数计算软件Fragstats 4.2。

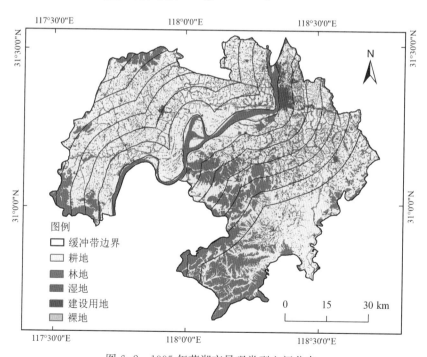

图6-2 1995年芜湖市景观类型空间分布

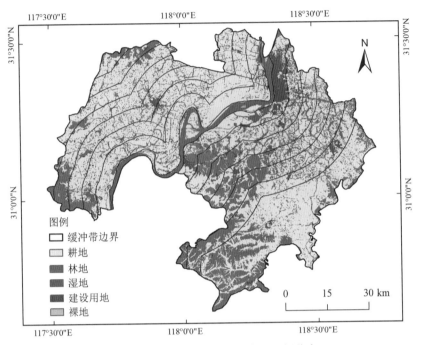

图 6-3　2005 年芜湖市景观类型空间分布

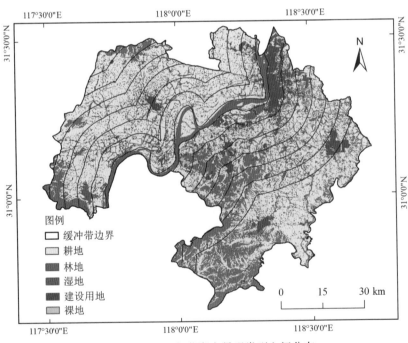

图 6-4　2016 年芜湖市景观类型空间分布

6.2.2 研究方法

研究采用景观动态度模型、景观转移矩阵、景观格局指数、缓冲区梯度带构建等方法。景观动态度(包括单一景观动态度和整体景观动态度)模型、景观转移矩阵的计算公式及意义见第4.2节;景观格局指数,在类型水平上选择斑块面积(CA)、最大斑块指数(LPI)、景观形状指数(LSI)、斑块面积占比(PLAND)、斑块数(NP)、斑块结合度指数(COHESION),在景观水平上选择边缘密度(ED)、蔓延度指数(CONTAG)、聚合度指数(AI)、香农多样性指数(SHDI)、香农均匀度指数(SHEI),其计算公式及生态意义见第4.2节。

缓冲区梯度带构建。参考其他学者在研究城市景观梯度分析(黄宁等,2009;谢余初等,2013)和河流缓冲区梯度带方面的成果(赵志轩等,2011;周华荣等,2006),综合考虑研究区地理位置、建成区分布特征和景观类型变化等因素,采用缓冲带的分析方法,即对穿越芜湖段的长江两侧分别向江南和江北建立5 km间距的缓冲区梯度带,共建立距河道边缘各5 km、10 km、15 km、20 km、25 km、30 km和>30 km的14个缓冲区梯度带,并将缓冲带与三期景观类型图相叠加,获得各缓冲带内的景观类型图(参见图6-2至图6-4)。计算每个缓冲带的景观格局指数,通过对主要景观格局指数的分析,从类型水平和景观水平两个方面分析芜湖市的景观梯度变化特征,并寻求长江生态廊道的辐射效应和特点。

6.3 研究区景观类型动态转移

芜湖市各景观类型面积及占比表明(表6-1),1995—2016年,耕地和林地始终是芜湖市的优势景观,但其面积一直在减少,其中2005—2016年的减少幅度显著大于1995—2005年。1995年、2005年、2016年耕地、林地的景观类型面积占比分别为62.77%和22.12%、61.98%和21.48%、57.97%和17.82%。建设用地的面积持续增加,占比由1995年的4.25%增加到2016年的13.53%,面积增加了558.78 km²,其中1995—2005年增长缓慢,2005—2016年增长迅猛,这是因为1995—2005年县域经济发展滞后,而随着城镇化进程的加快,2005—2016年芜湖市区的经济和各县域的经济都得到了快速发展,尤其是2011年行政区划调整后,政府加大了对江北新区的发展力度,2011—2016年6年间江北新区建设了大龙湾新型城镇化示范区、江北高新产业集聚区和鸠江经济开发区北区等,实现了跨江发展,人类开发利用活动对景观格局的干扰强度不断增加。1995—2005年湿地面积减少了58.98 km²,2005—2016年有所增加,但2016年的湿地面积较1995年减少了40.40 km²,这是由于人们围湖造田发展种植业,耕地侵占湿地的情况比较严重;同时,随着城镇化和工业化进程的加快,建设用地对湿地的侵占也比较严重,虽然国家高度重视长江流域的湿地生态系统,提出"退田还湖、还湿"的政策,加强了对长江沿岸湿地资源的保护,但芜湖市湿地面积整体呈减少趋势。由于对山体矿产资源的大量开采,覆盖山体的植被遭到严重破坏,截至2015年底,在芜湖市境内矿山损毁植被面积达10.17 km²(芜湖市统计局等,2017),尤其是长江北岸无为县石涧镇和长江南岸繁昌县的荻港、新港、孙村等地的山体破坏严重,使原本植被茂密的山体变为裸地(图6-5)。20多年间,裸地面积不断增多,占比由1995年的0.05%增长为2016年的0.54%。

表6-1 1995年、2005年、2016年芜湖市各景观类型面积及占比

景观类型	1995年		2005年		2016年	
	面积/km²	占比/%	面积/km²	占比/%	面积/km²	占比/%
耕地	3 778.91	62.77	3 731.24	61.98	3 490.12	57.97
林地	1 331.79	22.12	1 293.40	21.48	1 072.52	17.82
建设用地	255.97	4.25	396.54	6.59	814.75	13.53
湿地	650.62	10.81	591.64	9.83	610.22	10.14
裸地	2.88	0.05	7.35	0.12	32.56	0.54

(a) 1995年长江南岸建设情况

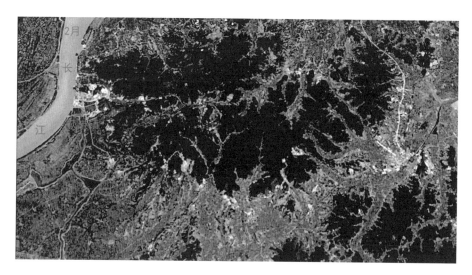

(b) 2016 年长江南岸建设情况

图 6-5　1995 年、2016 年长江南岸建设用地扩张对山体植被破坏的对比

注:视角海拔高度为 22 km。

由景观类型动态转移的分析可知(表 6-2、表 6-3),1995—2005 年耕地动态度为 −0.13%,减少了 47.67 km²;耕地的主要转变方向为林地和建设用地,有 7.84% 的耕地转变为林地,占耕地变化量的 49.68%;有 5.36% 的耕地转变为建设用地,占耕地变化量的 33.95%,主要集中在芜湖市区周围;2.54% 的耕地转变为湿地,主要原因在于自 1998 年长江全流域性大洪水以来,芜湖市一直遭受内涝,为了增强芜湖市自身的水患调节能力,这一时期退田还湖成为芜湖景观类型变化的主导方向之一,主要分布在长江沿岸的湖泊附近,这些耕地都是以前的圩区。林地动态度为 −0.29%,减少了 38.39 km²,25.49% 的林地转变为耕地,占林地变化量的 81%;3.71% 的林地转变为建设用地。建设用地的动态度为 5.49%,面积增加了 140.57 km²,主要来源是耕地,主要分布在紧邻市区的南部、北部以及芜湖县;由于农村居民点的整治,有 97.55 km² 的建设用地转变为耕地,占建设用地变化量的 72.89%。湿地的动态度为 −0.91%,减少了 58.98 km²,主要转变为耕地,有 17.12% 的湿地转变为耕地,占湿地变化量的 58.03%;8.76% 和 3.34% 的湿地分别转变为林地和建设用地。裸地的动态度为 15.52%,面积增加了 4.47 km²,主要来源于林地、湿地和耕地。研究区的整体动态度为 1.12%。

2005—2016 年耕地动态度为 −0.59%,面积减少了 241.21 km²,主要流向建设用地,有 11.55% 的耕地流向建设用地,占耕地变化量的 53.08%;耕地转变为林地和湿地的面积分别占耕地变化量的 32.14% 和 14.43%。林地动态度为 −1.55%,面积减少了 220.88 km²,26.11% 的林地转变为耕地,占林地变化量的 66.88%;林地转化为建设用地的面积为 94.39 km²,占林地变化量的 18.70%,主要分布在长江北岸西北部的无为县严桥镇,山体完全被光伏发电板覆盖,原有林地资源遭到严重破坏以及长江南岸繁昌县西南部区域,大量矿产开采厂的建设和矿山开采活动使山体植被急剧减少,生态环境恶化。建设用地的动态度为 9.59%,面积增加了418.21 km²,增加的主要来源仍然是耕地,有 430.96 km² 的耕地转变为建设用地,占建设用地来源量的 52.89%。湿地和裸地的动态度分别为0.29% 和 31.18%,面积均有所增加,分别主要来源于耕地和林地。研究区的整体动态度为 1.24%。

表 6-2　1995—2016 年芜湖市各景观类型面积动态变化

景观类型	1995—2005 年		2005—2016 年		1995—2016 年	
	面积变化/km²	动态度/%	面积变化/km²	动态度/%	面积变化/km²	动态度/%
耕地	−47.67	−0.13	−241.21	−0.59	−288.79	−0.36
林地	−38.39	−0.29	−220.88	−1.55	−259.27	−0.93
建设用地	140.57	5.49	418.21	9.59	558.78	10.40
湿地	−58.98	−0.91	18.58	0.29	−40.40	−0.30
裸地	4.47	15.52	25.21	31.18	29.68	49.07
整体动态度/%	1.12		1.24		0.68	

表 6-3　1995—2016 年芜湖市景观类型面积转移矩阵表

单位:km²

时段	景观类型	耕地	林地	建设用地	湿地	裸地
1995—2005 年	耕地	3 182.38	296.33	202.51	96.10	1.59
	林地	339.50	912.68	49.35	27.73	2.53
	建设用地	97.55	26.50	122.14	9.06	0.72
	湿地	111.38	57.01	21.71	458.68	1.84
	裸地	0.43	0.88	0.83	0.07	0.67
2005—2016 年	耕地	2 919.27	260.97	430.96	117.19	2.85
	林地	337.65	788.57	94.39	50.39	22.40
	建设用地	118.10	15.62	243.99	12.47	6.36
	湿地	111.89	6.13	44.61	428.88	0.13
	裸地	3.21	1.23	0.80	1.29	0.82
1995—2016 年	耕地	2 907.19	253.22	484.14	129.93	4.43
	林地	361.60	804.76	107.52	31.88	26.03
	建设用地	82.16	5.59	155.97	10.87	1.38
	湿地	138.13	8.24	66.56	437.43	0.26
	裸地	1.04	0.71	0.56	0.11	0.46

对比 1995—2005 年和 2005—2016 年的景观类型动态,耕地的动态度由 -0.13% 变为 -0.59%,林地的动态度由 -0.29% 变为 -1.55%,这两种景观类型都呈加速减少的趋势。建设用地和裸地呈加速增加的趋势,动态度分别由 5.49% 和 15.52% 转变为 9.59% 和 31.18%。2005—2016 年的整体动态度较 1995—2005 年呈小幅增加的趋势。

由表 6-2、表 6-3 可知,1995—2016 年面积变化最大的景观类型是建设用地和耕地,分别以 10.40% 和 0.36% 的速度增加和减少了 558.78 km² 和 288.79 km²。其中,耕地流向建设用地的面积最多,达 484.14 km²,占耕地变化量的 55.54%。建设用地增加的主要来源仍是耕地,占建设用地来源量的 59.42%,变化主要集中在芜湖市区的鸠江区、弋江区及三山区临江附近,无为县、芜湖县和南陵县的县城等区域。林地的动态度是 -0.93%,面积减少了 259.27 km²,林地的主要流向是耕地,转变为耕地的面积达 361.60 km²,占林地变化量的 68.61%;有 8.07% 的林地(107.52 km²)转变为建设用地,占林地变化量的 20.40%。湿地动态度为 -0.30%,其转化为耕地的面积最多,占湿地变化量的 64.79%。在研究期内,耕地侵占湿地的情况严重,这与人们围湖造田发展种植业有关;同时,随着城镇化和工业化进程的加快,建设用地严重侵占湿地,10.23% 的湿地流向建设用地,占湿地变化量的 31.22%。动态度最大的是裸地,为 49.04%,裸地的主要来源是林地,林地转变为裸地的面积达 26.03 km²,占裸地来源量的 79.94%。1995—2016 年,研究区的整体动态度为 0.68%。

6.4　研究区类型水平上景观格局特征

斑块数(NP)常被用来描述整个景观的异质性,其值大小与景观的破碎度呈正相关性,即其值大,破碎度高;反之,则破碎度低。随着城镇化、工业化进程的加快以及芜湖沿江、跨江的开发建设,1995—2016 年耕地和裸地的斑块数呈逐年增长趋势,这是因为随着农村居民点、城镇用地、工矿企业等用地的增多,耕地被分割利用,斑块数不断增多;而山体开采使植被遭到破坏,裸地不断增多。因为一些分散的林地被不断破坏,只剩下山地、丘陵上大片的林地,林地面积在大量减少,所以林地的斑块数一直在减少。由于 1995—2005 年建设用地主要在市区集聚发展,而 2005—2016 年芜湖市县域经济也迅速发展,建设用地在整个区域呈蔓延式向外扩张并侵占其他景观用地,因此建设用地的斑块数呈先减少后急剧增加的变化趋势。湿地的斑块数先增加后减少,景观破碎度呈先升高后降低的趋势,如图 6-6(a)所示。

最大斑块指数(LPI)是最大斑块面积占总景观面积的百分比,反映景观的优势类型。由图 6-6(b)可知,耕地的最大斑块指数在 1995 年、2005 年和 2016 年三个时期均为最大值,但先增加后减少,说明耕地始终

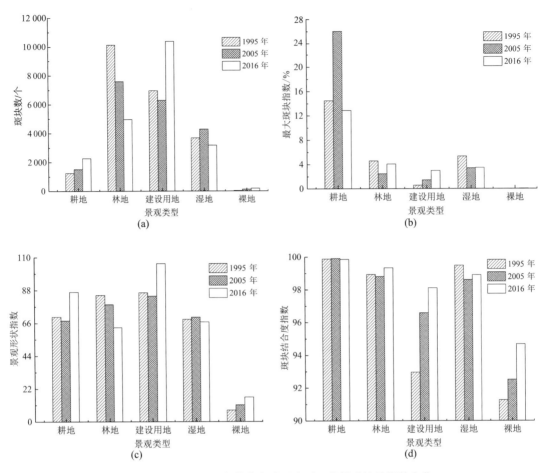

图 6-6   1995—2016 年芜湖市类型水平上的景观格局指数变化

是研究区内的优势类型,对景观的控制作用相对较强,但整体也呈减弱趋势,破碎化程度在逐渐加强。1995—2016 年,建设用地的最大斑块指数逐年增长,由 0.55% 增长到 2.99%,这是由于城镇化发展和大规模的开发建设使建设用地大量增加,大的建设用地斑块数增多,说明人类开发利用活动对景观格局干扰的强度逐渐增强。林地和湿地的最大斑块指数呈先减少后增加的整体减少趋势,在研究区中的优势度不断减弱。

景观形状指数(LSI)表示斑块边缘形状的发育程度,其值越大,景观形状越不规则。由图 6-6(c)可知,耕地的景观形状指数先略微减少后急剧增高,景观形状整体趋于不规则。建设用地景观形状指数的变化趋势与耕地一致,并且在各景观类型中,建设用地的景观形状指数在 1995 年、2005 年和 2016 年三个时期均为最大值,说明相较其他景观类型,建设用地的形状更复杂和不规则。这是因为随着城镇化发展,建设用地在市区、县城周边不断扩张的同时,由于缺少科学的规划与管理,一些工矿企业、发电厂等建设用地侵入山地、丘陵区,使其形状更复杂。在研究期内,林地的景观形状指数一直呈下降趋势,景观形状趋于规则。湿地的景观形状指数呈先增后减的整体减少趋势,景观形状趋于规则。

斑块结合度指数(COHESION)反映相应斑块类型的连接状况,其值越大,斑块之间越聚集,连接性越好。由图 6-6(d)可知,1995—2016 年,建设用地的斑块结合度指数呈增加趋势,且增加幅度比较显著,这与区域规划和城镇化建设相关,城镇建设用地和工矿企业用地不断增多,同时公路、铁路、跨江通道(如芜湖长江大桥、芜湖长江公路二桥)等线状基础设施的建设有助于提高建设用地的连通性,使其有集聚成片的趋势。耕地的斑块结合度指数呈减小趋势,但变化不显著,湿地的斑块结合度指数呈先减后增的整体减少趋势,说明耕地和湿地景观的自然连通性趋于减弱;林地的斑块结合度指数先减少后增加,呈集聚成片的趋势。

6.5　研究区景观水平上景观格局特征

1995—2016 年研究区景观水平的景观格局指数发生了显著变化(表 6-4)。边缘密度(ED)变化反映景观的破碎化和景观形状的复杂程度,其呈先略微减少后增加的整体增加趋势,说明研究区景观边缘形状趋于复杂;蔓延度指数(CONTAG)和聚合度指数(AI)均呈减少趋势,说明研究区景观空间聚集度下降,空间离散性加强。香农多样性指数(SHDI)反映景观异质性,其值越大,破碎化程度越高。香农均匀度指数(SHEI)反映景观斑块的优势度,其值较小时优势度一般较高,其值趋近 1 时优势度低,斑块分布均匀。在研究期内,香农多样性指数呈增大趋势,从 1995 年的 1.01 增加到 2016 年的 1.16;香农均匀度指数的变化趋势与香农多样性指数相同,说明景观异质程度提升,并趋于均匀分布。以上表明人类活动对芜湖市景观格局的干扰不断增强,景观格局趋向复杂化,景观结构稳定性减弱。

表 6-4　1995—2016 年芜湖市景观水平上的景观格局指数

年份	边缘密度 /(m·hm⁻²)	蔓延度指数 /%	聚合度指数 /%	香农多样性指数	香农均匀度指数
1995	34.58	65.11	94.79	1.01	0.56
2005	33.96	64.07	94.88	1.04	0.58
2016	39.23	60.15	94.09	1.16	0.65

6.6　研究区类型水平的景观梯度分析

本章分别采用斑块面积占比(PLAND)、最大斑块指数(LPI)、景观形状指数(LSI)、斑块结合度指数(COHESION)等表征耕地、林地、建设用地和湿地四种景观类型的梯度动态变化。通过分析不同类型景观格局指数变化,有助于研究景观组成单元的形状、数量和破碎度等,深入揭示各景观类型沿长江生态廊道的时空格局演变特征。

6.6.1 芜湖市耕地景观格局指数梯度动态

由图 6-7(a)可知,在 0—30 km 缓冲带内,河道北岸的斑块面积占比均显著高于南岸,与芜湖市发展现状和 2012 年颁布的《芜湖市城市总体规划(2012—2030 年)》相吻合,即长江北岸除沿江产业带外,其他区域定位为西部生态农业和生态旅游示范区,而南岸生态农业区主要为南陵县中北部区域,面积少于北岸;在南岸 0—15 km 缓冲带内,伴随年限增长,斑块面积占比显著降低,且 2005—2016 年的平均降幅显著大于 1995—2005 年,结合前文分析可知,该区域内的建设用地沿江沿缓冲带(即纵向和横向上)不断扩张,耕地被其大量侵占。进一步分析图 6-7(b)的最大斑块指数曲线图可知,北岸耕地景观类型的优势度显著高于南岸,与斑块面积占比曲线图所得结论相一致。

由图 6-7(c)可知,在 0—15 km 缓冲带内,1995 年、2005 年对应的景观形状指数变化不大且南北两岸值接近,2016 年两岸对应的景观形状指数相较 1995 年和 2005 年均显著增长,上述现象说明 1995 年、2005 年人类活动对长江两岸耕地景观的影响程度接近且处于较低水平,2016 年人类活动的干扰强度显著增强;15 km 缓冲带以外区域,南岸的景观形状指数显著高于北岸,且 2005—2016 年景观形状指数值增幅加大、南岸增幅大于北岸,这是因为在该范围内南岸的芜湖县和南陵县得到大力发展,建设用地不断增加且 2005—2016 年建设用地的扩张强度远高于 1995—2005 年;而 1995—2016 年北岸无为县的建设用地也在不断增加,但开发强度远低于南岸,这进一步说明芜湖市南北两岸的经济发展存在较大差异,南岸人类活动对耕地景观格局的干扰强度远高于北岸。

由图 6-7(d)可知,在 0—30 km 缓冲带内,北岸的斑块结合度指数均显著高于南岸,说明北岸的耕地连接性和聚集性优于南岸。南岸 1995 年的斑块结合度指数变幅最大,在 20 km 缓冲带处出现波谷,说明在该范围内耕地较分散;在 0—10 km 缓冲带内,除 1995 年斑块结合度指数显著降低,2005 年、2016 年均呈上升态势,而在 25 km 缓冲带以外区域,1995 年、2005 年和 2016 年三个时期的斑块结合度指数均迅速增长,说明南岸在 25 km 缓冲带以外区域耕地集聚成片;在 15—20 km 缓冲带内,1995 年、2005 年两个时期的斑块结合度指数随距河道边缘距离的增加而减小,均在 20 km 缓冲带处出现波谷,而 2016 年的斑块结合度指数随距河道边缘距离的增加而增大,这是因为在 2005—2016 年该范围内的建设用地大量增加,侵占了耕地,使分散的耕地斑块数减少。北岸在 0—10 km 缓冲带内,1995 年、2005 年和 2016 年三个时期的斑块结合度指数均有不同程度的降低,之后变幅较小,在 20—25 km 缓冲带内又显著增加。

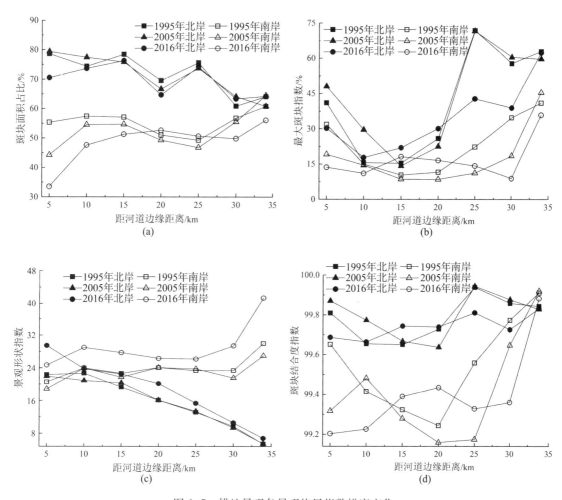

图 6-7　耕地景观各景观格局指数梯度变化

6.6.2　芜湖市林地景观格局指数梯度动态

由图 6-8(a)可知,在 5 km 缓冲带内南北两岸的林地面积占比最小,在 0—30 km 缓冲带内,南岸的斑块面积占比均显著高于北岸,这与林地在芜湖市域内的分布格局相吻合。芜湖市地貌以平原水网为主,山地、丘陵主要分布在无为县的西北部及西南部、南陵县的中部和西南部、繁昌县的中南部,南岸的山地、丘陵面积远大于北岸,而这些山地、丘陵区是林地的集中分布区。在南岸 0—25 km 缓冲带内,随着距河道边缘距离增加,1995 年、2005 年和 2016 年三个时期的斑块面积占比均呈增长趋势,均在 25 km 缓冲带处出现波峰,说明在南岸 25 km 缓冲带处林地景观占比最大,但 2016 年的斑块面积占比较前两个时期显著降低,而 1995 年和 2005 年的斑块面积占比基本相同,说明南岸的林地面积在 2005—2016 年大量减少,该期间大量的矿产开采和工厂建设使繁昌县西南部的山体植被

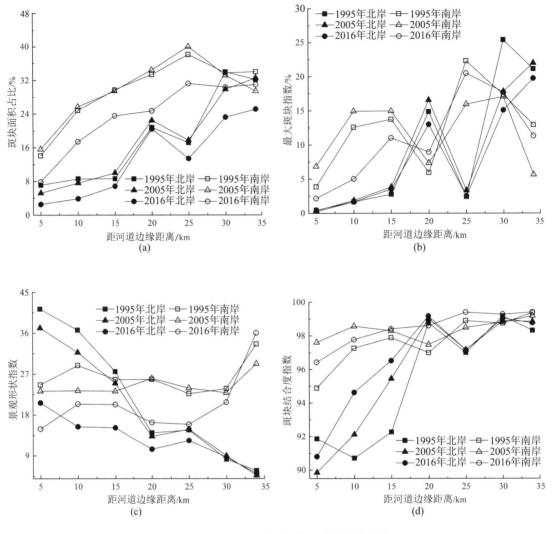

图 6-8　林地景观各景观格局指数梯度变化

遭到严重破坏,主要分布在繁昌县荻港镇、新港镇、孙村镇等地。北岸的斑块面积占比随距河道边缘距离增加而呈现的变化趋势,也反映了林地在北岸的分布格局,在 30 km 缓冲带以外区域林地占比最大;在时间序列上,北岸的变化趋势与南岸类似,2005—2016 年北岸林地也大量减少,这是因为位于无为县西北部严桥镇的整个山体完全被光伏发电板覆盖。

由图 6-8(b)可知,在 5—15 km 缓冲带内南岸的最大斑块指数显著高于北岸,说明该范围内南岸林地在景观中的优势度优于北岸。南岸在 1995 年、2005 年和 2016 年三个时期的最大斑块指数变化趋势类似,在 20 km 缓冲带处均较小,在 25 km 缓冲带处均较大,说明在 25 km 缓冲带处大的林地斑块最多、林地在景观中的优势度最高;北岸在 1995 年、2005 年和 2016 年三个时期的最大斑块指数变化趋势也类似,在 20 km 和

25 km 缓冲带处均出现与南岸相反的较大值和较小值,说明林地在北岸 20 km 缓冲带处大的斑块数多、优势度高,在 25 km 缓冲带处优势度低,在 25 km 缓冲带以外区域林地在景观中的优势度又显著增强。

由图 6-8(c)可知,在距河道边缘距离 15 km 缓冲带以外区域, 1995 年、2005 年和 2016 年三个时期南岸的景观形状指数均高于北岸,说明南岸林地的景观形状更加复杂;在 0—15 km 缓冲带内,1995 年和 2005 年北岸的景观形状指数显著高于南岸,说明该范围内北岸林地的景观形状比南岸更加复杂。南岸在 1995 年、2005 年和 2016 年三个时期景观形状指数的变化趋势类似,在 0—30 km 缓冲带内变幅不大,在 30 km 之后景观形状指数迅速升高。北岸在 1995 年、2005 年和 2016 年三个时期景观形状指数的变化趋势也类似,随着距河道边缘距离的增加呈减小趋势;在时间序列上,随年限增长景观形状指数显著减小,与南岸变化趋势相似,且 2005—2016 年的下降幅度远高于 1995—2005 年,这是因为随着城镇化的发展,一些分散的林地被破坏,林地斑块数减少,林地主要集中分布于山体,林地景观形状趋于规则。

由图 6-8(d)可知,南北两岸的斑块结合度指数随距河道边缘距离的增加整体呈增大趋势,说明距河道越远林地的连通度和聚集性越强,且 1995 年、2005 年和 2016 年三个时期南岸的斑块结合度指数整体上均高于北岸,这与林地主要分布在南岸有关;北岸 2016 年的斑块结合度指数高于 2005 年,这是因为在该范围内伴随年限增长一些分散的林地遭到破坏,而集中分布的林地结合性好。对应斑块面积占比和最大斑块指数值, 1995 年、2005 年和 2016 年三个时期北岸的斑块结合度指数在 20 km 也出现较大值,说明在 20 km 缓冲带处林地景观的连通度较强。

6.6.3 芜湖市建设用地景观格局指数梯度动态

由图 6-9(a)可知,在 0—15 km 缓冲带内,南岸的斑块面积占比均高于北岸,这与芜湖市区主要分布在南岸及南岸建设发展力度紧密相关。南岸在 1995 年、2005 年和 2016 年三个时期的斑块面积占比在 0—10 km 缓冲带内的变化趋势相似,即在 5 km 缓冲带处出现波峰,之后急剧下降;在 10 km 缓冲带以外区域,1995 年和 2005 年斑块面积占比的变幅较小、变化趋势相似,2016 年斑块面积占比随距河道边缘距离的增加整体呈减小趋势,但在 25—30 km 缓冲带内又出现较大值,这是因为芜湖县的建设用地在 2005—2016 年大量增加。在时间序列上,随年限增长,南岸的斑块面积占比显著增加,2005—2016 年的增速和增幅均显著高于 1995—2005 年,这是因为 2005—2016 年城镇化进程加快,建设用地沿缓冲带呈外延式扩张。北岸的斑块面积占比在 1995 年、2005 年随距河道边缘距离的变化均较为平缓,至 2016 年在 0—10 km 缓冲带内的增幅显著大于 10 km 缓冲带以外区域。2005—2016 年斑块面积占比的增幅显著高于 1995—2005 年,究其原因是 2005—2016 年尤其是 2011 年芜湖行政区划调整后政府加大了对江北新区的发展力度,2011—2016 年的 6 年间,江北新区建设了大龙湾新型城镇化示范区、江北高新产业集聚区和鸠江经济开发区北区等,实现了跨江发展(唐开强等,2017);江北产业集中区从 2010 年成立到 2016 年 5 月累计完成固定资产投资 417.5 亿元,基本完成了新能源新材料、金融及总部经济、电子信息三大集聚区建设(芜湖市统计局等,2017)。进一步分析图 6-9(b)最大斑块指数曲线图可知,南岸大的建设用地斑块数远多于北岸、优势度显著高于北岸,并且在 0—10 km 缓冲带内尤为突出,与斑块面积占比曲线图的变化特征一致。

由图 6-9(c)可知,北岸的景观形状指数在 1995 年、2005 年和 2016 年三个时期均随距河道边缘距离的增加而减少,2005—2016 年景观形状指数显著增加,1995—2005 年基本无变化,这是因为 2005—2016 年人类的

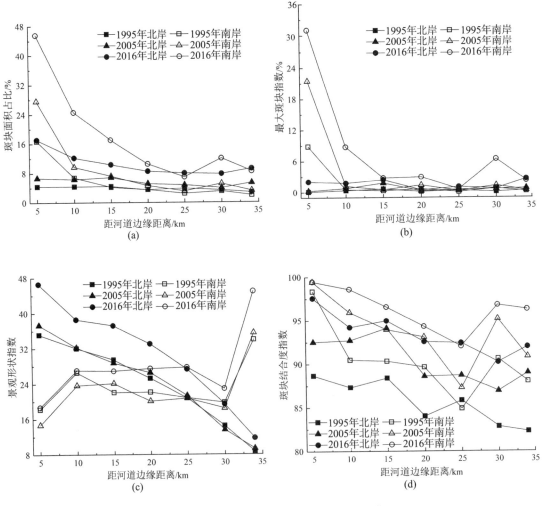

图 6-9　建设用地各景观格局指数梯度变化

干扰强度更大,建设用地大量增加,景观形状趋于复杂。南岸在 0—10 km、大于 30 km 缓冲带内均呈显著增加趋势;在 10—30 km 缓冲带内,景观形状指数的变化较为平缓,但整体特征是 2005—2016 年景观形状指数显著增加,1995—2005 年的变化较小。

由图 6-9(d)可知,北岸的斑块结合度指数在 1995 年、2005 年和 2016 年三个时期基本均随缓冲带的外延呈波浪式下降趋势,在距河道边缘距离相同时,随年限增长,斑块结合度指数增加,各时期增幅大致相同。南岸的斑块结合度指数变化趋势也相同,在 5 km 缓冲带处出现波峰,2005 年和 2016 年的斑块结合度指数均在 99.4% 以上,说明建设用地集聚成片、连接性极好;斑块结合度指数在 25 km 缓冲带内均呈下降趋势,之后先升高再下降;在距河道边缘距离相同时,随年限增长,斑块结合度指数亦呈不同程度上有所增加,说明建设用地在不断扩张、连接度在不断增强。

6.6.4 芜湖市湿地景观格局指数梯度动态

由图 6-10(a)可知,1995 年、2005 年和 2016 年三个时期南岸的斑块面积占比整体高于北岸,尤其是在 15 km 缓冲带以外的区域更突出,这与湿地资源的分布格局紧密相关,也说明南岸的湿地资源更丰富。南岸在上述三个时期的斑块面积占比变化趋势一致,即在 0—15 km 缓冲带内,随距河道边缘距离的增加急剧下降,且在 5 km 缓冲带处出现高峰,在 15—20 km 缓冲带内急剧上升,在 20 km 之后的缓冲带持续下降,说明在长江边缘 5 km 缓冲带和 20 km 缓冲带处湿地景观的占比较大,均在 12% 左右;在时间序列上,伴随年限增长,在 0—15 km 缓冲带内,斑块面积占比显著下降,2005—2016 年的下降幅度小于 1995—2005 年,这与国家和地方政府加大对长江湿地资源保护的政策和措施息息相关,如《关于加强湿地保护管理的通知》《全国湿地保护工程规划(2002—2030 年)》《全国湿地保护工程实施规划(2005—2010 年)》等政策和退田还湖、还滩、还林草及水土保持等措施均对芜湖沿江湿地保护起到了积极推动作用。北岸在 1995 和 2016 年斑块面积占比的变化趋势一致,即在 0—10 km 缓冲带内急剧上升,在 10 km 之后的缓冲带急剧下降,随着距河道边缘距离的增加不断降低,在 10 km 缓冲带处出现高峰;2005 年的斑块面积占比在 0—10 km 缓冲带内趋于平缓,在 10 km 缓冲带以外区域与 1995 年和 2016 年两个时期的变化趋势一致;在 0—15 km 缓冲带内,1995—2005 年斑块面积占比急剧下降,2005—2016 年斑块面积占比显著增加但远低于 1995 年的值,说明湿地得到了有效保护但整体趋于减少。进一步分析图 6-10(b)的最大斑块指数曲线图可知,在 0—20 km 缓冲带内,长江两岸 2005 年的最大斑块指数相较 1995 年急剧下降,即大的湿地斑块数显著减少,2005—2016 年最大斑块指数有所增加但仍低于 1995 年的值,最大斑块指数曲线的变化特征与斑块面积占比曲线图一致。

由图 6-10(c)可知,在 0—15 km 缓冲带内,北岸的景观形状指数显著高于南岸,尤其是在 5 km 缓冲带处,因为在该区域内北岸水田面积较大,河流和湖泊相对较少,而坑塘和沟渠较多,湿地的景观形状更复杂;在 20 km 缓冲带以外区域,南岸的景观形状指数显著高于北岸。南岸在 1995 年、2005 年和 2016 年三个时期的景观形状指数变化趋势一致,随距河道边缘距离增加整体呈波动增加的趋势,在 0—10 km 缓冲带内随年限增长,景观形状指数明显下降,湿地景观形状趋于简单,说明 1995—2016 年人类活动对湿地景观的干扰较强。北岸除了在 10—15 km 缓冲带内景观形状指数变化平缓,在其他范围内景观形状指数随距河道边缘距离的增加呈急剧下降趋势,湿地景观形状趋于简单。

由图 6-10(d)可知,南岸在 1995 年、2005 年和 2016 年三个时期斑块结合度指数的变化趋势一致,变化幅度不大,其值均在 95% 以上,说明南岸湿地的连通性和聚集性较好。北岸在 0—25 km 缓冲带内,在上述三个时期斑块结合度指数的变化趋势一致,变化幅度不大;在 25 km 缓冲带以

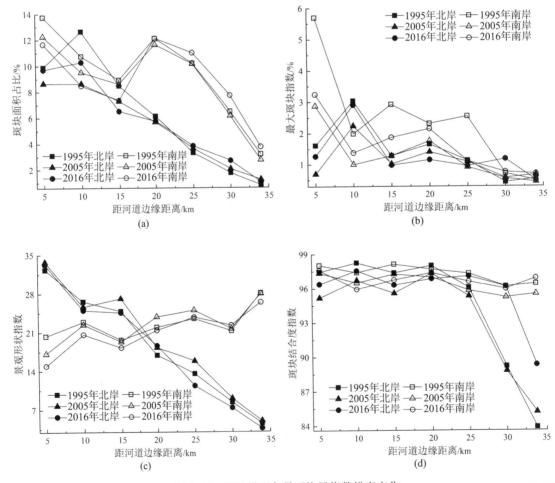

图 6-10　湿地景观各景观格局指数梯度变化

外区域,前两个时期的斑块结合度指数随距河道边缘距离的增加而急剧下降并且值基本相同,2016年的斑块结合度指数先缓慢下降后急剧下降,且显著高于前两个时期,说明该区域在2005—2016年湿地的连通性有所改善。

6.7　研究区景观水平的景观梯度分析

本章分别采用斑块密度(PD)、边缘密度(ED)、蔓延度指数(CONTAG)、聚合度指数(AI)、香农多样性指数(SHDI)、香农均匀度指数(SHEI)等表征芜湖市1995年、2005年和2016年三个时期景观水平上的缓冲区梯度带动态特征。

由图6-11(a)可知,斑块密度随距河道边缘距离的增加整体呈下降趋势,在同一距离、同一时期南岸的斑块密度普遍高于北岸,说明南岸景观的破碎度高于北岸。在5—10 km缓冲带内,南岸的斑块密度在上述三个时期均呈急剧增加趋势,以2016年变化率最大,在10 km缓冲带处出现波峰,这是因为芜湖的市区主要分布在长江南岸0—10 km缓冲带内,1995—2016年市区在横向和纵向上不断扩张侵占其他景观,使景观趋于破碎化;相比较而言,北岸的变幅较为平缓。在25—30 km缓冲带内,南北两岸对应的斑块密度均急剧减小,这是因为在该范围内以耕地和林地为主,建设用地较少,人类活动干扰小。

由图6-11(b)可知,在10 km缓冲带以外区域,在上述三个时期,边缘密度随距河道边缘距离的增加基本均呈下降趋势;且南岸的边缘密度均显著高于北岸,说明南岸的景观边缘形状更复杂、景观破碎度更高。针对长江南岸,在5—10 km缓冲带内,三个时期的边缘密度急剧增加,以2016年变化率最大,达38.15%,这是因为该缓冲带范围为芜湖市区区域,随着城镇化发展和社会经济的发展,建设用地急速扩张[尤其是2005—2016年,仅房地产开发投资额的增加量就是1995—2005年增加量的8.3倍(芜湖市统计局等,2017)],不断侵占周边的耕地、林地、湿地等景观,使景观趋于破碎化。针对长江北岸,1995年、2005年两个时期边缘密度的变化幅度和变化趋势基本一致,整体随距河道边缘距离的增加而减小;2016年的边缘密度整体显著高于1995年、2005年两个时期,这是因为1995—2005年北岸开发建设力度较小,而2005—2016年尤其是2011年行政区划调整后芜湖由临江变为跨江,政府加强对江北的开发建设,建设用地大量增加,景观类型趋于多样化,景观边缘形状趋于复杂。

由图6-11(c)可知,在0—30 km缓冲带内,同一时期北岸的蔓延度指数均显著高于南岸,说明北岸景观空间的延展性和团聚性优于南岸。针对南岸,三个时期的蔓延度指数随距河道距离的增加整体呈升高趋势,在0—30 km缓冲带内呈波动式变化,30 km以后急速升高;1995年的蔓延度指数变化幅度最大,在15—20 km缓冲带内急剧下降,归因于该范围内耕

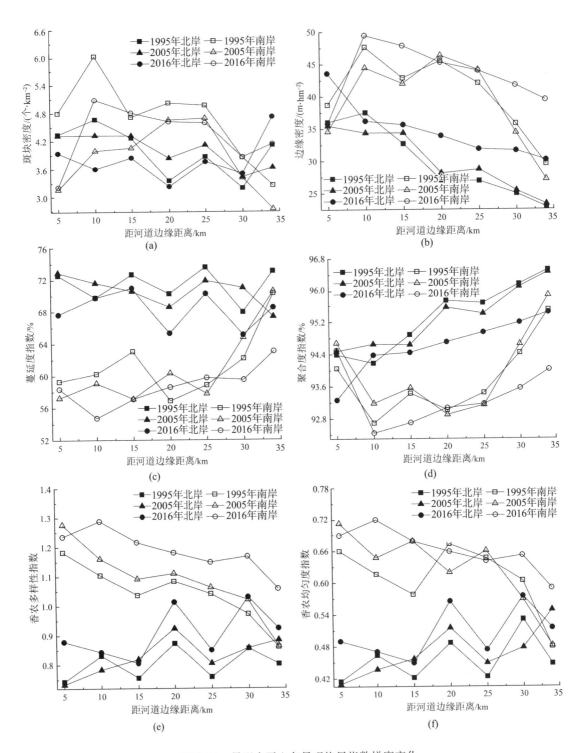

图 6-11　景观水平上各景观格局指数梯度变化

地和湿地的小斑块较多;2016年的蔓延度指数整体小于1995年和2015年两个时期。针对北岸,三个时期的蔓延度指数在研究区域内亦呈显著波动变化,且在15 km缓冲带以外区域,2016年的蔓延度指数显著低于1995年和2005年两个时期,这是因为1995—2016年无为县不断发展尤其是2005—2016年的发展速度远高于1995—2005年,建设用地显著增加,其他景观类型被侵占,景观的团聚度降低、破碎度增强。

由图6-11(d)可知,同一时期北岸对应的聚合度指数整体明显高于南岸,说明北岸景观的聚集性优于南岸,整体上与上述蔓延度指数曲线的变化趋势一致。针对南岸,在5—10 km缓冲带内,聚合度指数急剧下降;经过10—20 km缓冲带内的动态波动,聚合度指数随距河道边缘距离的增加而快速增加,表明距市区越远,景观的聚集性越好。针对北岸,1995年和2005年两个时期聚合度指数的波动幅度和变化趋势基本一致,整体随距河道边缘距离的增加而升高;2016年的聚合度指数普遍显著低于1995年和2005年两个时期,说明景观组分空间离散性增强;各时期的聚合度指数随距河道边缘距离的增加基本均呈正比例增长,2016年近乎为线性增长。还可明显看出,聚合度指数与边缘密度呈典型负相关变化趋势,而且互为验证。

由图6-11(e)可知,同一时期在距离河道边缘距离相同时,南岸的香农多样性指数均显著高于北岸,说明南岸景观的异质性和景观破碎度高于北岸。针对南岸,各时期香农多样性指数的变化趋势基本均是随距河道边缘距离的增加而降低;在距河道边缘的距离相同时,伴随年限增长,香农多样性指数增加,且2005—2016年的增幅明显大于1995—2005年,这是因为2005—2016年的开发建设力度远大于1995—2005年。针对北岸,在0—15 km缓冲带内,香农多样性指数随距离和时期的变化不显著;在15 km缓冲带以外区域,各时期的香农多样性指数呈显著波动变化,且2005—2016年的波动幅度高于1995—2005年,2016年的香农多样性指数在20 km和30 km缓冲带处出现波峰,这是因为2005—2016年该区域内的耕地和林地大量减少、建设用地大量增加,景观异质性显著增强。由图6-11(f)可知,香农均匀度指数的变化趋势整体上与香农多样性指数的变化趋势一致,南岸景观更趋于均匀分布,破碎度更强。

综合以上分析可知,景观梯度变化不仅与长江生态廊道密切相关,而且直接受人类活动强度的影响,表现为景观格局指数曲线呈现多峰值而非单调的变化趋势。1995—2016年,建设用地沿长江在纵向和横向上不断扩张,尤以长江南岸0—10 km缓冲带内景观面积占比最大,南北两岸经济建设发展的巨大差异直观地映射在江南、江北各景观格局指数的变化曲线上,江南的景观边缘形状更趋于复杂、景观类型更趋于多样化、景观连接性更差、景观分散性更强、景观异质性更强、景观更趋于均匀分布、景观破碎化更严重。

6.8 讨论

1995—2016 年,长江中下游流域芜湖市的景观格局发生了深刻变化,耕地和林地面积显著减少,建设用地的面积急剧增加,景观破碎度和景观异质性增强。已有研究表明,景观格局的变化是自然因素和人为因素综合驱动的结果(傅伯杰等,2011)。其中,自然因素在大的时空尺度下约束景观格局的变化,间接影响景观格局特征;人类活动在较短的时间尺度下对景观格局的变化起主导作用,直接影响景观格局特征。

1) 自然条件是区域土地利用模式的先决条件

芜湖市的地貌特征是平原和丘陵皆备,市域中部以平原水网区为主、沿江南北两岸呈对称分布,是建设用地、耕地和湿地的主要分布区域;市域边缘以山地、丘陵较多,主要集中在无为县的西北部和西南部、芜湖县的南部边缘、南陵县的中部和西南部、繁昌县的中南部,是林地的集中分布区。芜湖市的地貌特征间接影响了耕地、林地、湿地、建设用地等景观的分布格局。在类型水平上各景观类型在缓冲区梯度带的特征也直观反映了景观类型的分布格局。

2) 人口因素

1995—2016 年,芜湖市建成区年末总人口由 71.55 万人增至 147.77 万人(表 6-5);1995—2005 年、2005—2016 年建成区人口增长的数量分别约是 13 万人、63 万人,可见人口增长集中在 2005—2016 年,这亦导致 2005—2016 年各景观类型面积、指数波动均较大,尤以建设用地和耕地的变化最为显著。1995 年、2005 年和 2016 年城镇就业人员数分别为 40.41 万人、43.57 万人和 101.20 万人,呈迅速增长趋势。城镇就业人员的年平均工资由 2005 年的 1.55 万元增至 2016 年的 5.99 万元。城市人口和年均收入的增加必然会引起人们对居住、交通、娱乐等公共基础设施需求的增加,从而促使建设用地迅速扩张。同时,城市人口的不断增加也使人类对土地利用方式的干扰持续加强,景观类型趋于多样化,破碎化程度升高。反映在景观格局梯度特征上是在距长江河道边缘距离相同时,2005—2016 年的景观格局指数波动幅度远大于 1995—2005 年。

3) 社会经济因素

社会经济发展是城市用地扩张的根本驱动力,不仅直接影响城市用地扩张,而且通过刺激城市人口增加、促使城市环境条件改善、促进产业集聚和资源整合来影响土地利用方式,改变景观格局(谈明洪等,2003)。芜湖市在研究期内经济发展迅猛,地区生产总值由 1995 年的 101.92 亿元增至 2016 年的 2 699.44 亿元(表 6-5),其间 2016 年建设用地面积已增至 1995 年的 2.18 倍,耕地面积较 1995 年减少了 7.64%。2005 年芜湖市地区生产总值为 492.04 亿元,1995—2005 年地区生产总值增长了 390.12 亿元,而 2005—2016 年增加的生产总值是前 10 年增加量的 5.66 倍,可见芜湖市经济发展的增长趋势与人口增长趋势类似。1995—2005年,建设用地增加了140.57 km²,耕地减少了47.67 km²;2005—2016年,建设用地增加了418.21 km²,耕地减少了241.12 km²。这充分说明经济发展对建设用地和耕地景观格局的变化有显著影响;一方面经济快速发展需要大量的建设用地,另一方面人民日益增长的美好生活需要促使居住、交通、公共服务设施等建设用地需求增加,而城市周边的耕地、林地、湿地成为建设用地的主要来源。反映在景观格局梯度特征上是在0—10 km缓冲带内,除建设用地的斑块面积占比随年限增长呈升高趋势外,耕地、林地和湿地的斑块面积占比均随年限增长呈降低趋势。

表6-5 1995—2016年芜湖市社会经济发展情况

指标	1995年	2005年	2016年
建成区年末总人口数/万人	71.55	84.52	147.77
地区生产总值/亿元	101.92	492.04	2 699.44
固定资产投资/亿元	34.09	263.65	3 006.90
城镇就业人员数/万人	40.41	43.57	101.20
城镇就业人员年平均工资/万元	—	1.55	5.99

4）政策因素

国家和区域的政策导向对区域景观格局的变化亦起到至关重要的作用。国家和地方政府加大了对长江湿地资源保护的政策和措施,与《关于加强湿地保护管理的通知》《全国湿地保护工程规划(2002—2030年)》《全国湿地保护工程实施规划(2005—2010年)》等文件息息相关。退田还湖、还滩、还林草及水土保持等举措在芜湖沿江湿地保护中发挥着积极的推动作用。反映在景观格局梯度特征上是在20 km缓冲带以外区域,距长江河道边缘距离相同时,2016年的湿地斑块面积占比均高于2005年。

芜湖市的景观格局深受城镇化过程和经济发展的影响,在人类活动的不断干扰下景观结构及功能发生了深刻变化,城镇建设和经济发展力度越大对景观格局的影响越显著,充分体现在长江南岸景观格局的破碎化和异质性远超于长江北岸。芜湖市区集中在长江沿岸,长江岸线资源是其无与伦比的地理区位优势之一,长江是其经济和社会发展的巨大推动力;但是,城市的建设发展也使长江沿岸的生态环境遭到严重破坏尤其体现在对沿江耕地、林地和湿地景观格局的干扰。在后续发展规划中应根据景观资源的分布格局和景观梯度的变化特征合理规划和调整产业布局,注重保护现有的河湖水网、山林草田等生态系统,加强对林地景观和湿地景观完整性、系统性和连通性的保护;在社会经济发展过程中,必须深入贯彻生态保护、生态优先和长江大保护的理念,保护长江的湿地景观资源、保护长江沿岸生态环境,使长江生态廊道永葆青春活力。

6.9 本章小结

本章从典型区段层面,以长江中下游流域芜湖市为研究对象,基于1995年、2005年和2016年三期遥感影像数据,通过景观动态度模型、景观转移矩阵、景观格局指数和景观梯度分析相结合的方法,揭示芜湖市景观格局时空演变和景观梯度动态变化特征。

(1) 1995—2016年,芜湖市景观格局总体变化比较明显。20多年间,耕地和林地始终是研究区的优势景观,但其面积持续减少,分别由1995年的62.77%和22.12%降至2016年的57.97%和17.82%;而耕地的斑块数增至1.82倍,破碎化急剧增强。建设用地面积持续增加,由1995年的4.25%增至2016年的13.53%,且2005—2016年的增加幅度是1995—2005年的2.98倍,空间上集聚成片的趋势不断增强。湿地面积萎缩、景观形状趋于规则、连通性减弱。20多年间,芜湖市的景观异质性、破碎度和分散性不断增强,景观空间连接度不断减弱,人类活动对景观格局的干扰不断增强。

(2) 在景观类型转移方面变化显著。1995—2016年,耕地、林地和建设用地的动态度较明显,分别减少了288.79 km²、259.27 km²和增加了558.78 km²。耕地减少部分主要流向建设用地,达484.14 km²,占耕地变化量的55.54%;林地主要流向耕地,占林地变化量的68.61%,其次是流向建设用地,占林地变化量的20.40%;湿地主要转变为耕地,占湿地变化量的64.79%;裸地以49.04%的速度增加了29.68 km²,主要来源是林地。

(3) 芜湖市各景观类型的景观格局指数表现出不同的梯度变化特征。耕地的最大斑块指数和斑块结合度指数随距河道边缘距离的增加整体呈升高趋势,但在5—10 km缓冲带内最大斑块指数急剧下降;耕地在北岸的优势度和连通性显著高于南岸。林地的斑块面积占比和斑块结合度指数随距河道边缘距离的增加整体呈升高趋势,并且南岸的指数值普遍高于北岸。建设用地的斑块面积占比、最大斑块指数和斑块结合度指数随距河道边缘距离的增加整体呈下降趋势,且南岸的各景观格局指数值普遍高于北岸;在0—20 km缓冲带内北岸的景观形状指数显著高于南岸,北岸景观形状更复杂,北岸建设用地的破碎度高于南岸;斑块面积占比和最大斑块指数在5 km缓冲带处出现峰值,在5—10 km缓冲带内急剧下降,变化率最大。反映湿地的优势度和连通性的斑块面积占比、最大斑块指数和斑块结合度指数均随距河道边缘距离的增加整体呈下降趋势,且南岸的各景观格局指数值普遍高于北岸。在时间序列上,各景观类型的景观格局指数在2005—2016年的波动幅度均普遍大于1995—2005年。

(4) 芜湖市景观梯度变化直接受人类活动强度的影响,并且整体景观格局梯度变化趋势显著。在空间序列上,反映景观破碎度和多样性的斑块密度、边缘密度、香农多样性指数和香农均匀度指数均随距河道边缘距离的增加而整体呈减小趋势;同一距离,长江南岸的各景观格局指数值整体显著高于北岸,长江南岸的破碎度、景观异质性和空间离散性均高于北岸。蔓延度指数和聚合度指数均随距河道边缘距离的增加而整体呈升高趋势;同一距离,长江北岸的蔓延度指数和聚合度指数整体显著高于南岸,说明长江北岸景观的聚集度高于南岸。在时间序列上,反映景观破碎度和景观多样性的边缘密度、香农多样性指数和香农均匀度指数均随年限的增长整体呈升高趋势,且2005—2016年的增幅远大于1995—2005年;反映景观聚集度的蔓延度指数和聚合度指数均随年限的增长而整体呈下降趋势,且2005—2016年的降幅远大于1995—2005年。

7 长江中下游流域典型区段景观生态效应研究

　　基于景观格局演变的景观生态风险研究可为区域资源的合理利用和景观生态系统的健康、可持续发展提供重要的科学依据(张莹等,2012);生态系统服务价值变化的实质是景观格局演变的定量化反映(Daily,1997),其变化能有效地反映区域景观格局的变化。因此,研究景观生态风险和生态系统服务价值变化,对于了解区域生态环境变化、改善区域景观利用状况具有重要意义。

　　本章节综合运用景观生态学、地统计学、地理信息系统(GIS)空间分析法和生态系统服务价值评估,分析长江中下游流域典型区段(芜湖市)生态风险的时空演变特征和生态系统服务价值的变化,揭示芜湖市的景观生态风险状况和城市建设发展对长江生态廊道和保护地的影响,研究成果对芜湖市生态风险预警、景观格局优化、生态系统服务价值功能提升、自然保护地建设和长江沿岸生态环境的修复与保护具有一定的参考价值。

7.1　数据来源

　　芜湖市 1995 年、2005 年和 2016 年各景观类型的面积数据源自第6章的计算结果。长江矢量数据和芜湖市矢量数据源自中国科学院资源环境科学与数据中心。人口、社会、经济等数据源自相关文献、《芜湖统计年鉴:2017》、芜湖市统计局及芜湖市人民政府网站。有关生态系统服务价值中的相关参数源自相关公开发表的文献。

7.2　研究方法

7.2.1　生态风险小区划分

　　利用地理信息系统软件 ArcGIS 10.2 对研究区范围进行网格化处理,进而采集生态风险评价单元,即划分风险小区。根据每一个风险小区的大小按照研究区景观斑块平均面积的 2—5 倍进行划分(苏海民等,2010),综合考虑采样工作量,采用 5 km×5 km 的正方形网格对芜湖市进行空间网格化采样,采样方式为等间距系统采样法,共采集到 304 个风险小区(图7-1)。计算每一个风险小区内各景观类型的综合生态风险指数,以此作为风险小区中心点的生态风险水平和生态风险评价空间插值分析的样本。

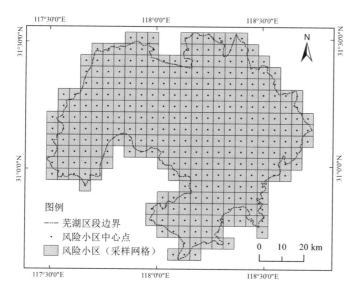

图 7-1 芜湖市生态风险小区划分

7.2.2 景观生态风险评价模型构建

景观生态风险的大小取决于研究区景观生态系统所受到外部干扰强度和内部抵抗能力的大小(胡和兵等，2011)。景观格局反映了人类对自然生态系统的影响方式和程度，是揭示区域生态系统状况及空间变异的有效手段(肖笃宁等，1997)。而景观格局指数高度浓缩了景观格局信息，是反映景观格局结构组成与空间配置某些方面特征的简单定量指标(邬建国，2007)。基于生态系统的景观格局与生态风险的联系，借鉴已有研究成果，利用景观损失度指数、景观脆弱度指数、景观干扰度指数、景观优势度指数、景观分离度指数和景观破碎度指数构建景观生态风险评价模型，其计算公式(黄木易等，2016b；谢小平等，2017)为

$$ERI_k = \sum_{i=1}^{m} \frac{A_{ki}}{A_k} R_i \qquad (7-1)$$

式中：ERI_k 为第 k 个风险小区的景观生态风险指数；R_i 为第 i 类景观的景观损失度指数；A_{ki} 为第 k 个风险小区内景观类型 i 的面积/m²；A_k 为第 k 个风险小区的面积/m²；m 为风险小区内景观类型数目/个。构建生态风险指数的各景观格局指数计算公式及其生态意义详见表 7-1。

表 7-1　景观格局指数计算方法

序号	名称	计算公式	说明及生态意义
1	景观损失度指数 R_i	$R_i = S_i \times F_i$	反映不同景观类型所代表的生态系统在受到自然和人为干扰时其自然属性损失的程度(高宾等,2011)。S_i 为景观干扰度指数;F_i 为景观脆弱度指数
2	景观脆弱度指数 F_i	由专家打分归一化后获得	表示不同景观类型对外界干扰的敏感性,其值越大,生态风险越大(胡和兵等,2011)。景观脆弱度的大小与其在自然景观演替过程中所处的阶段有关,参考相关研究(黄木易等,2016b),结合研究区景观类型的特点,按其脆弱度由高到低对五类景观分别赋值,即裸地5、湿地4、耕地3、林地2、建设用地1,归一化后得到各景观类型的脆弱度指数
3	景观干扰度指数 S_i	$S_i = aC_i + bN_i + cD_i$	反映不同景观所代表的生态系统受到干扰的程度,主要是人类活动(李谢辉等,2008)。C_i 为景观破碎度指数;N_i 为景观分离度指数;D_i 为景观优势度指数;a、b、c 为相应各景观格局指数的权重,$a+b+c=1$。根据研究区的情况和相关成果,对 C_i、N_i 和 D_i 分别赋值 0.6、0.3和 0.1
4	景观优势度指数 D_i	$D_i = \dfrac{(Q_i + M_i)}{4} + \dfrac{L_i}{2}$	衡量斑块在景观中重要地位的一种指标,其值越大,斑块对景观格局形成和变化的影响越大,对应的生态风险也越大(谢小平等,2017)。$Q_i=$斑块 i 出现的网格数/总网格数;$M_i=$斑块 i 的数目/斑块总数;$L_i=$斑块 i 的面积/样本总面积
5	景观分离度指数 N_i	$N_i = \dfrac{1}{2}\sqrt{\dfrac{n_i}{A}}\dfrac{A}{A_i}$	反映景观类型中斑块个体分布的分离程度,其值越大,景观分布越分散,破碎化程度越高,生态系统的稳定性越低,对应的生态风险越大(荆玉平等,2008)。n_i 为景观类型 i 的斑块数/个;A_i 为景观类型 i 的总面积/m²;A 为景观总面积/m²
6	景观破碎度指数 C_i	$C_i = \dfrac{n_i}{A_i}$	反映整个景观或某一景观类型在给定时间和给定性质上的破碎化程度,其值越大,景观单元内部的稳定性越低,对应的生态风险越大。n_i 为景观类型 i 的斑块数/个;A_i 为景观类型 i 的总面积/m²

7.2.3　景观生态风险空间分析方法

基于景观格局指数计算的景观生态风险指数是一种空间变量,其空间异质性可利用地理信息系统软件 ArcGIS 中的地统计分析模块,通过半变异函数进行区域生态风险程度的空间分析(荆玉平等,2008;闻国静等,

2017),其计算公式如下:

$$r(h) = \frac{1}{2N(h)} \sum_{i=1}^{N(h)} \left[Z(x_i) - Z(x_i + h) \right]^2 \qquad (7-2)$$

式中:$r(h)$ 为半变异函数;h 为步长,即样本空间距离/m;$N(h)$ 为样本对总数/对;$Z(x_i)$ 和 $Z(x_i + h)$ 分别为空间位置 x_i 和 $x_i + h$ 处的景观生态风险值。

基于计算出的风险小区景观生态风险指数样本数据,对半变异函数进行球面模型拟合(通过不同模型比较,球面模型拟合结果比较理想),采用普通克里金(ordinary Kriging)法对景观生态风险指数进行空间插值,并绘制芜湖市不同时期的生态风险等级空间分布图。

7.2.4 生态系统服务价值评估方法

科斯坦扎等(Costanza et al.,1997)在《自然》(*Nature*)期刊上发表了题为《全球生态系统服务价值和自然资本的价值估算》一文,使生态系统服务价值估算的原理和方法在科学意义上得以明确。为了减少该估算方式应用于中国陆地生态系统所引起的误差,谢高地等(2003)基于科斯坦扎等提出的生态系统服务价值计算模型和我国 200 位生态学者的问卷调查结果,构建了我国生态系统服务价值当量因子表(表 7-2),本章引用其构建的因子表并结合研究区的实际情况进行局部调整。

表 7-2 中国陆地生态系统单位面积生态系统服务价值当量因子表

服务功能	森林	草地	农田	湿地	水体	荒漠
气体调节	3.50	0.80	0.50	1.80	0.00	0.00
气候调节	2.70	0.90	0.89	17.10	0.46	0.00
水源涵养	3.20	0.80	0.60	15.50	20.38	0.03
土壤形成与保护	3.90	1.95	1.46	1.71	0.01	0.02
废物处理	1.31	1.31	1.64	18.18	18.18	0.01
生物多样性保护	3.26	1.09	0.71	2.50	2.49	0.34
食物生产	0.10	0.30	1.00	0.30	0.10	0.01
原材料	2.60	0.05	0.10	0.07	0.01	0.00
娱乐文化	1.28	0.04	0.01	5.55	4.34	0.01

注:生态系统服务价值当量因子是指生态系统产生的生态服务的相对贡献大小的潜在能力,定义为 1 hm² 全国平均产量的农田每年自然粮食产量的经济价值(谢高地等,2015)。

1)芜湖市单位面积生态系统服务价值的确定

首先,根据《芜湖统计年鉴:2017》得出 2016 年芜湖市的平均粮食产量为 6 564.39 kg/hm²,结合芜湖地区的平均粮食价格 2.73 元/kg[数据源自中华粮网],以谢高地等(2015)的研究成果"1 个生态系统服务价值当量经济价值等于当年研究区域平均粮食单产市场价值的1/7"为计算依据,得出芜湖市生态系统服务价值当量因子的经济价值量约为 2 560.11 元/hm²。

其次,参照谢高地等(2015)对中国陆地生态系统单位面积生态系统服务价值当量的确定方法(表7-2),同时参考王新闯等(2017)、熊鹰等(2018)相关研究,并结合芜湖市景观利用类型的实际情况和研究需要,对价值当量表进行调整(表7-3)。本章将芜湖市景观类型与生态系统类型对应,耕地、林地分别与农田、森林相对应,故其当量分别取农田和森林的值;本书中的湿地包括河渠、湖泊、水库坑塘、滩涂、滩地、沼泽地,故将生态系统类型中湿地和水系当量的均值定为本书中湿地的当量;裸地取生态系统类型中荒漠的当量;建设用地包括城镇用地、农村居民点、交通用地、工矿企业用地等,对自然生态环境破坏较大,在此只计算生态系统服务价值的正效用,因此本书不核算建设地的生态系统服务价值(虎陈霞等,2018)。

最后,根据"陆地生态系统单位面积生态系统服务价值系数=当量×单位当量价值",并结合上述计算所得的芜湖市单位当量价值和生态系统单位面积生态系统服务价值当量,计算得到芜湖市不同景观类型单位面积生态系统服务价值系数(表7-3)。

表7-3 芜湖市不同景观类型单位面积生态系统服务价值系数表

服务功能		耕地		林地		湿地		裸地	
		当量	价值/(元·hm⁻²)	当量	价值/(元·hm⁻²)	当量	价值/(元·hm⁻²)	当量	价值/(元·hm⁻²)
供给服务	食物生产	1.00	2 560.11	0.10	256.01	0.20	512.02	0.01	25.60
	原料生产	0.10	256.01	2.60	6 656.29	0.04	102.40	0.00	0.00
调节服务	气体调节	0.50	1 280.06	3.50	8 960.39	0.90	2 304.10	0.00	0.00
	气候调节	0.89	2 278.50	2.70	6 912.30	8.78	22 477.77	0.00	0.00
	水源涵养	0.60	1 536.07	3.20	8 192.35	17.94	45 928.38	0.03	76.80
	废物处理	1.64	4 198.58	1.31	3 353.74	18.18	46 542.80	0.01	25.60
支持服务	土壤保持	1.46	3 737.76	3.90	9 984.43	0.86	2 201.70	0.02	51.20
	生物多样性保护	0.71	1 817.68	3.26	8 345.96	2.50	6 400.28	0.34	870.44
文化服务	美学景观	0.01	25.60	1.28	3 276.94	4.95	12 672.54	0.01	25.60
合计		6.91	17 690.37	21.85	55 938.41	54.35	139 141.99	0.42	1 075.24

2) 生态系统服务价值模型

生态系统服务价值变化的实质是景观格局演变的定量反映(Daily,1997),其变化能进一步反映研究区的景观格局变化,对掌握研究区生态环境变化、优化景观格局和改善生态环境具有重要意义。利用科斯坦扎等(Costanza et al.,1997)的生态系统服务价值分析模型,计算芜湖市

1995 年、2005 年和 2016 年三个时期各景观类型的生态系统服务价值及生态系统服务总价值。生态系统服务价值的计算公式为

$$ESV = \sum_{k=1}^{n} (C_k \times A_k) \qquad (7-3)$$

式中：ESV 为研究区生态系统服务价值/元；n 为景观类型的数量/种；C_k 为第 k 类景观类型的单位面积生态系统服务价值系数/(元·hm^{-2})；A_k 为第 k 类景观类型的面积/hm^2。

7.3 研究区景观生态风险时空演变分析

7.3.1 芜湖市景观格局指数时序变化

利用景观格局指数计算软件 Fragstats 软件和电子表格 Excel 的统计功能，按照表 7-3 所示的景观格局指数计算方法，得到芜湖市 1995 年、2005 年和 2016 年各景观类型的景观格局指数(表 7-4)。

由表 7-4 可知，研究期内耕地的斑块面积持续减少、斑块数不断增加(因为随着农村居民点、城镇用地、工矿企业等用地的增多，耕地被分割利

表 7-4　芜湖市各景观类型的景观格局指数

景观类型	年份	斑块面积/km^2	斑块数/个	破碎度指数 C_i	分离度指数 N_i	优势度指数 D_i	干扰度指数 S_i	脆弱度指数 F_i	损失度指数 R_i
耕地	1995	3 778.91	1 247	0.003 3	0.036 3	0.507 0	0.063 6	0.200 0	0.012 7
	2005	3 731.24	1 514	0.004 1	0.040 5	0.506 3	0.065 2	0.200 0	0.013 0
	2016	3 490.12	2 266	0.006 5	0.052 9	0.499 2	0.069 7	0.200 0	0.013 9
林地	1995	1 331.79	10 128	0.076 0	0.103 3	0.447 4	0.121 4	0.133 3	0.016 2
	2005	1 293.40	7 586	0.058 7	0.261 2	0.422 6	0.155 8	0.133 3	0.020 8
	2016	1 072.52	4 961	0.046 3	0.254 8	0.370 6	0.141 2	0.133 3	0.018 8
建设用地	1995	255.97	6 967	0.272 2	1.265 0	0.328 5	0.575 7	0.066 7	0.038 4
	2005	396.54	6 297	0.158 8	0.776 4	0.337 5	0.361 9	0.066 7	0.024 1
	2016	814.75	10 375	0.127 3	0.485 0	0.426 5	0.264 5	0.066 7	0.017 6
湿地	1995	650.62	3 684	0.056 6	0.361 9	0.332 9	0.175 8	0.266 7	0.046 9
	2005	591.64	4 287	0.072 5	0.429 3	0.340 6	0.206 3	0.266 7	0.055 0
	2016	610.22	3 179	0.052 1	0.358 5	0.304 2	0.169 2	0.266 7	0.045 1
裸地	1995	2.88	32	0.111 0	7.615 3	0.021 1	2.353 3	0.333 3	0.784 4
	2005	7.35	121	0.164 6	5.806 5	0.062 9	1.847 0	0.333 3	0.615 6
	2016	32.56	187	0.057 4	1.629 6	0.085 0	0.531 8	0.333 3	0.177 2

用,斑块数不断增加),耕地的破碎度指数 C_i 和分离度指数 N_i 呈升高趋势,优势度指数 D_i 不断减小,损失度指数 R_i 不断增加,由 1995 年的 0.012 7 增至 2016 年的 0.013 9;林地的斑块面积和斑块数持续减少(因为一些分散的林地被不断破坏,只剩下山地、丘陵上大片的林地),破碎度指数 C_i 和优势度指数 D_i 呈减少趋势,分离度指数 N_i 和损失度指数 R_i 先增加后减少;建设用地的斑块面积持续增加,1995—2016 年增加了 558.78 km²,斑块数先减少后急剧增加(因为 1995—2005 年建设用地主要在市区集聚发展,而 2005—2016 年芜湖市的县域经济也迅速发展,建设用地在整个区域呈蔓延式向外扩张并侵占其他景观用地,斑块数迅速增加,呈集中连片分布的趋势),破碎度指数 C_i 和分离度指数 N_i 不断减小,优势度指数 D_i 不断增大,由 1995 年的 0.328 5 增至 2016 年的 0.426 5,损失度指数 R_i 不断减少,由 0.038 4 减至 0.017 6;湿地的斑块面积先增加后减少,整体减少了 40.40 km²,斑块数先增加后减少,破碎度指数 C_i、分离度指数 N_i、优势度指数 D_i 和损失度指数 R_i 先增加后减少;由于矿产资源的大量开采,山体植被损毁严重,裸地的斑块面积和斑块数持续增加,破碎度指数 C_i 先增加后减少,分离度指数 N_i 和损失度指数 R_i 不断减少。

7.3.2 芜湖市景观生态风险时空分异

参考前人相关研究(黄木易等,2016b;谢小平等,2017),结合研究区的实际情况和各生态风险小区所处的范围,借助地理信息系统软件 ArcGIS 10.2 的自然断点法将生态风险划分为五个等级,即低生态风险、较低生态风险、中生态风险、较高生态风险和高生态风险(0.013<低生态风险≤0.016,0.016<较低生态风险≤0.019,0.019<中生态风险≤0.023,0.023<较高生态风险≤0.030,高生态风险>0.030),并对研究区 304 个风险小区所占生态风险等级的面积和面积动态变化进行统计(图 7-2,表 7-5)。

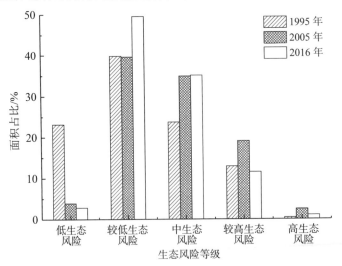

图 7-2　1995 年、2005 年和 2016 年芜湖市不同等级生态风险面积占比

表 7-5 芜湖市不同等级景观生态风险动态变化

风险等级	1995—2005 年		2005—2016 年		1995—2016 年	
	面积变化/km²	动态度/%	面积变化/km²	动态度/%	面积变化/km²	动态度/%
低生态风险	−1 160.27	−8.32	−63.34	−2.46	−1 223.61	−4.18
较低生态风险	−10.46	−0.04	595.64	2.27	585.18	1.16
中生态风险	675.87	4.74	11.06	0.05	686.93	2.29
较高生态风险	370.22	4.76	−454.39	−3.60	−84.17	−0.52
高生态风险	124.64	49.66	−88.97	−5.40	35.67	6.77

由图 7-2 和表 7-5 可知,1995 年研究区主要处于低、较低和中生态风险等级,其面积分别占研究区总面积的 23.16%、39.80% 和 23.70%。低和较低生态风险区主要分布在无为县大部(无为县生态环境自然本底较好)、繁昌县中东部、芜湖县中部和南陵县大部,其中低生态风险区集中在长江北岸无为县西北部、西南部和长江南岸繁昌县东南部、南陵县中南部和芜湖县南部区域(图 7-3)。因为这些地区以低山、丘陵和岗地为主,所以是长江南北两岸林地的主要集中分布处,人口密度小,人类活动干扰相对较小,生态风险程度较低,天井山国家森林公园、繁昌马仁山国家地质公园、扬子鳄国家级自然保护区(南陵)均分布于该区域。中生态风险区分布在长江干流附近,与长江呈平行态势,其中北岸的中生态风险区呈与长江

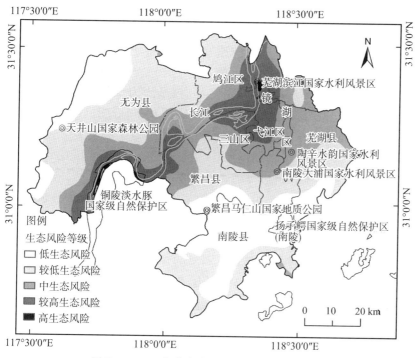

图 7-3 1995 年芜湖市景观生态风险空间分布

走势相似的弯曲带状分布形式,而南岸的中生态风险区沿长江向南外扩范围较大,面积显著大于北岸,主要包括三山区大部、芜湖县大部、南陵县北部和繁昌县中部区域。这是因为南岸相较北岸分布的区县较多,人类开发利用活动的干扰强度较大,同时南岸分布着大量景观分离度、景观脆弱度和景观敏感性程度较高的湿地,生态风险相对较高;陶辛水韵国家水利风景区和南陵大浦国家水利风景区处于中生态风险区域。较高生态风险面积相对较少,为 777.90 km² ,占比为 12.92% ,主要分布于芜湖市区,具体为长江北岸沿长江外扩约 5 km、长江南岸沿长江外扩约 10 km 的区域。高生态风险区的面积则极少,占比仅为 0.42% ,主要分布于长江南岸芜湖中心城区的镜湖区,这是因为该区域社会经济发达,人口密度大,建设用地广布,而 1995 年建设用地的破碎度和分离度较大,显著高于耕地、林地和湿地。此外,较高和高生态风险区还分布于长江干流北岸(无为县)5 km、南岸(繁昌县)10 km 左右范围的区域,这是因为这两个区域自然地质环境脆弱(曹玉红等,2008),灾害频发,无为县临江区域常发生洪涝灾害;繁昌县境内有多处地质灾害点,主要分布在临江区域的新港镇、荻港镇和孙村镇(易发生崩塌、山体滑坡等地质灾害),同时这三个镇也是矿山开采量较大、规模较大的区域(吕达,2017)。由于生态环境比较脆弱,上述两个区域在 1995—2016 年始终处于较高和高生态风险区。铜陵淡水豚国家级自然保护区(无为县)和芜湖滨江国家水利风景区处于生态风险高等级区域。

与 1995 年相比,2005 年研究区主要处于较低、中和较高生态风险等级,1995—2005 年低生态风险区以 8.32% 的速度减少了 1 160.27 km²,长江北岸的低生态风险区只剩西北部分区域,长江南岸只有南陵县中部区域。而中生态风险区以 4.74% 的速度有所增加,占比为 34.93% ,呈向外围扩散态势,且南岸的分布范围显著大于北岸;中生态风险区在南陵县西南部和无为县西南部大量增加(图 7-4),这是因为 1995—2005 年该区域林地锐减,林地的分离度显著增加,建设用地和耕地增加,景观破碎度增加,导致生态风险等级升高。较高生态风险区覆盖芜湖段整个长江干流,面积增加了 370.22 km²,占比达 19.07% 。高生态风险区的动态度为 49.66% ,增幅较大,面积增加了 124.64 km²,占比增至 2.49% ,主要分布于长江干流无为县和三山区北部的小洲乡区域,这是因为无为县临江区域为洪涝灾害高发区(石涛等,2015),生态环境脆弱,而小洲乡区域圩区较多,景观敏感性较高;2005 年的三山区是芜湖中心城区的边缘区,由于处于城镇扩张和开发区建设初期,缺乏科学的发展规划,耕地、湿地等被无序化分割、占用,景观分离度和破碎度较大,生态风险等级较高。较低生态风险区的面积变化不显著,仅减少了 10.46 km²,但其空间位置变动显著,较低风险区占据了原来大部分的低生态风险区域,以无为县西北部和南陵县地区表现最为突出。

2016 年,研究区生态风险等级的最大变化是低、较高和高生态风险区面积均减少,研究区主要处于较低和中生态风险等级,天井山国家森林公

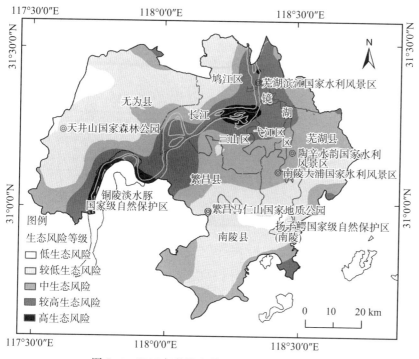

图 7-4　2005 年芜湖市景观生态风险空间分布

园、繁昌马仁山国家地质公园、扬子鳄国家级自然保护区(南陵)均处于较低生态风险区域(图 7-5)。其中,较低生态风险区面积显著增加,由 2005 年的 2 385.81 km^2 增加为 2016 年的 2 981.45 km^2,占比达 49.52%,中生态风险区面积增加不显著,占比为 35.11%;2005—2016 年,低生态风险区面积减少了 63.34 km^2,占比仅为 2.83%;较高和高生态风险区分别以 3.60% 和 5.40% 的速度减少了 454.39 km^2 和 88.97 km^2,主要原因在于 2005—2016 年随着社会经济的快速发展,芜湖区域内的建设用地在空间上表现为不断集聚成片,破碎度指数和分离度指数显著降低;此外,政府加大对生态环境的改造,2014—2016 年芜湖市在城市规划区范围内开展大型生态绿地建设[《芜湖市人民政府办公室关于开展城市生态绿地建设的通知》(芜政办秘〔2014〕169 号)],截至 2016 年底芜湖建成区的绿化覆盖率达 40.58%,人均公园绿地面积为 13.42 m^2,满足国家生态园林城市标准(建成区绿化覆盖率≥40%,人均公园绿地面积≥12 m^2),芜湖城市生态建设较好,建成区较高和高生态风险区的面积明显减少。但较高和高生态风险区在分布上不再局限于长江干流区域,新增的较高和高生态风险区分布于无为县西北部(图 7-5),这是因为 2005—2016 年无为县西北部石洞镇的矿产资源开采量较大,矿产开采场、化工厂和破损的林地使该区域的景观破碎度增大,并且矿山植被、景观、土地、水均衡遭受破坏,生态环境恶化,生态风险显著升高。

　　1995—2016 年,芜湖市各等级生态风险区的面积变化趋势存在较大

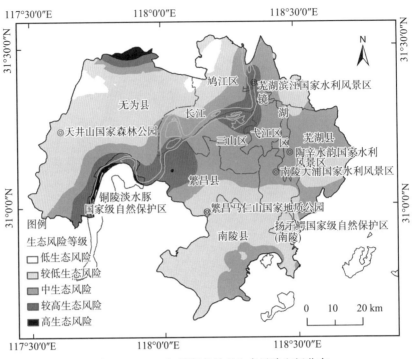

图 7-5 2016 年芜湖市景观生态风险空间分布

差异:低生态风险区的面积在 1995—2005 年急剧减少,2005—2016 年缓慢减少;较低生态风险区的面积在 1995—2005 年变化不明显,2005—2016 年显著增加;中生态风险区在 1995—2005 年显著增加,2005—2016 年变化不明显;较高生态风险区和高生态风险区均先增加后减少。并且从图 7-3 至图 7-5 中可以看出,1995—2016 年的研究表明,研究区域内五种生态风险等级的分布以长江为轴,呈现出向江南和江北逐渐减小的趋势,具体来看,即呈现出"低—较低—中—较高—高—较高—中—较低—低"的分布模式。这表明了长江干流地区的生态风险值较高,而远离长江的南北两岸地区的生态风险值较低。值得一提的是,江南地区的景观生态风险值普遍高于江北地区。这是因为长江干流区域是芜湖市区的分布区,尤其集中在长江南岸,并且沿江分布着许多港口码头、工矿企业,是产业区的集中所在地,建设开发力度大,人口密度大,人类活动频繁、干扰强度较大,沿江的耕地和湿地极易遭到破坏;同时长江干流紧邻区域地质灾害频发、生态环境脆弱的无为县和繁昌县,所以长江干流附近景观生态风险相对较高。而距长江越远的区域人类活动强度相对较小,尤其是长江南岸的中南部和东南部、长江北岸的西北部和西南部,这些区域地形多为山体和丘陵,林地覆盖率较高,景观生态风险相对较低。此外,芜湖市内自然保护地所在区域的生态风险程度发生了变化,尤其是天井山国家森林公园、繁昌马仁山国家地质公园和扬子鳄国家级自然保护区(南陵)。这些地区的生态风险已从低水平转变为较低水平,这表明保护地面临更大的生态挑战。

7.3.3 芜湖市景观生态风险转换分析

利用地理信息系统软件 ArcGIS 的空间叠加功能,将研究区 1995 年、2005 年和 2016 年的生态风险等级分布图进行叠加,得到 1995—2005 年和 2005—2016 年两个时段的生态风险等级面积转移矩阵表(表 7-6、表 7-7)。

由表 7-6 可知,1995—2005 年,除各等级风险自身转换外,生态风险的转换类型有低→较低、低→中、低→较高、较低→中、较低→较高、中→较高、较高→高、较低→低、中→较低、较高→中、高→较高 11 种类型。其中,低等级风险向高等级风险转换的面积为 2 771.52 km²,占研究区总面积的46.04%;而高等级风险转换为低等级风险的面积为 64.54 km²,占比为1.07%,说明 1995—2005 年芜湖市的生态环境恶化,景观生态风险呈升高趋势。由于 1995—2005 年芜湖市处于城镇化快速发展阶段,人类活动对区域景观干扰强度大,大面积的耕地、林地、湿地被建设用地侵占,景观破碎度、分离度加大,生态环境遭到破坏,生态风险升高。

表 7-6 1995—2005 年芜湖市生态风险等级面积转移矩阵表

单位:km²

风险等级		2005 年					
		低	较低	中	较高	高	总计
1995 年	低	223.80	971.02	191.66	7.45	0.00	1 393.93
	较低	9.86	1 382.95	966.50	36.96	0.00	2 396.27
	中	0.00	31.84	930.78	464.35	0.00	1 426.97
	较高	0.00	0.00	13.90	630.42	133.58	777.90
	高	0.00	0.00	0.00	8.94	16.16	25.10
	总计	233.66	2 385.81	2 102.84	1 148.12	149.74	6 020.17

表 7-7 2005—2016 年芜湖市生态风险等级面积转移矩阵表

单位:km²

风险等级		2015 年					
		低	较低	中	较高	高	总计
2005 年	低	69.97	163.69	0.00	0.00	0.00	233.66
	较低	100.35	2 003.64	240.18	31.41	10.23	2 385.81
	中	0.00	768.82	1 298.70	15.93	19.39	2 102.84
	较高	0.00	45.30	574.80	524.22	3.80	1 148.12
	高	0.00	0.00	0.22	122.17	27.35	149.74
	总计	170.32	2 981.45	2 113.90	693.73	60.77	6 020.17

由表 7-7 可知,2005—2016 年,除各等级风险自身转换外,生态风险的转换类型有低→较低、较低→中、较低→较高、较低→高、中→较高、中→高、较高→高、较低→低、中→较低、较高→较低、较高→中、高→中、高→较高 13 种类型。其中,低等级风险向高等级风险转换的面积为 484.63 km²,占研究区总面积的 8.05%;而高等级风险转换为低等级风险的面积为 1 611.66 km²,占比为 26.77%,说明 2005—2016 年芜湖市的整体生态风险有所下降。这一方面与建设用地呈集聚发展,破碎度和分离度减小相关;另一方面与政府加大对生态建设和生态环境保护力度的举措紧密相关,如 2005 年"生态芜湖"建设全面启动,2007 年政府下发《中共芜湖市委芜湖市人民政府关于进一步加强环境保护工作的决定》,将芜湖市环境保护作为政府工作重点,2014 年芜湖市启动城市组团间大型生态绿地建设,一系列政策的驱动使芜湖生态环境大大改善,促使高等级生态风险区的范围缩小。

7.4 研究区生态系统服务价值动态变化分析

根据前表 7-3,结合第 6 章表 6-1 中 1995 年、2005 年和 2016 年芜湖市各景观类型的面积,通过式(7-3)计算出芜湖市不同服务功能的生态系统服务价值(Ecosystem Service Value,ESV)和不同景观类型的生态系统服务价值变化,详见表 7-8、表 7-9。

表 7-8 1995—2016 年芜湖市各单项服务功能的生态系统服务价值及其变化

服务功能		各年份生态系统服务价值/(10^6 元)			1995—2005 年		2005—2016 年		1995—2016 年	
		1995 年	2005 年	2016 年	变化量/(10^6 元)	变化率/%	变化量/(10^6 元)	变化率/%	变化量/(10^6 元)	变化率/%
供给服务	食物生产	1 034.86	1 018.66	952.30	−16.20	−1.57	−66.36	−6.51	−82.56	−7.98
	原料生产	989.88	962.51	809.50	−27.37	−2.76	−153.01	−15.90	−180.38	−18.22
调节服务	气体调节	1 826.96	1 772.88	1 548.38	−54.08	−2.96	−224.50	−12.66	−278.58	−15.25
	气候调节	3 244.04	3 074.09	2 908.22	−169.95	−5.24	−165.87	−5.40	−335.82	−10.35
	水源涵养	4 659.72	4 350.13	4 217.64	−309.59	−6.64	−132.49	−3.05	−442.08	−9.49
	废物处理	5 061.42	4 754.06	4 665.26	−307.36	−6.07	−88.80	−1.87	−396.16	−7.83
支持服务	土壤保持	2 885.44	2 816.34	2 509.90	−69.10	−2.39	−306.44	−10.88	−375.54	−13.01
	生物多样性保护	2 215.05	2 137.00	1 922.90	−78.05	−3.52	−214.10	−10.02	−292.15	−13.19
文化服务	美学景观	1 270.60	1 183.18	1 133.78	−87.42	−6.88	−49.40	−4.18	−136.82	−10.77
合计		23 187.97	22 068.85	20 667.88	−1 119.12	−4.83	−1 400.97	−6.35	−2 520.09	−10.87

表 7-9 1995—2016 年芜湖市不同景观类型的生态系统服务价值及其变化

景观类型	各年份生态系统服务价值/(10^6 元)			1995—2005 年		2005—2016 年		1995—2016 年	
	1995 年	2005 年	2016 年	变化量/(10^6 元)	变化率/%	变化量/(10^6 元)	变化率/%	变化量/(10^6 元)	变化率/%
耕地	6 685.02	6 600.69	6 174.16	−84.33	−1.26	−426.53	−6.46	−510.86	−7.64
林地	7 449.81	7 235.10	5 999.52	−214.71	−2.88	−1 235.58	−17.08	−1 450.29	−19.47
湿地	9 052.84	8 232.26	8 490.70	−820.58	−9.06	258.44	3.14	−562.14	−6.21
裸地	0.31	0.79	3.50	0.48	154.84	2.71	343.04	3.19	1 029.03
合计	23 187.98	22 068.84	20 667.88	−1 119.14	−4.83	−1 400.96	−6.35	−2 520.10	−10.87

7.4.1 芜湖市不同服务功能的生态系统服务价值变化

由表 7-8 可知,1995—2016 年芜湖市各项服务功能的生态系统服务价值变化较明显,均呈下降趋势,但减少程度不同。1995—2005 年,美学景观、水源涵养、废物处理的生态系统服务价值变化相较其他服务功能变化较大,变化率分别为−6.88%、−6.64%、−6.07%;2005—2016 年,随着耕地和林地景观的大量减少,原料生产、气体调节、土壤保持、生物多样性保护的生态系统服务价值变化较显著,变化率分别为−15.90%、−12.66%、−10.88%、−10.02%。从芜湖市生态系统服务价值的构成来看,1995 年、2005 年和 2016 年三个年份对应单项服务功能的生态系统服务价值所占比重由大到小依次为废物处理＞水源涵养＞气候调节＞土壤保持＞生物多样性保护＞气体调节＞美学景观＞食物生产＞原料生产。其中,废物处理的功能价值最大,占三个年份总生态系统服务价值的21.97%,其次是水源涵养、气候调节、土壤保持和生物多样性保护的功能价值,分别占总生态系统服务价值的 20.06%、14.00%、12.46% 和9.52%,原料生产的功能价值占总生态系统服务价值的比重最小,仅为4.19%。总体来看,芜湖市的调节服务功能价值占比最高,变化量也最大;文化服务功能价值占比最小,变化量也相对较小。

7.4.2 芜湖市生态系统服务价值总量变化

由表 7-9 可知,1995 年、2005 年和 2016 年三个时期芜湖市各景观类型的生态系统服务价值由大到小依次为湿地＞林地＞耕地＞裸地,由于湿地单位面积的生态系统服务价值极高,虽然面积远小于耕地和林地,但湿地的生态系统服务价值最高,也进一步说明湿地是重要的生态系统,具有不可替代的综合功能,是人类赖以生存和发展的重要基础,必须加强保护。1995—2016 年,芜湖市总生态系统服务价值呈持续下降趋势,由 1995 年的 23 187.98×10⁶ 元减至 2016 年的 20 667.88×10⁶ 元,减少了 10.87%,其中 2005—2016 年的减少幅度大于 1995—2005 年,究其原因是 2005—2016 年耕地和林地面积减少的幅度显著大于 1995—2005 年,湿地在 1995—2016 年整体呈减少趋势(具体见第 6 章表 6-2)。从各景观类型的生态系统服务价值来看,1995—2005 年,除裸地的生态系统服务价值呈增加趋势外,其他景观类型的生态系统服务价值均呈减少趋势,其中湿地的生态系统服务价值变化量最大,减少了 820.58×10⁶ 元;2005—2016 年,湿地和裸地的生态系统服务价值呈增加趋势,耕地和林地的生态系统服务价值呈减少趋势,其中林地的生态系统服务价值变化量最大,减少了 1 235.58×10⁶ 元,变化率为 −17.08%。整体上,1995—2016 年,林地的生态系统服务价值减少最多,减少了 1 450.29×10⁶ 元,变化率为 −19.47%;其次是湿地,湿地的生态系统服务价值减少了 562.14×10⁶ 元,变化率为 −6.21%。

综合分析第 6 章表 6-1 和表 7-9 可知,1995—2016 年芜湖市耕地面积占研究区总面积的比重达 57% 以上,其生态系统服务价值贡献率在 28% 以上,20 多年间耕地面积占比不断减少,但耕地的生态系统服务价值贡献率变化不大,说明耕地对维持芜湖市生态系统服务价值起到了比较稳定的作用;林地和湿地景观的面积占比分别达 17.8% 和 9.8% 以上,而林地和湿地的生态系统服务价值贡献率却分别在 29% 和 37% 以上,说明林地和湿地景观是引起芜湖市生态系统服务价值变化的主要景观类型。因此,为了维持和提高芜湖市生态系统服务价值,在保证基本耕地的前提下,必须重视对区域内林地和湿地景观的保护。

7.4.3 芜湖市单位面积总生态系统服务价值空间格局

在地理信息系统软件 ArcGIS 的技术支持下,基于划定的 5 km×5 km 的正方形网格(共 304 个),计算芜湖市 1995 年、2005 年和 2016 年三个时期每一个网格内的单位面积总生态系统服务价值,并进行克里金插值;在地理信息系统软件 ArcGIS 10.2 中采用自然断点法将单位面积总生态系统服务价值划分为五个等级,即低生态系统服务价值(低 ESV)、较低生态系统服务价值(较低 ESV)、中生态系统服务价值(中 ESV)、较高生态系统服务价值(较高 ESV)、高生态系统服务价值(高 ESV)(0.8×10⁴ 元/hm² <低 ESV≤2.7×10⁴ 元/hm²、2.7×10⁴ 元/hm² <较低 ESV≤3.6×10⁴ 元/hm²、3.6×10⁴ 元/hm² <中 ESV≤4.6×10⁴ 元/hm²、4.6×10⁴ 元/hm² <较高 ESV≤6×10⁴ 元/hm²、高 ESV>6×10⁴ 元/hm²),得到芜湖市 1995 年、2005 年和 2016 年三个时期的单位面积总生态系统服务价值的空间格局分布图(图 7-6 至图 7-8),并对研究区不同等级单位面积总生态系统服务价值的面积占比和动态变化进行统计(图 7-9,表 7-10)。

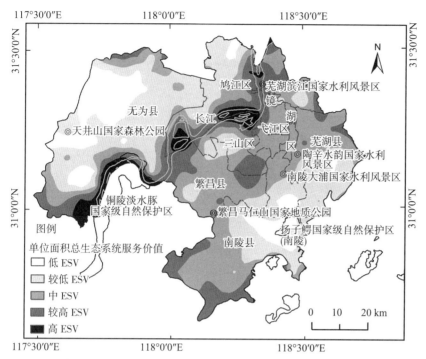

图7-6 1995年芜湖市单位面积总生态系统服务价值空间分布

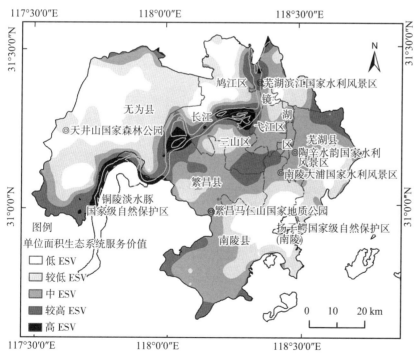

图7-7 2005年芜湖市单位面积总生态系统服务价值空间分布

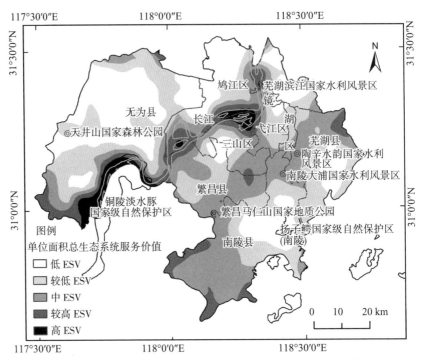

图 7-8　2016 年芜湖市单位面积总生态系统服务价值空间分布

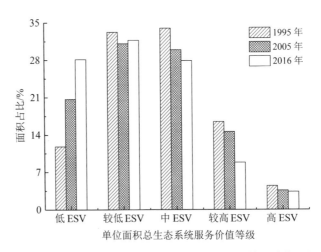

图 7-9　1995 年、2005 年和 2016 年芜湖市不同等级单位面积
总生态系统服务价值面积占比

表 7-10　芜湖市不同等级的单位面积总生态系统服务价值动态变化

单位面积总 生态系统服务 价值等级	1995—2005 年		2005—2016 年		1995—2016 年	
	面积变化/km²	动态度/%	面积变化/km²	动态度/%	面积变化/km²	动态度/%
低 ESV	534.89	7.53	449.75	3.28	984.64	6.60
较低 ESV	−128.96	−0.64	37.51	0.18	−91.45	−0.22
中 ESV	−242.69	−1.19	−122.75	−0.62	−365.44	−0.85
较高 ESV	−112.18	−1.13	−348.13	−3.59	−460.31	−2.21
高 ESV	−51.06	−1.89	−16.38	−0.68	−67.44	−1.19

由图 7-9 和表 7-10 可知,1995 年芜湖市以中 ESV 和较低 ESV 为主,占比均在 33% 以上;其次是较高 ESV,达 992.99 km²,占比为 16.49%;高 ESV 占比为 4.48%。高 ESV 分布在长江干流区域,具体为三山区龙窝湖区域、鸠江区西南部与繁昌县相邻的江心洲区域、铜陵淡水豚国家级自然保护区无为县长江段区域以及无为县南部竹丝湖区域;较高 ESV 主要集中分布于长江干流区域,即江南、江北沿江外扩 5 km 区域,与长江走势相似,零散分布在无为县西南部、南陵县西南及东南区域、三山区东南部与繁昌县东北部交界区域,该区域均为山林植被区,生态系统服务价值相对较高。2005 年,研究区高、较高、中和较低 ESV 的面积占比均减少,而低 ESV 的面积以 7.53% 的速度增加了 534.89 km²,在空间分布上镜湖区临江区域由较高 ESV 转变为中 ESV。2016 年,研究区较高 ESV 的面积急剧减少,占比仅为 8.85%,高 ESV 占比为 3.36%,而低 ESV 占比达 28.15%,表明研究区单位面积总生态系统服务价值显著减少;在空间分布上,鸠江区沿江区域以及三山区东南部与繁昌县东北部交界区域的较高 ESV 区明显锐减,转变为中 ESV 区,这是因为该区域大量的湿地、林地被建设用地侵占。

1995—2016 年,芜湖市单位面积总生态系统服务价值不断减少。并且,整体上江南的单位面积总生态系统服务价值高于江北,这与江南分布有众多的河湖紧密相关,江南区域被列入《安徽省湖泊保护名录》的天然湖泊有龙窝湖、奎湖、莲花湖、南塘湖、黑沙湖等 10 多个,而江北的湖泊主要为无为县的竹丝湖、骆家套、南大湖、枫沙湖,在数量和面积上均远低于江南。

综合以上分析可知,1995 年、2005 年和 2016 年芜湖市的单位面积总生态系统服务价值高值区均集中分布于长江干流区域,与长江呈平行态势,整体上江南的单位面积总生态系统服务价值高于江北(图 7-6 至图 7-8);同时,对比芜湖市上述三个时期的景观生态风险空间分布可明显发现,生态系统服务价值高值区域与高等级生态风险分布区域比较对应,主要集中在长江沿岸区域,即湿地景观主要集中分布区,说明沿江湿地区域是生态系统服务价值极高的区域,也是生态环境比较脆弱、生态风险较大的区域,必须加强对湿地资源和重要湿地景观的保护[如扬子鳄国家级自然保护区(南陵)、陶辛水韵国家水利风景区、南陵大浦国家水利风景区、芜湖滨江国家水利风景区、奎湖省级湿地公园等自然保护地]。

7.5 讨论

在城镇化与工业化快速发展的进程中,受人类开发建设活动干扰,1995—2016 年长江沿岸芜湖市的景观格局变化显著,致使其景观生态风险和生态系统服务价值均发生了较大变化。景观生态风险评价是研究区域生态环境的有效手段,研究结果可为芜湖市综合风险防范、景观生态管理和沿江生态环境保护提供一定的依据。1995—2016 年,芜湖市总生态系统服务价值下降显著,说明研究区生态功能逐渐衰减。因此,在人类开发建设过程中必须处理好发展与景观生态保护的关系,维持和改善研究区生态系统的结构和功能,强化生态系统格局的连续性。由于林地景观和湿地景观对芜湖市生态系统服务价值的变化起主导作用,因此必须重视对区域内林地景观和湿地景观的保护。

芜湖市应加强对区域内自然山体的保护(如天井山、马仁奇峰等),加强对矿山地质环境的保护与治理,严格控制矿山企业数量和严格管理矿产资源开采,及时采取科学措施对已开采山体进行生态修复,防止水土流失、崩塌、滑坡等灾害,恢复山体植被,最大限度地保护原有自然山体形态,尤其是需要加强对长江北岸无为县的严桥镇、石涧镇和长江南岸繁昌县的荻港镇、新港镇、孙村镇等地的矿产开采管控与生态修复。林地是芜湖市的优势景观类型之一,面积较大、集聚性较强,主要集中分布在长江南岸的中南部和东南部、长江北岸的西北部和西南部。芜湖市应依托山体林地景观资源,在林地集中分布区建立森林公园或自然保护区,在现有自然保护区、风景名胜区和森林公园的基础上,形成保护区域,以改善境内生态环境,优化城市生态系统。如繁昌县和南陵县境内分布有人字洞遗址、大工山—凤凰山铜矿遗址、丫山风景区、马仁山国家地质公园等景观资源优势区,应积极保护现有的山体植被,使其形成生态保护体系,提升生态系统服务价值和抗风险能力。

湿地被誉为"地球之肾",是自然界最富有生物多样性的生态景观和人类最重要的生存环境之一。芜湖市境内河湖水网密布,长江南岸青弋江、水阳江、漳河贯穿境内,龙窝湖、南塘湖、奎湖、黑沙湖等散布其间,北岸主要有无为县的竹丝湖,沟渠、坑塘更是遍布长江南北两岸,湿地资源分布较广且极其丰富,其中重要湿地有扬子鳄国家级自然保护区(南陵)、陶辛水韵国家水利风景区、南陵大浦国家水利风景区、芜湖滨江国家水利风景区、南陵奎湖省级湿地公园等。但 1995—2016 年,湿地面积萎缩、景观形状趋于规则、连通性减弱,生态系统服务价值减弱,必须加强对湿地景观的保护。芜湖市应以国家公园为主体的自然保护地体系建设和生态文明建设为契机,依托境内的黄金水道——长江、河湖坑塘等湿地资源,加强以长江为主的水生态廊道和沿江湿地景观资源的保护,在现有重要湿地景观的基础上找出芜湖市湿地景观保护空缺区域,建立以湿地自然保护区、湿地公园、湿地保护小区、湿地保护点和饮用水源保护区等为主的湿地景观保护体系,提高区域湿地景观的连通性,减少人类活动对自然湿地的干扰。这不仅有助于改善芜湖市的生态环境,提高芜湖市生态风险抵抗力和生态系统服务价值,而且对保护长江生态廊道、推进长江经济带可持续发展和维护长江流域生态安全起着十分重要的支撑作用。

7.6 本章小结

本章从典型区段层面,以长江中下游流域芜湖市为研究对象,分析芜湖市 1995 年、2005 年和 2016 年三个时期的景观生态风险和生态系统服务价值时空演变,揭示人类活动对生态效应的影响。

(1) 在景观生态风险时空分异方面,1995 年芜湖市以低、较低和中生态风险为主,分别占研究区总面积的 23.16%、39.80% 和 23.70%;2005 年以较低、中和较高生态风险为主,面积占比分别为 39.63%、34.93% 和 19.07%;2016 年以较低和中生态风险为主,面积占比分别为 49.52% 和 35.11%。在空间分布上,1995—2016 年研究区五种生态风险等级的分布基本以长江为轴,分别向江南和江北呈梯度递减变化,呈"低—较低—中—较高—高—较高—中—较低—低"的分布格局,即高等级生态风险区主要分布在长江干流区域,而南北两岸距长江越远的区域生态风险相对越小,并且江南的景观生态风险整体高于江北。芜湖市内的自然保护地所处风险区域也发生了变化,以天井山国家森林公园、繁昌马仁山国家地质公园和扬子鳄国家级自然保护区(南陵)尤为明显,其所处区域均由低生态风险区变为较低生态风险区,表明该三处自然保护地的生态保护压力增大。

(2) 在景观生态风险转移方面,各等级生态风险转换类型多样。其中,1995—2005 年低等级风险向高等级风险转换的面积占研究区总面积的 46.04%;而高等级风险转换为低等级风险的占比仅为 1.07%。2005—2016 年低等级风险向高等级风险转换的面积占研究区总面积的 8.05%;而高等级风险转换为低等级风险的占比为 26.77%。1995—2005 年芜湖市生态环境恶化,景观生态风险呈升高趋势;2005—2016 年研究区生态环境大大改善,高等级生态风险区明显减少。在各等级生态风险的种种变化与城镇化的进程中,人类活动的强烈干扰和一系列加强生态绿地建设及生态环境保护的政策与举措紧密相关。

(3) 1995—2016 年芜湖市各单项服务功能的生态系统服务价值变

化较明显,均呈下降趋势,但减少程度不同;各单项服务功能的生态系统服务价值所占比重由大到小依次为废物处理＞水源涵养＞气候调节＞土壤保持＞生物多样性保护＞气体调节＞美学景观＞食物生产＞原料生产。1995—2016 年研究区总生态系统服务价值持续下降,减少了 2 520.10×10^6 元,变化率为－10.87％,减少的主要原因是耕地和林地的大幅度减少。从各景观类型的生态系统服务价值来看,1995—2005 年,耕地、林地和湿地的生态系统服务价值均呈减少趋势,其中湿地的生态系统服务价值减少最多,减少了 9.06％;2005—2016 年,湿地和裸地的生态系统服务价值呈增加趋势,耕地和林地的生态系统服务价值呈减少趋势,其中林地的生态系统服务价值变化量最大,变化率为－17.08％;1995—2016 年,林地的生态系统服务价值减少最多,减少了 19.47％。耕地对维持芜湖市生态系统服务价值起到了比较稳定的作用,而林地和湿地是引起芜湖市生态系统服务价值变化的主要景观类型,必须加强对林地和湿地景观的保护。在空间分布上,单位面积总生态系统服务价值高等级区域主要集中分布在长江干流区域,即湿地主要集中分布区,并且高等级生态系统服务价值区与高等级生态风险区基本对应,必须加强对长江两岸湿地景观的保护。

8　长江中下游流域自然保护地空间近邻效应实证

通过分析长江中下游流域典型区段(芜湖市)的景观生态风险和生态系统服务价值时空演变可知,长江沿岸湿地在各景观类型中具有最高的单位面积总生态系统服务价值,但其也是景观生态极为脆弱的区域,生态风险较高。本章综合考虑湿地高生态系统服务价值与高景观生态风险并存的特点、长江中下游流域自然保护地的空间分布与人类活动强度的关系以及长江中下游流域湿地景观资源的优势,在长江中游干流区间和下游干流区间子流域分别选择洪湖国家级自然保护区和升金湖国家级自然保护区作为研究对象,两个保护区均以湿地生态系统为主要保护对象,是长江中下游流域的重要湿地和国际重要湿地,具有丰富的生物多样性资源和极高的生态系统服务价值;并且也有学者研究发现内陆湿地和森林生态型保护地受到保护地周边区域居住区扩张等人类活动干扰的强度大于荒漠生态、海洋海岸、草原草甸等其他类型的自然保护地(Yang et al.,2019)。因此,在构建自然保护地周边人类干扰评价体系下以上述两处湿地类自然保护区为实证案例,分析其周边的人类活动干扰并探究自然保护地的空间近邻效应具有重要意义。

自然保护区是世界各国保护珍稀野生动植物资源、维护生物多样性和栖息地的重要基础(Klorvuttimontara et al.,2011)。截至 2017 年底,我国建立各种类型、不同级别的自然保护区共 2 750 个(其中国家级 474 个),总面积达 1.47×10^6 km²,占我国陆地总面积的 15.31%(唐芳林,2018),对保存自然本底、保护自然资源、维护生态系统稳定和改善生态环境具有重要作用。本章从保护地层面,着眼于自然保护地的外围区域,构建人类干扰指数评价体系,分别分析洪湖国家级自然保护区和升金湖国家级自然保护区人类干扰指数的变化趋势,并探究其空间近邻效应,明确保护区主要影响范围,以针对性地加强监管和保护,对限制或控制保护区周边的开发建设提供一定的理论基础,对避免保护地"孤岛化"现象起到一定的支撑作用,为自然保护地的整合提供一定的理论参考,对维持和保护长江中下游流域自然保护区的自然、生态、健康有序发展具有一定的意义。

8.1 研究方法

8.1.1 景观格局指数选取

参考相关研究成果(尹炀等,2018;左丹丹等,2019),选取部分类型水平指数表征研究区景观格局变化特征,包括斑块面积(CA)、斑块面积占比(PLAND)、斑块数(NP)、面积加权平均斑块分维数(AWMPFD)、斑块结合度指数(COHESION)、聚合度指数(AI)。斑块面积和斑块面积占比是确定优势景观类型的依据之一;斑块数表征景观破碎度;面积加权平均斑块分维数表征景观斑块形状的复杂程度,值越高形状越复杂;斑块结合度指数反映斑块的物理连通度,值越大,景观连通度越高;聚合度指数表征景观要素空间分布的聚集性或离散性。各指数的具体计算公式见第4章。

8.1.2 自然保护地人类干扰指数评价方法

国内外学者从不同角度对人类干扰活动进行定量化和空间化评价的研究,并取得了一系列成果,主要集中在两个方面:(1)以统计学方法为基础的人类活动强度综合评价,根据自然、社会、经济等统计数据对区域人类活动进行权重赋值计算,但统计数据的获取受到以行政区划为空间单元的限制,普适性不强;(2)以土地利用/覆被类型数据为基础的评价,能比较客观地反映人类活动强度,并且不受行政区划限制,研究尺度上较灵活,普适性较强。上述两种方法的具体分析详见第2.2.2节人类活动强度研究进展部分。

土地利用/覆被变化(LUCC)是人类活动与自然环境相互作用最直接的表现形式,是导致生物多样性变化的首要驱动因子(Foley et al.,2005;Chapin et al.,2000),是定量揭示自然保护地内部和外围区域结构及格局变化的基础(Hansen et al.,2007)。因此,本书借鉴现有人类活动综合评价的方法,考虑到人类干扰评价指标的选取具有全面性和可操作性的特点,从人类活动强度角度,以自然保护地及其周边区域的土地利用/覆被变化为基础,构建人类干扰评价指标体系和方法。人类活动强度能够反映不同用地类型被改造、被利用的程度,比较客观,并且数据易获取,便于量化,但是不同用地类型的影响程度不同,为了更好地反映该问题,引入人类干扰系数(建设用地当量系数),即采用人类活动对土地改变或利用程度最高的"建设用地当量"作为基本度量单位,将不同土地利用/覆被类型根据人类活动对土地改变或利用程度的强弱换算成建设用地当量系数(徐勇等,2015)。

1) 自然保护地人类干扰评价指标体系

在构建自然保护地人类干扰评价指标体系时,遵循指标全面、易获取、易量化、定义明确、符合国际发展趋势等筛选原则，以保护地及其周边区域的土地利用/覆被类型数据为基础，以自然保护地人类干扰评价为目标层，以人类干扰类型农业生产用地面积、基础设施用地面积、人工绿地面积3个一级指标和耕地面积、水库坑塘面积、城镇用地面积等10多个二级指标为指标层，构建人类干扰评价指标体系（表8-1），其中人类干扰系数的取值参见徐勇等（2015）研究成果中的建设用地当量系数。

表8-1 自然保护地人类干扰评价指标体系

目标层人类干扰指数	指标层		人类干扰系数
	一级指标	二级指标	
自然保护地人类干扰评价	农业生产用地面积	耕地面积	0.200
	基础设施用地面积	水库坑塘面积	0.600
		城镇用地面积	1.000
		农村居民点面积	1.000
		其他建设用地面积（独立工矿/交通用地/特殊用地等）	1.000
	人工绿地面积	人工林地面积（未成林造林地/苗圃/各类园地）	0.133

2）人类干扰指数计算模型

基于徐勇等（2015）提出的能客观反映人类活动对土地利用、改造、开发程度的人类活动强度综合指标的计算方法，在构建自然保护地人类干扰评价指标体系的基础上，提取研究区不同的人类干扰指标，并根据不同指标的人类干扰系数计算人类干扰指数，其计算公式如下：

$$HDI_i = \frac{\sum_{j=1}^{n} HI_{ij}A_{ij}}{S_i} \times 100\%$$ （8-1）

式中：$IIDI_i$ 表示第 i 个样带的人类干扰指数；HI_{ij} 表示第 i 个样带内第 j 种人类干扰指标所对应的人类干扰系数；A_{ij} 表示表8-1所列指标层中第 i 个样带内第 j 种人类干扰类型的面积/m^2；n 表示研究区域人类干扰类型数量/个；S_i 表示第 i 个样带的总面积/m^2。

8.1.3 空间近邻效应趋势检验

空间近邻效应趋势分析与检验选用曼-肯德尔（Mann-Kendall）趋势检验法，该方法是一种非参数统计检验方法，用于判断变化趋势的显著性，其优点是不需要样本遵从一定的分布，也不受少数异常值的干扰（Kendall，1948），定量化程度高，计算方便。该方法已经在植被覆盖时空变化（袁丽华等,2013)、气温变化时空分布(任婧宇等,2018)、降雨径流时空演变(孙周亮等,2018)等研究中得到广泛应用。

曼-肯德尔(Mann-Kendall)趋势检验的统计量 Z 按照以下公式计算:

$$Z = \begin{cases} \dfrac{S-1}{\sqrt{\mathrm{Var}(S)}}(S>0) \\ 0(S=0) \\ \dfrac{S+1}{\sqrt{\mathrm{Var}(S)}}(S<0) \end{cases} \tag{8-2}$$

其中,定义统计变量 S:

$$S = \sum_{i=1}^{n-1} \sum_{j=i+1}^{n} \mathrm{sign}(HDI_j - HDI_i) \tag{8-3}$$

$$\mathrm{sign}(HDI_j - HDI_i) = \begin{cases} 1(HDI_j - HDI_i > 0) \\ 0(HDI_j - HDI_i = 0) \\ -1(HDI_j - HDI_i < 0) \end{cases} \tag{8-4}$$

$$\mathrm{Var}(S) = \frac{n(n-1)(2n+5)}{18} \tag{8-5}$$

式中:HDI_j 和 HDI_i 分别表示距保护区边界 j 和 i 距离区域内(即第 j 个和第 i 个样带)的人类干扰指数;n 表示距离序列的数量;sign 是符号函数;$\mathrm{Var}(S)$ 为 S 的方差。趋势变化的显著性水平用统计量 Z 值评价,Z 的取值范围为($-\infty$,$+\infty$),其为正值时,表示上升趋势;为负值时,表示下降趋势。将统计量 Z 通过 95% 的置信水平($|Z|>1.96$)划分为显著变化趋势(袁丽华等,2013),将统计量 Z 通过 99% 的置信水平($|Z|>2.58$)划分为极显著变化趋势;$|Z|\leqslant1.96$ 为变化趋势不显著(刘方正等,2017)。曼-肯德尔(Mann-Kendall)检验统计量 Z 的计算通过数学计算软件 MATLAB 编程实现。

8.2 中游干流区间自然保护区评价及空间近邻效应个案研究

以洪湖自然保护区[①]为实证案例。围绕洪湖自然保护区的研究多见于湿地资源特征及生态保护对策(卢山等,2003;黄应生等,2007)、湿地生态系统综合评价(王学雷等,2006a)、生态系统服务价值评估(莫明浩等,2008)、景观格局演变及驱动力分析(张莹莹等,2019)等。以上研究均是针对洪湖自然保护区,而关于其外围区域的景观结构及格局变化与洪湖自然保护区的关系研究较少。

8.2.1 研究区概况

洪湖自然保护区位于湖北省中南部,长江中游北岸,江汉平原南端,行政区划隶属荆州市,地跨洪湖市和监利县,地处东经 113°12′—113°26′,北纬 29°49′—29°58′,属于长江中游干流区间子流域(图 8-1)。洪湖是长江和汉水之间的洼地壅塞湖,湖面面积约为 348 km²。洪湖属亚热带湿润季风气候,年平均气温为 15.9—16.6℃,年平均降水量为 1 321.3 mm,年无霜期为 266.5 天(陈广洲等,2017)。保护区是长江中下游地区内陆浅水型湖泊湿地生态系统的典型代表,动植物资源丰富,是生物多样性最丰富的区域之一,鸟类资源共有 133 种,隶属 16 目、38 科,属于国家一级保护的有中华秋沙鸭(*Mergus squamatus*)、东方白鹳(*Ciconia boyciana*)、黑鹳(*Ciconia nigra*)、白肩雕(*Aquila heliaca*)、白尾海雕(*Haliaeetus albicilla*)、大鸨(*Otis tarda*)6 种,鱼类隶属 7 目、18 科、57 种,有维管束植物 472 种、21 变种、1 变型种,浮游植物 280 种(莫明浩等,2008);保护区也是众多水禽和候鸟的重要越冬栖息地、迁徙停歇驿站和繁殖地之一。洪湖湿地是长江生态系统的重要组成部分,是世界自然基金会(World Wide Fund for Nature,WWF)所确定的全球最重要的 238 个生态区的重要区域之一,对维系整个长江生态系统和生物多样性具有重要意义。

但是,随着城镇化进程的加快和旅游业的迅速发展,自然保护区周边地区的人类开发建设活动不断增强,土地利用不断发生变化,对保护区的生态环境具有一定影响。参考国内外相关研究成果(Oliveira et al.,2007;Ewers et al.,2008;刘方正等,2017;左丹丹等,2019),并结合保护区景观特征和研究需要,本书以洪湖自然保护区为中心,以其边界向外围划定 20 km 的缓冲区作为研究区域,如图 8-1 所示,地理坐标为东经112°50′—113°45′、北纬 29°34′—30°5′,研究区总面积为 3 523.932 km²。

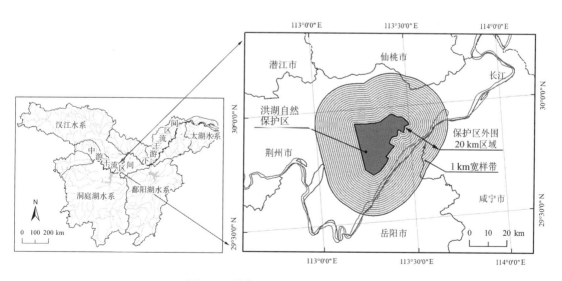

图 8-1 洪湖研究区位置及范围示意

8.2.2　数据来源与处理

基础数据为 1995 年、2005 年和 2015 年湖北、湖南土地利用/覆被类型栅格数据,分辨率为 30 m,数字高程模型(DEM)数据分辨率为 90 m,均源自中国科学院资源环境科学与数据中心。在地理信息系统软件 ArcGIS 10.2 中以洪湖自然保护区边界为基准,以 20 km 为间距划定缓冲区作为研究区,与 1995 年、2005 年和 2015 年三个时期的土地利用/覆被类型数据叠加,得到研究区景观类型图(图 8-2 至图 8-4),景观类型包括耕地、林地(自然林地、人工林地)、草地、湿地(河流、湖泊、水库坑塘、滩地)、建设用地(城镇用地、农村居民点、其他建设用地)、裸地(沼泽地)。土地覆被变化是定量评估保护区内部和外部结构及其格局变化的基础,关注人工景观格局变化可以有效识别研究区的人类活动强度和来源(刘方正等,2017)。将研究区的土地利用类型分为人工景观和自然景观,其中人工景观包括耕地、人工林地、水库坑塘、城镇用地、农村居民点、其他建设用地,自然景观包括自然林地、草地、河流、湖泊、滩地、沼泽地。

在地理信息系统软件 ArcGIS 10.2 中运用邻域分析—缓冲区分析功能,以 1 km 为间距递增($i=1,2,\cdots,20$)沿洪湖自然保护区边界向外围构建样带,共建立距保护区边界 1 km、2 km……20 km 的 20 个环状样带,并将环状样带分别与研究区 1995 年、2005 年和 2015 年的景观类型图叠加,获得各环状样带内的景观类型图。

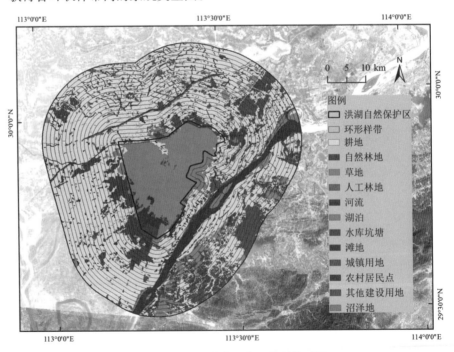

图 8-2　1995 年洪湖研究区景观类型图

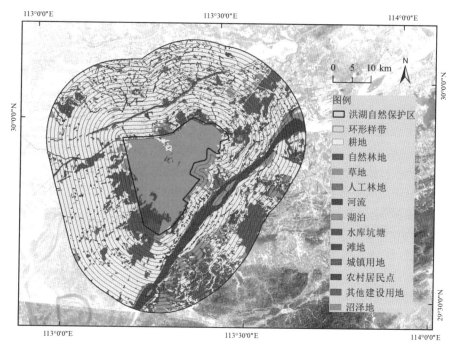

图 8-3　2005 年洪湖研究区景观类型图

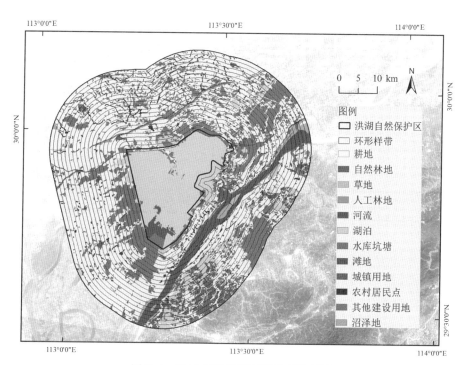

图 8-4　2015 年洪湖研究区景观类型图

8.2.3 洪湖自然保护区景观结构及格局变化

综合分析洪湖自然保护区的景观类型面积及变化量(表 8-2)和景观格局指数(图 8-5)可知,1995—2015 年洪湖自然保护区内的耕地减少了10.79 km²,减幅为 61.76%;耕地斑块数减少,破碎度减弱;斑块结合度指数和聚合度指数整体呈减小趋势,说明耕地景观的连通度减弱,空间分布离散性增强。农村居民点以及其他建设用地不断增加,增长率为115.96%,主要分布在保护区东侧的边缘区域。人工湿地水库坑塘持续增加(增加了 8.37 km²),增长率为 38.91%;农村居民点和其他建设用地的破碎度减弱、斑块形状趋于规则、连通度和聚集性增强。1995—2015 年自然景观中的自然林地和草地面积整体呈减少趋势,河流、湖泊的面积呈增加趋势,斑块数减少,破碎度减弱,景观连通度和空间分布聚集性有所升高;由于围垦和渔业养殖的发展,滩地大量减少(减少了 5.21 km²),减少率为 18.57%,其中 1995—2005 年和 2005—2015 年的减少率分别为17.43%、1.38%,滩地的景观破碎度减弱,连通度和聚集性增强,说明2005—2015 年洪湖自然保护区内的围网养殖得到了有效控制。1995—2015 年,洪湖自然保护区的自然湿地得到了一定的保护,这与相关政策和措施紧密相关:1996 年洪湖自然保护区成立;2000 年晋升为省级湿地自然保护区;2003 年保护区启动"洪湖湿地保护与恢复示范工程";2004 年保护

表 8-2 1995—2015 年洪湖自然保护区景观类型面积及变化量

景观类型	1995 年		2005 年		2015 年		面积变化/km²		
	面积/km²	占比/%	面积/km²	占比/%	面积/km²	占比/%	1995—2005 年	2005—2015 年	1995—2015 年
耕地	17.47	4.05	7.64	1.77	6.68	1.55	−9.83	−0.96	−10.79
自然林地	0.02	0.00	0.00	0.00	0.00	0.00	−0.02	0.00	−0.02
草地	0.18	0.04	0.08	0.02	0.08	0.02	−0.10	0.00	−0.10
河流	3.40	0.79	3.57	0.83	3.59	0.83	0.17	0.02	0.19
湖泊	359.80	83.41	366.74	85.01	366.27	84.90	6.94	−0.47	6.47
水库坑塘	21.51	4.99	29.23	6.78	29.88	6.93	7.72	0.65	8.37
滩地	28.06	6.50	23.17	5.37	22.85	5.30	−4.89	−0.32	−5.21
农村居民点	0.60	0.14	0.60	0.14	0.80	0.19	0.00	0.20	0.20
其他建设用地	0.33	0.08	0.34	0.08	1.22	0.28	0.01	0.88	0.89

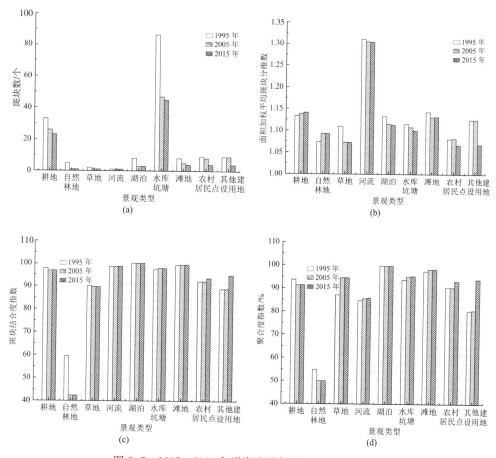

图 8-5　1995—2015 年洪湖自然保护区景观格局指数

区与世界自然基金会(WWF)共建"洪湖生物多样性保护与重建江湖联系项目";2005 年湖北省政府对洪湖自然保护区采取拆除围网、安置渔民、恢复水生植被等抢救性保护措施;2008 年被列入《国际重要湿地名录》;2014 年晋升为国家级自然保护区。整个洪湖自然保护区 1995 年、2005 年和 2015 年的人类干扰指数分别为 4.02%、4.64% 和 4.93%,相对较小,说明 1995—2015 年洪湖自然保护区的生态环境得到了有效保护,但人类干扰指数的增长率为 22.64%,表明人类的开发建设活动对保护区的影响也在不断加深,必须严格控制建设用地的扩张和围垦养殖的蔓延,加强湿地资源保护和自然生态系统保护。

8.2.4　洪湖自然保护区周边景观结构及格局变化

综合分析洪湖自然保护区周边区域的景观类型面积及变化量(表 8-3)和景观格局指数(图 8-6)可知,1995—2015 年洪湖自然保护区外围 20 km 区域始终以耕地为主,1995 年、2005 年和 2015 年三个时期的占比均在 57% 以上,面积不断减少,主要转化为建设用地和水库坑塘;耕地的斑块数、面积加权平均斑块分维数、斑块结合度指数整体上均呈减小趋势，表明耕地的景观破碎度减弱、斑块形状趋于规则。城镇用地、农村居民点等建设用地共增加了 22.13 km²，增长率为 14.25%；上述建设用地的破碎度减弱、斑块形状趋于规则、连通度和聚集性增强。水库坑塘增幅显著，1995—2015 年增加了 163.16 km²，增长率为 37.61%，主要分布在距保护区边界 0—9 km 处，但增加量主要集中在 1995—2005 年；水库坑塘的斑块数急剧减少，破碎度减弱，斑块形状趋于规则，连接度和空间分布的聚集性显著提高。自然景观中除草地小幅增加外，其他各类型自然景观的面积均整体呈减少趋势，其中自然林地减少 3.31 km²，河流、湖泊、滩地和沼泽地等自然湿地共减少了 4.94 km²；湖泊、滩地和沼泽地的斑块形状趋于规则，空间聚集性有所增强。伴随年限增长，自然景观面积不断减少，人工景观面积持续增加，整个洪湖自然保护区周边区域在 1995 年、2005 年和 2015 年的人类干扰指数分别为 26.13%、28.16% 和 28.87%，高于洪湖自然保护区内部的人类干扰指数，说明保护区外围区域的人类活动强度较大。

表 8-3　1995—2015 年洪湖自然保护区周边区域景观类型面积及变化量

景观类型	1995 年		2005 年		2015 年		面积变化/km²		
	面积/km²	占比/%	面积/km²	占比/%	面积/km²	占比/%	1995—2005 年	2005—2015 年	1995—2015 年
耕地	1 946.93	62.98	1 803.12	58.32	1 770.67	57.27	−143.81	−32.45	−176.26
自然林地	154.97	5.01	153.64	4.97	151.66	4.91	−1.33	−1.98	−3.31
人工林地	22.12	0.72	19.34	0.63	20.16	0.65	−2.78	0.82	−1.96
草地	7.54	0.24	8.57	0.28	8.72	0.28	1.03	0.15	1.18
河流	157.27	5.09	157.61	5.10	156.67	5.07	0.34	−0.94	−0.60
湖泊	147.01	4.76	147.91	4.78	145.66	4.71	0.90	−2.25	−1.35
水库坑塘	433.86	14.03	582.76	18.85	597.02	19.31	148.90	14.26	163.16
滩地	35.28	1.14	31.29	1.01	34.01	1.10	−3.99	2.72	−1.27
城镇用地	29.77	0.96	30.29	0.98	36.87	1.19	0.52	6.58	7.10
农村居民点	114.81	3.71	116.33	3.76	117.03	3.79	1.52	0.70	2.22
其他建设用地	10.71	0.35	11.13	0.36	23.52	0.76	0.42	12.39	12.81
沼泽地	31.27	1.01	29.55	0.96	29.55	0.96	−1.72	0.00	−1.72

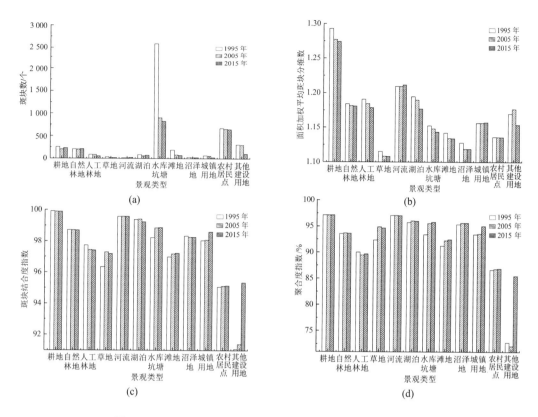

图 8-6　1995—2015 年洪湖自然保护区周边区域景观格局指数

8.2.5　洪湖自然保护区空间近邻效应探究

1) 空间近邻效应分析

统计 1995 年、2005 年和 2015 年洪湖自然保护区周边各环状样带的人类干扰指数,得到空间近邻效应变化趋势图(图 8-7)。由图 8-7 可知,同一距离尺度,随年限增长人类干扰指数不断增加,2015 年各样带的人类干扰指数均最大;在距保护区 15 km 范围内,1995—2005 年的人类干扰指数的增幅显著高于 2005—2015 年,这是因为在 1995—2005 年占比较大的水库坑塘急剧增加,而在 2005—2015 年增长缓慢;但是随着城镇化进程的发展,2005—2015 年城镇用地、道路交通、工矿企业等其他建设用地的增幅远高于 1995—2005 年(参见表 8-3)。随着距保护区距离的增加,上述三个时期的人类干扰指数的空间近邻效应变化曲线均呈先升高后下降最后趋于平缓的变化趋势,表现为明显的三区间特征:第 1—2 区间的拐点即距保护区边界 4 km 处,恰对应洪湖市建成区边界,在 4—9 km 范围内建设用地主要集中在洪湖市建成区区域;第 2—3 区间的拐点为距保护区边界 9 km 处。

在第 1 区间内 1995 年、2005 年和 2015 年的人类干扰指数均呈急剧增加趋势,增幅分别为 24.20%、20.51% 和 17.00%;在第 2 区间,上述三个

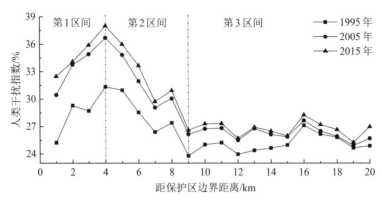

图 8-7　1995—2015 年洪湖自然保护区周边人类干扰指数空间近邻效应变化趋势图

时期的人类干扰指数均呈急剧下降趋势,下降幅度分别为 24.04%、28.74% 和 30.05%;第 3 区间为距保护区边界 9—20 km,各年份人类干扰指数的变化幅度均较小,占比稳定在 24%—28%。综上分析可知,以洪湖自然保护区为核心所体现的空间近邻效应主要体现在第 1 区间(0—4 km),在该区间内虽然距保护区边界越近,人类干扰指数越小,但上述三个年份的最小值也分别远大于对应年份第 3 区间变化趋于平缓的人类干扰指数,说明保护区 0—4 km 的近邻区域受到了比保护区和 4 km 以外区域更严重的人为干扰,必须严格加强对洪湖自然保护区和核心空间近邻效应区的人类活动管控。

2)基于曼-肯德尔趋势检验的空间近邻效应验证

由人类干扰指数空间近邻效应曼-肯德尔(Mann-Kendall)统计量 Z 值的检验结果(表 8-4)可知,在洪湖自然保护区外围 20 km 范围内,1995 年、2005 年和 2015 年人类干扰指数的空间近邻效应均表现出不同显著性水平的变化趋势。在第 1 区间,1995 年的变化趋势未通过 95% 置信水平的检验,2005 年、2015 年的变化趋势通过了 99% 置信水平的检验,呈极显著性上升的变化趋势,对应的曼-肯德尔(Mann-Kendall)统计量 Z 值均为 2.6301;在第 2 区间内,上述三个时期的空间近邻效应的下降趋势均通过了 95% 置信水平的检验,为显著性下降变化趋势,对应的 Z 值均为 −2.254 4;在第 3 区间内,上述三个时期对应的曼-肯德尔(Mann-Kendall)统计量 $|Z| \leqslant 1.96$,为变化趋势不显著。综上分析可知,上述三个时期洪湖自然保护区周边区域的人类干扰指数空间近邻效应的变化趋势通过了曼-肯德尔(Mann-Kendall)趋势检验,说明洪湖自然保护区存在空间近邻效应。

表 8-4　洪湖自然保护区周边人类干扰指数空间近邻效应的曼-肯德尔(Mann-Kendall)趋势检验统计量 Z 值

区间	距离尺度/km	1995 年	2005 年	2015 年
第 1 区间	1.0—4.0	1.502 9	2.630 1**	2.630 1**
第 2 区间	4.1—9.0	−2.254 4*	−2.254 4*	−2.254 4*
第 3 区间	9.1—20.0	1.302 9	−1.165 7	−0.480 0

注:* 表示通过 95% 置信水平检验,为显著性变化趋势;** 表示通过 99% 置信水平检验,为极显著性变化趋势。

8.3 下游干流区间自然保护区评价及空间近邻效应个案研究

以升金湖自然保护区[②]为实证案例。升金湖自然保护区是以保护淡水湖泊湿地生态系统和珍稀、濒危鸟类为主体的湿地类型保护区,具有重要的生态服务功能和价值。但近年来,由于升金湖周边地区社会经济的发展,土地利用情况发生了改变,湿地围垦、围网养殖等人类干扰活动有所增加,保护区生态环境问题日益突出。目前,围绕升金湖自然保护区的研究多集中于人类活动对保护区土地利用状况的影响(陈广洲等,2017)、保护区湿地生态系统服务价值动态变化(张桃等,2018)、保护区植被覆盖变化及驱动力(杨少文等,2016)、保护区湿地景观格局与水位关系(杨阳等,2019)、保护区土地利用生态风险评价(盛书薇等,2015)、湿地动态变化对越冬鹤类种群的影响(叶小康等,2018)等方面。已有研究均是针对升金湖自然保护区自身景观,而关于其周边近邻区域景观格局变化与升金湖自然保护区的关系研究较少。

8.3.1 研究区概况

升金湖自然保护区位于安徽省池州市东至县与贵池区境内,距安庆市约 8 km,与其隔江相望,濒临长江下游南岸,地处东经 $116°55'$—$117°15'$,北纬 $30°15'$—$30°30'$,属于长江下游干流区间子流域(图 8-8),总面积为 333.40 km²,其中核心区为 101.50 km²、缓冲区为 103 km²、实验区为 128.90 km²。1986 年经安徽省政府批准建立省级自然保护区,1997 年经国务院批准为国家级自然保护区和国家 4A 级景区,2015 年升金湖入编《国际重要湿地名录》,是安徽省境内唯一以珍稀越冬水鸟及湿地生态系统为主要保护对象的国家级自然保护区,也是中国东部大型水禽重要的越冬地和迁徙停歇地,是生态系统十分完整的重要湿地,具有重要的科学研究价值和保护价值。

1)地质地貌

升金湖是永久性的浅水内陆湖泊,湖岸周长为 165 km;其东南湖岸为中生代三叠纪与古生代二叠纪地质构造,以灰岩、页岩为主;西北湖岸为第四纪地层构造,以砂砾、亚黏土为主。湖床自南向北逐渐倾斜,泥沙淤积,土壤类型为黄色亚黏土、粉砂、砂砾。升金湖四周地形多样,湖岸曲折、湖汊众多,其东南岸属于九华山山脉的一部分,为低山丘陵,以林草景观为主;西北岸属沿江冲积平原,为平原圩畈,以耕地为主(安徽省林业厅自然保护站,1995)。

2)气候水文

升金湖自然保护区属亚热带季风气候,夏季炎热潮湿,冬季寒冷干燥,年平均气温为 16.14℃,年均降雨量为 1 600 mm(降雨集中于 3—8 月),

年均蒸发量为 757.5 mm,平均无霜期为 240 天。根据 1995 年的《升金湖自然保护区综合考察报告》和《安徽升金湖国家级自然保护区 2008/2009 年越冬水鸟调查报告》记录可知,升金湖水源主要来自长江、东南方的张溪河和东北方的唐田河。升金湖通过黄溢闸与长江相通,通常水面面积约为 100 km²,12 月至次年 2 月为枯水期,水面面积不足 33 km²,7 月至 9 月为汛期,湖面面积约为 96 km²,年平均水面面积约为 76 km²,年平均水位为 10.9 m(程元启等,2009)。

3)动植物资源

升金湖自然保护区孕育着丰富的野生动植物资源,有水生维管束植物 38 科、84 种,浮游植物 27 种;有浮游动物 13 种、底栖动物 23 种、鱼类 62 种等;有鸟类 230 种,有白鹳、黑鹳、白头鹤(*Grus monacha*)、白鹤(*Grus leucogeranus*)、白肩雕、大鸨 6 种国家一级保护鸟类和灰鹤(*Grus grus*)、白枕鹤(*Grus vipio*)、鸳鸯(*Aix galericulata*)、白琵鹭(*Platalea leucorodia*)等 18 种国家二级保护鸟类,以上数据源自国家林业和草原局 国家公园管理局网站。升金湖自然保护区在物种保护上具有重要意义。

但是,由于城镇与乡村居民点分布扩张、围垦造田与围网养殖活动加剧以及由旅游业发展带动的交通、餐饮、住宿等配套基础设施的开发建设等因素,自然保护地周边近邻区域的土地利用强度不断增强,人类干扰不断增多,土地利用类型逐渐发生变化,对保护区的生态保护和健康有序发展势必会产生一定的外部压力。本书以升金湖自然保护区为中心,以其边界向外围划定 20 km 的环状区域作为研究区,如图 8-8 所示,研究区总面积为 3 438.983 km²。保护区外围梯度样带构建方法与洪湖自然保护区的构建方法相同,在此不再赘述。

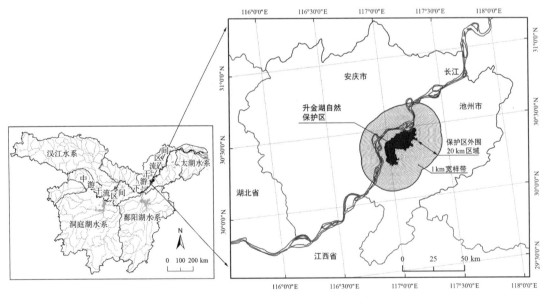

图 8-8 升金湖研究区位置及范围示意

8.3.2 数据来源与处理

数据选用1995年、2005年和2015年的安徽省土地利用/覆被类型数据,空间分辨率为30 m,数字高程模型(DEM)数据分辨率为90 m,均源自中国科学院资源环境科学与数据中心。在地理信息系统软件 ArcGIS 10.2中以升金湖自然保护区边界为对象,以20 km为间距划定范围作为研究区,用该矢量图裁剪1995年、2005年和2015年的安徽省土地利用/覆被类型数据,得到研究区景观类型图(图8-9至图8-11),景观类型包括耕地、林地(自然林地、人工林地)、草地、湿地(河流、湖泊、水库坑塘、滩地)、建设用地(城镇用地、农村居民点、其他建设用地)、裸地。将研究区土地利用类型分为人工景观和自然景观,其中人工景观包括耕地、人工林地、水库坑塘、城镇用地、农村居民点、其他建设用地,自然景观包括自然林地、草地、河流、湖泊、滩地、裸地。

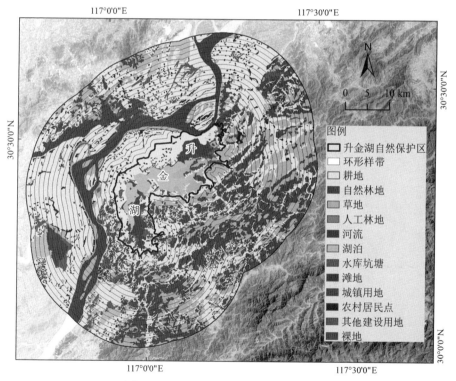

图8-9 1995年升金湖研究区景观类型

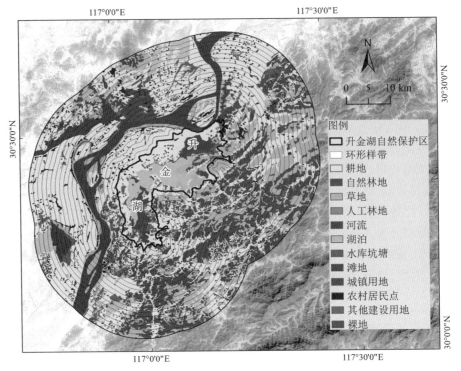

图 8-10　2005 年升金湖研究区景观类型

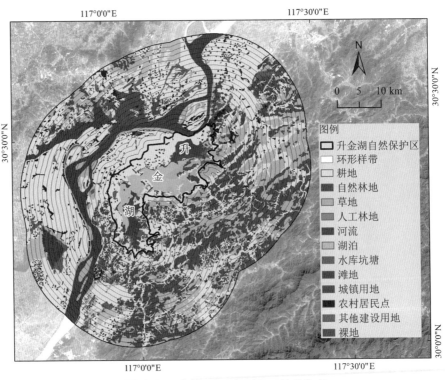

图 8-11　2015 年升金湖研究区景观类型

8.3.3 升金湖自然保护区景观结构及格局变化

综合分析升金湖自然保护区的景观类型面积及变化量(表 8-5)和景观格局指数(图 8-12)可知,1995—2015 年耕地始终是升金湖自然保护区的优势景观,1995 年、2005 年和 2015 年三个时期其面积占比均在 39％以上,但面积不断减少,主要转化为农村居民点等建设用地;耕地的斑块数整体呈减小趋势,破碎度趋于减弱;耕地的面积加权平均斑块分维数和斑块结合度指数明显高于其他景观类型(湖泊除外),说明耕地的斑块形状相对比较复杂、景观连通性较强。自然林地的面积、斑块数有所减少,空间聚集性有所增强,景观形状和连通度变化不明显。草地和湿地景观(河流、湖泊、水库坑塘、滩地)的面积和各景观格局指数基本上未发生变化,这一现象与一系列保护措施分不开:1986 年升金湖建立省级自然保护区;1995 年加入中国人与生物圈保护区网络;1997 年晋升为国家级自然保护区;2002 年加入东北亚鹤类网络保护区;2005 年加入东亚—澳大利西亚涉禽迁徙保护网络;2007 年成为长江中下游湿地保护区网络成员。农村居民点的面积不断增加,斑块数整体呈减小趋势,景观破碎度趋于减弱;其他建设用地的面积由无到有,2005—2015 年无变化。农村居民点的面积加权平均斑块分维数、斑块结合度指数和聚合度指数均呈增加趋势,表明2005—2015 年升金湖自然保护区内建设用地的斑块形状趋于复杂,连接度和空间聚集性增强,人类活动逐渐增强。整个升金湖自然保护区在1995 年、2005 年和 2015 年的人类干扰指数分别为 14.10％、14.19％和14.23％,2005—2015 年的增长率为 0.92％,相对较小,说明升金湖自然保护区得到了有效保护,但必须严格加强对保护区内建设用地扩张的管控。

表 8-5　1995—2015 年升金湖自然保护区景观类型面积及变化量

景观类型	1995 年		2005 年		2015 年		面积变化/km²		
	面积/km²	占比/%	面积/km²	占比/%	面积/km²	占比/%	1995—2005 年	2005—2015 年	1995—2015 年
耕地	131.28	39.15	131.05	39.08	130.88	39.03	−0.23	−0.17	−0.40
自然林地	19.82	5.91	19.71	5.88	19.71	5.88	−0.11	0.00	−0.11
草地	30.23	9.02	30.23	9.02	30.23	9.02	0.00	0.00	0.00
河流	1.04	0.31	1.04	0.31	1.04	0.31	0.00	0.00	0.00
湖泊	66.42	19.81	66.42	19.81	66.42	19.81	0.00	0.00	0.00
水库坑塘	23.36	6.97	23.36	6.97	23.36	6.97	0.00	0.00	0.00
滩地	56.15	16.74	56.15	16.74	56.15	16.74	0.00	0.00	0.00
农村居民点	7.00	2.09	7.23	2.16	7.40	2.21	0.23	0.17	0.40
其他建设用地	0.00	0.00	0.11	0.03	0.11	0.03	0.11	0.00	0.11

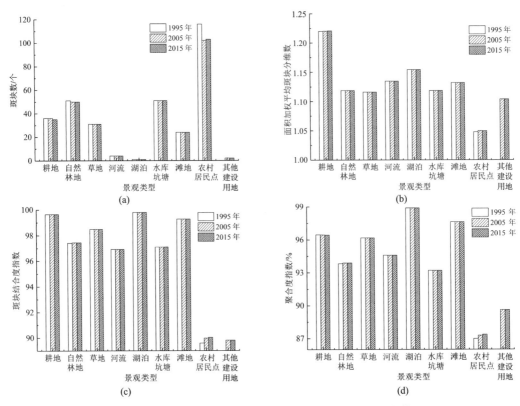

图 8-12　1995—2015 年升金湖自然保护区景观格局指数

8.3.4　升金湖自然保护区周边景观结构及格局变化

综合分析升金湖自然保护区周边区域的景观类型面积及变化量（表8-6）和景观格局指数（图8-13）可知，1995—2015年耕地是升金湖保护区外围区域的优势景观，1995年、2005年和2015年三个时期其面积占比均在42%以上，但面积不断减少，主要转化为城镇用地、道路交通、农村居民点等建设用地；耕地的斑块数显著增多，破碎度增强；斑块结合度指数和聚合度指数呈减小趋势，说明耕地的景观连通度减弱、空间分布离散性增强。自然林地的面积占比均在21%以上，是研究区第二优势景观类型。由于城镇化建设的发展，自然林地面积不断减少且主要集中在2005—2015年，主要分布在长江北岸紧邻安庆市区域（参见图8-9至图8-11）；草地面积也不断减少。自然林地和草地景观的斑块数增加，斑块结合度指数和聚合度指数有所减小但不显著，说明自然林地和草地景观趋于破碎化和空间分布趋于离散化。人工湿地水库坑塘的面积增加了 1.13 km^2，景观破碎度减弱，斑块形状趋于规则，连通度和聚集性增强；自然湿地滩地减少了1.90 km^2，景观破碎度增强，斑块形状趋于复杂，聚集性减弱；其他类型湿地各指数变化不明显。1995—2015年，建设用地共增加了 51.26 km^2，其中城镇用地增加了 31.08 km²，主要集中分布在升金湖自然保护区外围西北部区域，即距保护区边界约 6 km 之外的长江北岸区域，该区域是安庆市城区所在地，随着城市化发展城区不断扩张；农村居民点增加了 9.88 km²；道路交通、工矿企业等其他建设用地的面积增加了 10.30 km²，以 2005—2015 年增长为主，主要分布在升金湖自然保护区东北部距保护区边界 2—7 km 区域，即吕三房附近的化工厂和采石场区域。该三类建设用地的斑块结合度指数和聚合度指数整体呈增加趋势，表明 1995—2015 年升金湖自然保护外围区域的建设用地景观格局不断扩大，并逐渐由分散向集聚成片分布演变，人类活动影响不断增强。整个升金湖自然保护区周边区域在 1995 年、2005 年和 2015 年的人类干扰指数分别为 14.61%、15.24% 和 16.00%，1995—2015 年的增长率为 9.51%，远高于升金湖自然保护区人类干扰指数的增长率，说明在保护区外围区域，人类对土地的利用开发强度不断增大。

表 8-6 1995—2015 年升金湖自然保护区周边区域景观类型面积及变化量

| 景观类型 | 1995 年 | | 2005 年 | | 2015 年 | | 面积变化/km² | | |
	面积/km²	占比/%	面积/km²	占比/%	面积/km²	占比/%	1995—2005 年	2005—2015 年	1995—2015 年
耕地	1 361.55	43.88	1 339.47	43.16	1 316.55	42.43	−22.08	−22.92	−45.00
自然林地	686.71	22.13	686.00	22.11	681.25	21.95	−0.71	−4.75	−5.46
人工林地	1.64	0.05	1.64	0.05	1.64	0.05	0.00	0.00	0.00
草地	498.53	16.06	497.47	16.03	496.66	16.00	−1.06	−0.81	−1.87
河流	164.59	5.30	164.59	5.30	164.97	5.32	0.00	0.38	0.38
湖泊	56.70	1.83	56.70	1.83	56.70	1.82	0.00	0.00	0.00
水库坑塘	93.69	3.02	93.90	3.03	94.82	3.06	0.21	0.92	1.13
滩地	115.04	3.71	115.02	3.71	113.14	3.65	−0.02	−1.88	−1.90
城镇用地	22.57	0.73	39.30	1.27	53.65	1.73	16.73	14.35	31.08
农村居民点	100.24	3.23	105.23	3.39	110.12	3.55	4.99	4.89	9.88
其他建设用地	1.89	0.06	3.83	0.12	12.19	0.39	1.94	8.36	10.30
裸地	0.00	0.00	0.00	0.00	1.46	0.05	0.00	1.46	1.46

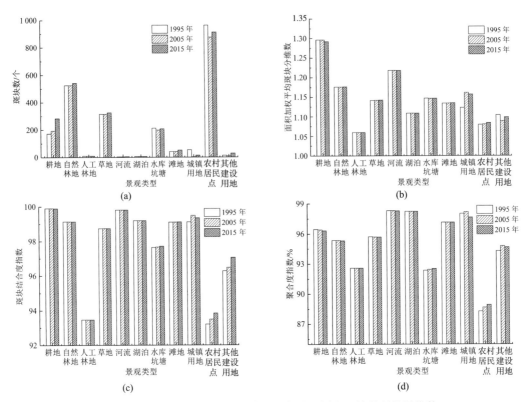

图 8-13　1995—2015 年升金湖自然保护区周边区域景观格局指数

8.3.5　升金湖自然保护区空间近邻效应探究

1) 空间近邻效应分析

为了研究升金湖自然保护区的空间近邻效应与变化趋势,以保护区边界为基准将按照 1 km 带宽所得到的环状样带作为基础,分别提取1995 年、2005 年和 2015 年各样带对应的人类干扰指数,绘制成图 8-14 所示的空间近邻效应变化趋势图。

由图 8-14 可知,同一距离尺度,伴随年限增长,人类干扰指数逐渐增大,2015 年各环状样带上的人类干扰指数均大于其他时期对应样带上的值;并且在距保护区 10 km 范围内,2005—2015 年的人类干扰指数增幅整体高于 1995—2005 年,这是因为随着社会经济和旅游业的发展,城镇用地扩张、矿产开采、道路交通、餐饮、住宿等服务设施的建设不断增多。随着距保护区距离的增加,1995 年、2005 年和 2015 年三个时期的空间近邻效应变化曲线均呈先下降后升高再下降的变化趋势,表现为明显的三区间特征:第 1—2 区间的拐点即距保护区边界 5 km 处,在 5—10 km 环状样带区域长江南岸升金湖东南部主要为丘陵、山地,以林草植被为主,人类活动强度较小,是升金湖重要的生态屏障区,该区域内的建设用地主要集中在长

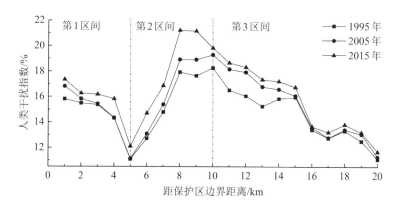

图 8-14　1995—2015 年升金湖自然保护区周边人类干扰指数空间近邻效应变化趋势图

江以北的安庆市境内,由前图 8-9 至图 8-11 可明显看出,城镇用地和其他建设用地对耕地、自然林地等生态用地的侵占使人类干扰指数不断升高;第 2—3 区间的拐点为距保护区边界 10 km 处。

在第 1 区间内,1995 年、2005 年和 2015 年的人类干扰指数均呈减少趋势,减少幅度分别为 29.80％、33.80％、30.18％;在第 2 区间,三个时期的人类干扰指数均呈急剧增加趋势,增加幅度分别为 64.48％、73.08％、63.61％,该区域主要受到安庆市区建设发展的影响;第 3 区间为距保护区边界 10—20 km 区域,随着逐渐远离安庆市区,人类活动强度不断衰减,人类干扰指数逐渐减小。综合分析可知,以升金湖自然保护区为核心所体现的空间近邻效应主要体现在第 1 区间(0—5 km),在该区间内距保护区边界越近,人类干扰指数越大,距离越远,人类干扰指数越小,即升金湖近邻区域受到的人类干扰大于保护区内部和外围更远区域。因此,必须加强对升金湖自然保护区近邻区域人类开发建设活动的管控。

2) 基于曼-肯德尔趋势检验的空间近邻效应验证

由人类干扰指数空间近邻效应曼-肯德尔(Mann-Kendall)统计量 Z 值的检验结果(表 8-7)可知,在升金湖自然保护区外围 1—20 km,各年份不同人类干扰指数的空间近邻效应均表现出不同显著性水平的变化趋势。在第 1 区间,1995 年、2005 年和 2015 年三个时期空间近邻效应的下降趋势均通过了 99％置信水平的检验,为极显著性下降趋势,对应的 Z 值均为 -2.6301;在第 2 区间,1995 年和 2005 年空间近邻效应的上升趋势均通过了 95％置信水平的检验,为显著性上升趋势,对应的 Z 值为 2.2544,2015 年的变化趋势未通过 95％置信水平的检验;在第 3 区间,1995 年、2005 年和 2015 年三个时期空间近邻效应的下降趋势通过了 99％置信水平的检验,表现出极显著性下降趋势。综上分析可知,1995 年、2005 年和 2015 年三个时期升金湖自然保护区周边人类干扰指数空间近邻效应的变化趋势通过了曼-肯德尔(Mann-Kendall)趋势检验,说明升金湖自然保护区存在空间近邻效应。

表 8-7　升金湖自然保护区周边人类干扰指数空间近邻效应曼-肯德尔(Mann-Kendall)趋势检验统计量 Z 值

区间	距离尺度/km	1995 年	2005 年	2015 年
第 1 区间	1.0—5.0	−2.630 1**	−2.630 1**	−2.630 1**
第 2 区间	5.1—10.0	2.254 4*	2.254 4*	1.502 9
第 3 区间	10.1—20.0	−3.581 1**	−3.892 5**	−3.892 5**

注：* 表示通过 95% 置信水平检验，为显著性变化趋势；** 表示通过 99% 置信水平检验，为极显著性变化趋势。

8.4　讨论

汉森等(Hansen et al.，2007)发现国家公园和其他自然保护地虽然得到了高水平保护，但许多保护地并没有像最初设想的那样发挥作用，存在保护地关键的生态过程被改变(Lawton et al.，2001)、越来越多的外来物种入侵保护地使本土物种灭绝(Brashares et al.，2001)等问题，其中一个主要原因是人类对保护地周围土地的利用不断扩大，导致保护地的生态功能和生物多样性发生变化，在世界上许多保护地周围未受保护的土地上，土地利用正在扩大(Hansen et al.，2007)。本章基于土地利用类型变化，采用人类干扰指数评价方法，关注自然保护地周边近邻区域的人类干扰指数，以洪湖、升金湖两个自然保护区为实证研究，分析其景观结构及格局变化，探究其空间近邻效应。

由于对洪湖自然保护区内渔业养殖等人类活动的管控，保护区外围区域的库塘面积大量增加，以及随着观光旅游业的发展，交通系统、度假区等服务设施的增加和农村居民点以及城镇用地的扩张等，都加剧了保护区周边区域景观类型的改变，使人工景观面积不断增加，人类干扰指数增大；此外，洪湖自然保护区周边地势低平(图 8-15)，耕地环绕，较易受到人类扰动。因此，应严格管控洪湖自然保护区周边城镇生活污水、工业污染和农业面源污染等，以更好地保护保护区内部与外部的湿地景观。

升金湖自然保护区的东南区域属于九华山山脉的一部分，为低山丘陵，自然环境优越，形成了一道天然的生态保护屏障(图 8-16)。通过对升金湖自然保护区及其外围区域 1995 年、2005 年和 2015 年三个时期景观结构及格局的分析可直观发现，其东南区域主要是林地和草地等生态用地，景观格局时空变化不显著，即升金湖自然保护区外围环状样带内用地格局的变化可主要归因于西北区域人类干扰的增强。而人类干扰指数增加的主要原因是城市化的建设和旅游业的发展。池州是皖江城市带承接产业转移示范区的核心成员之一，经济发展具有活力，随着沿江经济带的发展和城市化进程的加快，池州的建设用地不断扩张，土地利用强度增强；升金湖自 1997 年升级为国家级自然保护区以来，每年的游客人数逐渐增加，推动了一些度假庄园、农业示范园等旅游项目建设，并引发了交通、餐饮、住宿等基础服务设施的建设，虽然带动了地区经济发展，但也导致建设用地

大量增加；此外，升金湖自然保护区建立后对保护区内的人类活动管控，致
使一些人为活动转移到保护区周边区域。

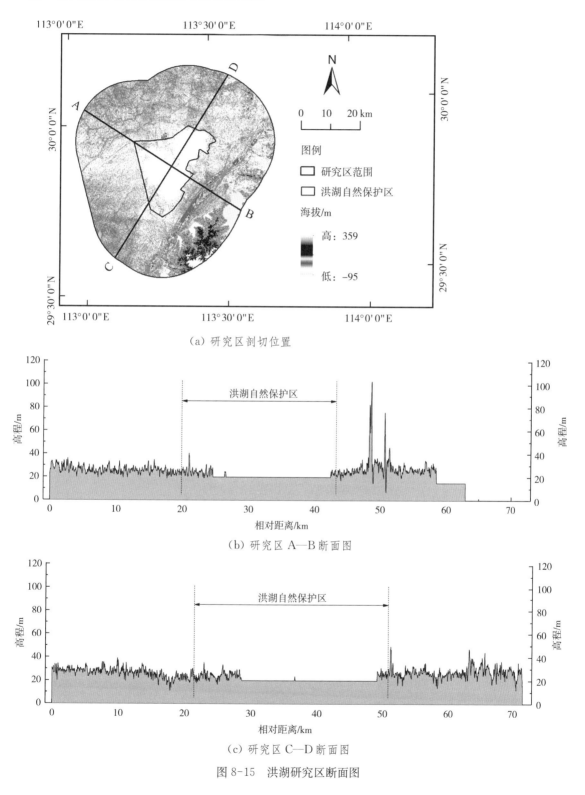

（a）研究区剖切位置

（b）研究区 A—B 断面图

（c）研究区 C—D 断面图

图 8-15　洪湖研究区断面图

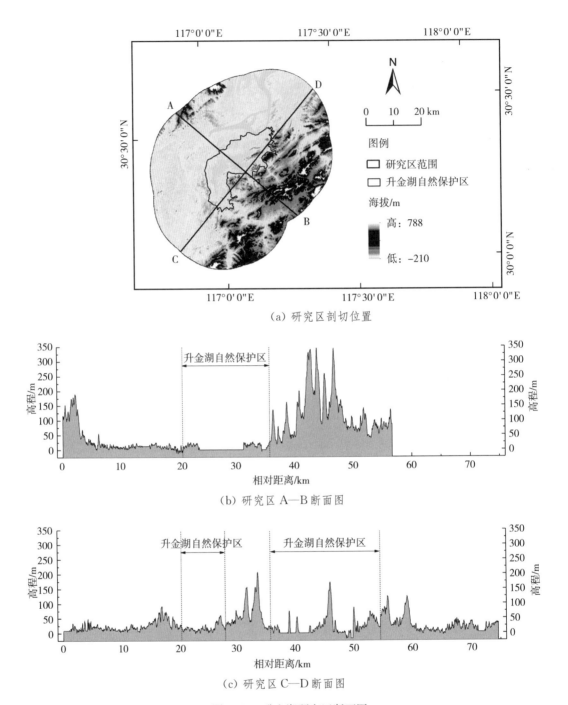

（a）研究区剖切位置

（b）研究区 A—B 断面图

（c）研究区 C—D 断面图

图 8-16　升金湖研究区断面图

　　纵观城市发展史，地势平缓、气候适宜的区域比较适合人类开发建设，人类干扰较大。洪湖自然保护区周边区域海拔低，地势低平，以耕地为主（图 8-15），易受人类干扰的程度相对较大；升金湖自然保护区周边区域的地貌类型较洪湖区域相对多样，海拔相对较高（图 8-16），东南部为丘陵山林区，形成了天然屏障，对保护区的生态保护起到了一定的屏障作用，表现为洪湖自然保护区外围的人类干扰指数显著高于升金湖保护区外围。因此,应根据保护地类型、保护地周边环境特征分别制定合理的保护管理措施。

研究认为洪湖自然保护区和升金湖自然保护区均存在空间近邻效应,主要影响区分别为距保护区边界 0—4 km 和 0—5 km 区域,虽是从个案分析得到的结论,但也与刘方正等(2017)对沙坡头国家级自然保护区关于核心影响区的研究结论不谋而合,在一定程度上也反映出我国自然保护区当前所面临的困境,即自然保护区的近邻区域人类干扰在不断增强,使保护区保护面临来自外部人类活动强度的压力逐渐增大。

随着社会经济发展和城镇化建设,"人地矛盾"日益凸显,保护地周边近邻区域人类活动强度的不断增加使保护地逐渐成为孤立的栖息地,而这种"孤岛"状态可能会妨碍其作为一个有效的网络发挥生态作用(Sánchez-Azofeifa et al.,2003),不利于保护地生态、健康、有序发展。早在 20 世纪 70 年代,联合国教科文组织的人与生物圈计划主张沿保护地边界土地使用强度逐渐降低的梯度方式来管理保护地周围的土地(Hansen et al.,2007);20 世纪 80 年代,有学者建议在保护区周围建立缓冲区,以尽量降低对保护区边界的不利影响(Noss,1983);刘红玉等(2007,2008)指出必须恢复湿地自然保护区周边一定面积的湿地,维持保护区与周边区域的景观连通性和景观生态联系,这是有效维护保护区可持续发展的最佳方法之一;呼延佼奇等(2014)提出根据保护对象的活动与变化调整保护地范围;贝利等(Bailey et al.,2016)认为保护区周围的景观影响着其维持生态系统功能和实现保护目标的能力;杨静怡(Yang et al.,2019)认为必须采取措施加强对自然保护区周围人类居住区扩张的管控,以减少对保护区的威胁。因此,在加强自然保护地内部景观管理和生态环境保护的同时,必须重视保护地周边近邻区域人类干扰指数的变化、关注保护地空间近邻效应,根据空间近邻效应的主要影响范围制定针对性的监测监管机制,进而采取科学措施管控人类开发建设活动,使保护地与周边区域维持景观生态联系。自然保护地空间近邻效应的研究对自然保护地的整合优化具有一定的参考意义。

8.5 本章小结

本章从保护地层面,以安徽、湖北、湖南 1995 年、2005 年和 2015 年三期土地利用/覆盖类型数据为基础,采用景观指数、人类干扰指数评价方法和曼-肯德尔(Mann-Kendall)趋势检验方法,分析了洪湖自然保护区、升金湖自然保护区及其外围 20 km 区域景观结构和格局的变化特征,并探究保护区外围区域人类干扰指数的空间近邻效应,得到以下主要结论:

针对洪湖自然保护区:(1) 1995—2015 年,洪湖自然保护区内的耕地减少,主要转化为水库坑塘,建设用地面积增加,聚集性增强;自然林地和草地面积减少,河流、湖泊的面积增加,破碎度减弱,景观连通度和聚集性增强;保护区得到了一定的保护,但人类干扰指数在不断增加。(2)保护区外围区域以耕地、建设用地、水库坑塘等人工景观为主,并不断增加,连通度和聚集性增强,而自然林地、河流、湖泊、滩地、沼泽地等自然景观面积减少;其人类干扰指数远高于洪湖自然保护区内部。(3)洪湖自然保护区存在空间近邻效应,主要影响区为距保护区边界 0—4 km 区域,必须对该区域的人类活动进行严格管控,防止保护区"孤岛"现象。

针对升金湖自然保护区:(1)1995—2015 年,升金湖自然保护区内的耕地减少,主要转化为农村居民点等建设用地,建设用地面积增加,聚集性增强,草地、河流、湖泊、滩地等自然景观的面积和各景观格局指数的变化不明显,保护区得到了一定的保护。(2)升金湖自然保护区外围区域的耕地面积减少,主要转化为城镇用地等建设用地,水库坑塘,城镇用地、农村居民点、道路交通等建设用地的面积增加,聚集性增强,人类活动强度不断增大;自然林地、草地、滩地等自然景观面积减少,破碎度增强。(3)升金湖自然保护区存在空间近邻效应,主要影响区为距保护区边界 0—5 km 区域。

第 8 章注释

① 洪湖自然保护区于 2014 年晋升为国家级自然保护区,而本章研究涉及 1995 年、2005 年和 2015 年三个时期,为保证前后内容的统一性,本章后述内容将洪湖国家级自然保护区称为洪湖自然保护区。

② 升金湖自然保护区于 1997 年晋升为国家级自然保护区,而本章研究涉及 1995 年、2005 年和 2015 年三个时期,为保证前后内容的统一性,本章后述内容将升金湖国家级自然保护区称为升金湖自然保护区。

9 长江中下游流域景观保护建议

长江中下游流域是一个融社会、经济、自然于一体的复合系统,流域内的生态系统类型多样、生物多样性丰富、自然景观资源丰富、景观特色明显、景观价值和生态系统服务价值突出。由于人口基数大、人口和产业高度密集,人类活动强度不断增强,对中下游流域土地利用、开发、改造的强度越来越大,导致1995—2015年长江中下游流域的景观格局发生了深刻变化,林地、草地等生态用地和耕地被城镇用地、工业用地等建设用地侵占严重,自然湿地景观萎缩依然严峻。在典型区段层面,景观格局的变化使区域景观生态风险增大,生态系统服务价值衰减。流域景观格局的变化给自然保护地、湿地景观等生态敏感区带来了一定的影响,因此必须加强对长江中下游流域景观生态的保护。

本章基于长江中下游流域景观格局的演变特征,人类活动强度与自然保护地、湿地景观等生态敏感区的互作关系,典型区段景观格局演变和生态效应时空变化特征,自然保护地周边人类干扰指数及空间近邻效应的分析,提出"流域—典型区段—保护地"的"点—面联动"景观保护建议。

9.1 流域层面:形成长江中下游流域景观大保护格局

9.1.1 尊重原生景观,构建自然保护地网络体系

杨锐等(2018)提出建立相互连通且管理有效的自然保护地网络是应对生物多样性危机的最核心策略。而流域是以水为纽带联系森林、草地、湿地、动物、土壤等其他资源的一个完整的系统,其自身属性特征为流域内自然保护地的网络化建设提供了得天独厚的条件基础。如目前已建立的"长江湿地保护网络",对推动长江流域的湿地保护和可持续发展、恢复和增强湿地生态系统的结构与功能起着重要作用。流域范围的自然保护地网络可在流域整体层面上进行统一的规划、建设、管理和评估,进而扩大景观生态保护效益。

长江中下游流域内的国家级自然保护地建设可追溯至1978年,2000年之后发展迅速,自然保护地的类型与功能逐渐多样化。截至2017年3月底,长江中下游流域内的自然保护区、风景名胜区、森林公园、地质公园、水利风景区和湿地公园六类国家级自然保护地的数量已达

765 个,各类自然保护地的概况详见附录 1 至附录 6。长江中下游流域内的自然保护地整体呈现"依山带水"的分布格局,由第 5 章自然保护地分布特征的研究可知,自然保护区中的野生动物型、森林生态型、野生植物型多集聚于山地、丘陵区,如秦岭山区的紫柏山国家级自然保护区和化龙山国家级自然保护区,内陆湿地以河流—湖泊湿地为保护主体,如洪湖国家级自然保护区、升金湖国家级自然保护区,分别以保护洪湖和升金湖为主体。风景名胜区中依托山体的山岳类风景名胜区有 24 个,占流域内风景名胜区总数的 38.10%;依托水体的江河湖泊类风景名胜区有 13 个,占流域内风景名胜区总数的 20.63%。163 个国家级水利风景区和 209 个国家级湿地公园都依托中下游流域的重要湖泊、河流或人工湿地水库。由此可见,长江中下游流域内自然保护地的设立和生态系统的维持与保护,高度依赖于流域山水格局,保护地的设立都与流域内的山体、河流湖泊水系密不可分,因此必须从保护流域整体的角度保护各类自然保护地和生态系统。

应贯彻"长江大保护"思想,依托长江中下游流域内丰富的原生山水格局、本底自然资源和多样生态系统,从整合现有自然保护地、新增自然保护地填补保护空缺等方面,完善长江中下游流域自然保护地的网络化建设,防止保护地"孤岛化"现象,进而实现整体保护。

9.1.2　遵从人地关系,制定基于人类活动强度的保护措施

伴随城镇化建设和旅游业的快速发展,自然保护与经济发展之间的矛盾越来越突出,涉及的自然保护地的各类开发建设项目、旅游和农业生产等活动逐年增长(王智等,2017)。此外,自然保护地周边未受保护区域的土地利用和大规模的游客活动都会给自然保护地的生态环境保护带来较大的外部压力和影响。根据人地关系理论,针对长江中下游流域不同人类活动强度带的自然保护地提出以下保护建议:

1) 加强不同人类活动强度带自然保护地的监测与评估

应充分运用卫星遥感技术,构建各类型自然保护地的"天空地一体化"监测网络体系,提供和完善自然保护地的综合监测和监管系统,并建立监测指标与评估技术体系,加强自然保护地监测数据的集成分析与综合应用,以便及时、全面地掌握自然保护地生态系统的构成、分布、生境变化和人类活动变化趋势等,及时评估和预警自然保护地的生态风险状况,从而高效且有针对性地加强对自然保护地内部及其周边近邻区域人类开发建设活动的管控。

2) 针对不同人类活动强度带上不同类型自然保护地制定差异化的管控措施,实施精细化管理

以研究区内的自然保护区为例,其主要集中分布在人类活动低强度带,人类干扰相对较小,便于管理,但要防止农业开发、旅游开发等对保护区生态系统的影响;而对于分布在人类活动高强度带的自然保护区,其保

护压力相对较大,如上海崇明东滩鸟类国家级自然保护区和九段沙湿地国家级自然保护区,应加强监管和湿地生态修复,维护生物多样性,防止保护地空间被非法侵占、防止水体污染和天然湿地资源破坏。

3)加强高等级人类活动强度带上自然保护地的连通性建设与保护

人类活动干扰是自然保护地设置和系统规划中的关键因素,在高等级人类活动强度带设置自然保护地的阻力远大于低等级人类活动强度带,需要付出更多的保护投入。新增自然保护地应充分结合生态保护压力进行科学系统地规划,由于人类活动是生物多样性受到的最大威胁(赵广华等,2013),在人类活动激烈的高等级人类活动强度带,生物多样性和生态环境受威胁程度更严峻,更需要加强自然保护地的建设。因此,在长江中下游流域内要加强对社会经济发展水平较高的人类活动激烈区域的生物多样性保护与建设,并对现有的自然保护地进行整合,缩小自然保护地在地域上的差距,加强各孤立自然保护地之间的连通,防止自然保护地因人为干扰而过度破碎化,从而不利于其发挥保护功能。

9.1.3 强化系统思维,推进流域景观大保护

长江中下游流域具有多样的山水格局,丰富的湿地、植被等自然资源和景观,生物多样性极为丰富,生态系统类型多样。通过对长江中下游流域景观结构特征、景观格局时空演变的研究发现,中下游流域西北部区域(主要包括陕西汉中区域、湖北西北部区域)以林地和草地生态系统为主,地貌类型上以中起伏山地和大起伏山地为主,涵盖数量众多的国家级自然保护区、国家级森林公园和神农架国家公园试点,包括秦岭山区、神农架林区两个陆地生物多样性保护优先区(参见图3-19),同时涵盖秦岭—大巴山生物多样性保护与水源涵养重要生态功能区(参见图3-20),生物多样性极为丰富,生态价值极高,是重要的生态屏障区。

西南部区域包括湖北西南部和湖南西南部,以林地生态系统为主,地貌类型上以丘陵、小起伏山地、中起伏山地和大起伏山地为主,涵盖众多的国家级自然保护区、国家级风景名胜区、国家级森林公园、国家级地质公园、国家级湿地公园等自然保护地,包括武陵山区、湘江—资江源头区两处陆地生物多样性保护优先区和湘江干流区一处湿地生物多样性保护优先区(参见图3-19),同时涵盖武陵山区生物多样性保护与水源涵养重要生态功能区(参见图3-20),生物多样性、景观资源、地质遗迹等极为丰富,生态价值极高。

东南部区域主要包括江西省大部分区域,以林地生态系统为主,地貌类型上以丘陵、小起伏山地、中起伏山地和大起伏山地为主,涵盖众多的国家级风景名胜区、国家级森林公园、国家级水利风景区、国家级湿地公园等自然保护地,包括罗霄山区一处陆地生物多样性保护优先区(参见图3-19),同时涵盖罗霄山脉水源涵养与生物多样性保护重要生态功能区、武

夷山—戴云山生物多样性维护重要区(参见图3-20),动植物、景观资源等极为丰富,生态价值极高。

沿江带区域包括长江三角洲平原、皖苏沿江平原、鄱阳湖平原、洞庭湖平原和江汉平原等长江干流区,以湿地生态系统为主,地貌类型上以平原为主,地势低平开阔,是国家级水利风景区和湿地公园主要集聚的区域,包括丹江口—汉江区、江汉湖群区、洞庭湖区、鄱阳湖区、安庆沿江湿地、扬子鳄保护地、太湖区和河口与沿海湿地区八处湿地生物多样性保护优先区(参见图3-19),同时涵盖江汉平原湖泊湿地洪水调蓄重要区、洞庭湖洪水调蓄与生物多样性保护重要区、鄱阳湖洪水调蓄与生物多样性保护重要生态功能区和天目山—怀玉山水源涵养与生物多样性保护重要区等(参见图3-20),湿地景观资源丰富、湿地生态系统价值极高,对维护长江流域的生态安全和可持续发展起着重要的支撑作用。

因此,应以长江经济带发展、以国家公园为主体的自然保护地体系建设和生态文明建设为契机,强化"生命共同体"系统思想,保护与优化长江中下游流域的景观格局和山水格局,加大林地、草地和湿地自然资源和生态系统的保护力度,加强对城镇用地、工业用地、交通用地等建设用地肆意扩张、侵占生态用地的管控;应统筹西北部、西南部、东南部、沿江带各区域的自然资源优势,加强自然保护地建设,在原有自然保护地的基础上形成保护区域(如江西省的马祖山国家森林公园、天花井国家森林公园、三叠泉国家森林公园、庐山风景名胜区等自然保护地在空间分布上比较集聚,可整合上述各保护地以形成保护区域);同时,为提高长江中下游流域的生态系统完整性和景观连通性,应形成"西北翼—西南片—东南片—沿江带"的景观大保护格局,对提高长江生态系统服务价值和维持长江流域生态安全具有重要意义。

9.1.4 完善流域监管,切实推进流域景观保护法制化建设

流域是一个独立、完整、自成系统的天然集水单元,是水资源在生态系统内的空间存在形式,流域的核心是水资源(李宁,2018)。因此,在加强中下游流域景观保护和自然保护地网络体系构建时要树立流域整体意识,加强中游与下游、左岸与右岸、干流与支流的水系自然连通性建设,加强流域景观保护的监管工作,以发挥长江水系、长江生态廊道对自然保护地的"连点"作用,促进自然保护地的网络体系建构。

为实施流域景观大保护,中下游流域应建立流域联动协调机制,对流域内的林地景观、草地景观、湿地景观等生态景观进行合理布局、统一规划。长江中下游流域地域跨度大,涉及八省一市和70多个地级市(州),利益相关者较多,为调动各方积极保护好景观生态环境,应建立长江中下游流域生态补偿机制、强化生态保护修复的统筹协调,促进流域中各行政区以自身拥有的丰富资源推动全流域的景观生态保护和生态建设。应该健

全流域内自然保护区、风景名胜区、森林公园、地质公园、水利风景区和湿地公园等国家级自然保护地的生态补偿政策;依托秦岭山区、武陵山区、大别山区等国家重点生态功能区开展生态补偿示范区建设,以推进长江中下游流域的景观保护。此外,《中华人民共和国长江保护法》的实施,必将为长江中下游流域各类自然保护地、湿地景观等生态敏感区和整个流域的景观保护提供法制保障。未来还需要制定长江流域管理法,以更好地对整个长江流域进行管理与保护。

9.2　典型区段层面:注重城市景观格局与流域的协同保护与监管

长江是城市的重要景观类型,因此要做好城市内长江生态廊道景观的保护;长江流域是由长江干支流构成的典型景观生态单元,因此要做好长江流域景观的保护。区段既体现为长江是城市的,又体现为城市是长江流域的一个区段,而长江是流域的,因此在区段层面加强景观格局保护与监管要做好城市和流域两个方面的工作。

9.2.1　以行政区为主导,加强城市景观格局的保护与监管

城市具有产生创新和治理工具的巨大潜力,可以在可持续发展方面起带头作用,因此在流域景观保护中必须发挥行政区的监管作用。地方政府应加大景观生态保护力度,将生态系统服务价值和生物多样性纳入城市政策和规划;应以属地管理为原则推进行政区域内“山水林田湖草”景观生态系统保护,做好土地利用、生态环境保护和自然景观保护的规划,坚持耕地保护红线不动摇,在保护现有河湖水网、山林草田等生态系统完整性的基础上,加强对林地、湿地、草地等生态景观的系统性和连通性保护;严格管控城镇建设用地的无序扩张,维护经济发展与景观生态保护的动态平衡。在城镇规划中,要优先考虑自然保护地保护目标和生物多样性保护的需要,针对不同类型自然保护地不同的主要保护对象和需要实现的生态系统服务价值,制定科学规划和管理目标;应该将自然保护地周边作为特殊的区域进行考虑,制定相关的政策,实施相应的管控措施和激励机制。

地方政府要充分发挥行政区的监管作用,促进退化生态系统的修复与恢复。例如,采取科学的工程措施,恢复受损山体植被,加强矿区废弃地的修复和退化土地植被的恢复,评估其生态系统服务价值,制定可持续发展的生态保护和景观保护措施;对矿产资源开采等人类活动高度干扰区实施全面而长久的管控,以提升、改善区域景观生态。进一步加强对自然保护地、湿地景观、森林景观等生态敏感区的保护,调整产业布局,优化景观格局,降低城市景观生态风险,提高生态系统服务价值,尤其是提升生态敏感区的调节服务、支持服务等功能,进而推动整个长江中下游流域生态环

境保护和生态系统服务价值的提高。

9.2.2 从流域整体视角，加强邻近行政区的协同合作与整体保护

长江中下游流域的"山—水—林—田—河—湖—草"由不同的生产部门管辖，流域内多个自然保护地也分属不同的管理部门；同时，截至2015年底研究区涵盖70个地级市（州），其中上海1个、江苏8个、浙江3个、安徽10个、江西11个、湖北16个、湖南14个、河南3个、陕西4个，存在各种权利与利益纠缠问题。生态系统管理应以生态系统结构的合理性、功能的良好性和生态过程的完整性为导向，因此，要从行政区向流域系统管理转变，要形成一个流域尺度的自然保护地网络，创建流域生态景观管理体制，明确流域管理机构的宏观管理和直接管理职能，实行从流域层面统一规划、统筹安排、统一管理（王学雷等，2006b）。而且以流域为边界的生态系统管理活动更能凸显人类与自然打交道的合理性（赵斌，2014）。流域是城市发展的重要支撑，流域内各行政区之间要打破行政壁垒，协同合作，推动"流域—典型区段—保护地"的"点—面联动"整体保护模式。自然保护地或湿地景观等生态敏感区常常跨越不同地区，必须从流域视角进行整体保护。例如，铜陵淡水豚国家级自然保护区（位于安徽省铜陵、枞阳和无为等县市的长江江段内）和扬子鳄国家级自然保护区（位于安徽省宣城市的宣州区、郎溪县、广德县、泾县及芜湖市的南陵县境内）跨越不同的行政区，在保护时应打破行政壁垒，从流域视角出发，加强区域间的协同合作，进行整体性保护。

9.3 保护地层面：对自然保护地实行内外联动保护

自然保护地的存在不是孤立的，而是与周边区域形成整体关系或一个系统，自然保护地周围的景观影响着其维持生态系统功能和实现保护目标的能力（Bailey et al.，2016）。随着城镇化建设和社会经济的发展，人类对土地改造、开发、利用的程度越来越大，伴随自然保护地周边区域土地的利用，其景观类型和景观结构必然发生变化，景观格局的改变往往会导致保护地逐渐脱离与周边区域的"景观原始"联系，而逐渐成为残存斑块孤立于景观之中（刘红玉等，2007）。因此，应秉持系统思想，在加强自然保护地内部景观管理、生态环境保护和进行自然保护地整合时，必须重视保护地周边近邻区域人类干扰指数的变化、关注保护地空间近邻效应；根据空间近邻效应的主要影响范围制定针对性的监测监管机制，进而采取科学措施管控人类开发建设活动，必须对保护地外围一定区域的景观格局、景观多样性和连通性进行保护，使保护地与周边区域维持景观生态联系，防止保护地被"孤岛化"。

9.4 本章小结

本章建立在全书研究基础之上,从多层面角度提出了针对长江中下游流域"流域—典型区段—保护地"的"点—面联动"景观保护建议,即在流域层面遵从原生景观、人地关系和系统论,提出了若干针对长江中下游流域景观大保护的宏观对策;在典型区段层面分别从城市和流域两个方面提出了保护与监管举措;在保护地层面则主要强调对自然保护地的内外联动保护。

10 结论与展望

10.1 研究结论

长江中下游流域地貌多样,自然资源、景观资源和生物多样性丰富,生态系统类型繁多,自然保护地和重要的生态功能区众多。与此同时,该地区不仅扮演着连接我国东西南北经济与自然的纽带和桥梁的重要角色,而且是我国主要的经济命脉区域之一,也是长江经济带国家发展战略的重要组成部分,肩负着促进经济发展、保护生态环境和打造长江绿色生态廊道的重要使命。因此,研究长江中下游流域景观格局演变及对自然保护地的影响,对以国家公园为主体的自然保护地建设、长江经济带建设、长江流域生态安全和生态文明建设具有重要实践价值。本书基于长江中下游流域1995年、2005年和2015年的三期土地利用/覆被类型数据,采用"流域—典型区段—保护地"的逻辑进行框架建构,以"人地关系"为切入点,以人类活动强度贯穿始终,在流域层面研究长江中下游流域景观格局时空演变规律和人类活动强度时空分布与变化特征,并分析人类活动强度与长江中下游流域内自然保护地的空间分布关系及人类活动强度对湿地景观格局的影响;在典型区段层面选取位于长江下游干流区间的芜湖市,从城市角度分析其景观格局演变、景观生态风险和生态系统服务价值及对自然保护地的影响;在保护地层面,考虑人类活动强度变化和流域内的湿地资源优势,分别在长江中游干流区间和下游干流区间选取内陆湿地型自然保护区(洪湖国家级自然保护区和升金湖国家级自然保护区)来分析其周边区域人类干扰指数并探究空间近邻效应。最后,基于以上研究提出了"流域—典型区段—保护地"的"点—面联动"景观保护建议,以形成长江中下游流域景观大保护格局。主要研究结论如下:

1) 1995—2015年长江中下游流域人类干扰不断增强,景观格局变化显著,区域差异明显

林地和耕地是长江中下游流域的优势景观类型,约占中下游流域总面积的4/5,草地、湿地、建设用地和未利用地约占1/5。1995—2015年,长江中下游流域景观格局变化显著,其中耕地、林地、草地的面积减少,湿地、建设用地的面积增加,但主要是人工湿地在扩张(水库坑塘面积增加了1 153.38 km²,对湿地增加的贡献率达94.59%),而自然湿地萎缩依然严

重（湖泊和沼泽地分别减少了 71.30 km² 和 216.86 km²）；耕地、林地、建设用地和湿地的动态转移明显，耕地、林地主要转化为建设用地，湿地主要转化为耕地和建设用地。在地貌类型上，平原上集聚了研究区 43% 以上的耕地、82% 以上的湿地和 64% 以上的建设用地，人类活动最剧烈，人地矛盾最突出；丘陵、山地区以林地、草地等自然景观为主导，但人类活动的影响也在逐渐加深。在子流域上，各子流域的林地和耕地均呈减少趋势、建设用地均呈增长趋势，以太湖水系和长江下游干流区间子流域尤为突出。在区域上，长江下游建设用地的增加率和耕地的减少率显著高于中游；下游以城镇用地扩张为主，中游以厂矿、大型工业区、采石场、交通道路等建设用地扩张为主，长江中下游流域的生态环境压力不断增大。

整体上，长江中下游流域景观异质性增强，景观格局趋于复杂化，耕地、林地和草地景观趋于破碎化，湿地和建设用地破碎度减弱，原生景观和生态系统受到干扰而逐渐失去原貌。综上，必须有针对性地加大林地、草地和湿地自然资源和生态系统的保护力度，加强对城镇用地、工业用地、交通用地等建设用地的肆意扩张，侵占林地、草地、湿地生态用地和耕地的管控。

2）长江中下游流域人类活动强度不断增强，时空格局变化显著

1995—2015 年，长江中下游流域人类活动高强度带的面积显著增加，占比由 1995 年的 0.402 8% 增至 2015 年的 3.743 8%；低等级强度带不断向高等级转化；各强度带的人类活动强度平均值均呈增长趋势，且 2005—2015 年的增幅均显著高于 1995—2005 年；强度带等级越高，人类活动强度平均值的增幅越大。在空间分布上，高等级强度带主要分布在长江三角洲平原、皖苏沿江平原、鄱阳湖平原、洞庭湖平原和江汉平原等平原区域；低等级强度带则主要分布在秦岭山区、神农架林区、武陵山区、罗霄山区、九华山与大别山等自然生态系统、自然遗迹、自然景观和生物多样性丰富的山地、丘陵区域。

3）人类活动强度与不同类型自然保护地的空间分布关系存在明显差异

研究区内的自然保护区、风景名胜区、森林公园、地质公园、水利风景区和湿地公园六类国家级自然保护地在各人类活动强度带分布不均衡。数量方面，除水利风景区外，其他各类自然保护地随人类活动强度带的等级降低而数量递增。在密度方面，自然保护区、风景名胜区、森林公园、地质公园、水利风景区和湿地公园分别在低、较低、高、低、高和中强度带密度最大；在高等级强度带"人地"矛盾突出，保护压力较大，应加大对自然保护地的保护力度，尤其应加强对森林公园、水利风景区和湿地公园的监管保护和人类活动管控。根据保护地空间分布与人类活动强度的关系，应该加强不同人类活动强度带自然保护地的监测与评估；针对不同人类活动强度带的自然保护地制定差异化的管控措施，以实施精细化管理；贯彻"长江大保护"思想，完善自然保护地的网络化建设。

4）人类活动强度对湿地景观格局产生了深刻影响

由于总湿地景观面积和人类活动强度在1995年、2005年和2015年均是动态变化的，这为揭示人类活动强度与湿地景观变化之间的关系带来困难。为此，本书采用湿地景观相对增长率来表征湿地景观的变化。人类活动强度与湿地景观相对增长率的关系表明，伴随人类活动强度的增强，湿地景观相对变化呈"收缩"效应，并且在人类活动强度越高的区域，"收缩"效应越明显；随着人类活动强度升高，湿地景观破碎度增强，景观多样性减小，景观形状趋于规则；河渠、湖泊、水库坑塘、滩地和沼泽地各类湿地景观的斑块面积占比、斑块密度和聚合度指数的变化趋势，在不同人类活动强度带具有一定的空间变化差异性。研究表明，城镇化、农业开发等人类活动干扰是湿地景观格局变化的主要因素，必须严格管控人类对重要湿地的开发建设活动，尤其是在人类活动强度激烈的区域。

5）长江中下游流域典型区段（芜湖市）的景观格局、景观梯度特征、景观生态风险与生态系统服务价值变化显著

在人类活动的不断干扰下，芜湖市的景观格局发生了深刻变化，耕地和林地面积急剧减少、建设用地面积显著增加；整体上，景观异质性、破碎度增强，景观结构稳定性减弱；城镇建设和经济发展力度越大对景观格局的影响越显著，充分体现在长江南岸景观格局的破碎化和异质性远超于长江北岸。芜湖市的景观梯度变化不仅与长江生态廊道密切相关，而且直接受人类活动强度的影响，表现为景观格局指数曲线呈现多峰而非单调的变化趋势。1995—2016年，建设用地沿长江在纵向和横向上不断扩张，尤以长江南岸0—10 km区域突出，南北两岸经济建设发展的巨大差异直观地映射在南北两岸各景观格局指数的变化曲线上，南岸的景观边缘形状更趋于复杂、景观类型更趋于多样化、景观异质性更强。因此，芜湖市在后续发展规划中应根据景观资源分布格局和景观梯度变化特征合理规划和调整产业布局。

在研究期内，芜湖市的景观生态风险整体呈不断升高趋势。在空间分布上，生态风险等级的分布基本以长江为轴向南北两侧呈递减变化，且整体上江南的景观生态风险高于江北。自然保护地所处区域的生态风险由小变大，生态保护压力不断增加。1995—2016年，芜湖市总生态系统服务价值持续下降，生态功能不断衰退；生态服务功能主要为废物处理、水源涵养、气候调节、土壤保持和生物多样性保护；耕地对维持芜湖市生态系统服务价值起着比较稳定的作用，而面积占比较少的林地和湿地景观的生态系统服务价值起主导作用。高等级生态系统服务价值区与高等级生态风险区基本对应，主要集中在长江干流区域，即湿地集中分布区，因此必须加强以长江为主的湿地生态保护和对自然山体林地的保护与修复。为提高城市生态系统服务价值，在注重保护现有河湖水网、山林草田等生态系统的基础上应加强自然保护地的体系建设。

6) 关注自然保护地空间近邻效应,加强保护地内部与外部联动保护

采用人类干扰指数评价方法,研究洪湖自然保护区和升金湖自然保护区的景观结构及格局变化,探讨其周边区域人类干扰指数变化及空间近邻效应。1995—2015 年,洪湖自然保护区和升金湖自然保护区的景观生态环境得到了有效保护,保护区内部的人类干扰指数变化较小;但洪湖自然保护区和升金湖自然保护区外围区域的人工景观面积增加显著,人类干扰指数均显著高于保护区内部,尤其是洪湖自然保护区,其外围地势低平、以耕地为主,受到人类干扰的压力更大。曼-肯德尔(Mann-Kendall)趋势检验表明,上述两处保护地均存在空间近邻效应,洪湖自然保护区、升金湖自然保护区的主要影响区分别为距保护区边界 0—4 km 和 0—5 km 区域。在加强自然保护区内部景观管理和生态环境保护时,应重视保护区外围区域景观格局的变化,必须对保护地外围一定区域的景观格局、景观多样性和连通性进行保护,使保护地与周边区域维持景观生态联系,防止保护地被"孤岛化"。

7) 提出"流域—典型区段—保护地"的"点—面联动"景观保护建议

流域保护工作以"流域—典型区段—保护地"的"点—面联动"为指导原则,遵循原生景观、人地关系和系统论。对于长江中下游流域而言,我们提出了一系列景观保护的宏观对策。在典型区段层面,我们分别就城市和流域提出了相应的保护与监管措施;而在保护地层面,则主张加强自然保护地内外的联动保护。

10.2　创新点

(1) 在流域层面,揭示了长江中下游流域 1995—2015 年景观格局时空演变规律和人类活动强度时空分布特征;梳理了流域内国家级的自然保护区、风景名胜区、森林公园、地质公园、水利风景区和湿地公园的分布特征,并揭示了人类活动强度与上述六类国家级自然保护地的空间分布关系。

(2) 在典型区段层面,揭示了芜湖市景观格局、生态效应及其对自然保护地的影响;在保护地层面,解析了洪湖、升金湖自然保护区外围周边区域存在的空间近邻效应。

(3) 在流域生态视域,提出了"流域—典型区段—保护地"的"点—面联动"景观保护建议。

10.3　研究局限性与展望

1) 研究局限性

本书从流域层面定量揭示了长江中下游流域 1995—2015 年景观格局时空动态变化特征,未深入定量分析其景观格局演变的驱动机制,今后需

进一步研究。

在以土地利用类型为基础计算人类活动强度时,综合考虑了当下我国主要县区级行政单元的大小和计算效率,从 40 km×40 km 的单元尺度计算人类活动强度;但人类活动强度具有尺度效应,后续需深入分析多种尺度下人类活动强度的时空分布及其与自然保护地等生态敏感区的互作关系。

在研究长江中下游流域芜湖市的生态系统服务价值时,采用单位面积总生态系统服务价值进行空间可视化,反映了总生态系统服务价值的时空分布特征。但一般来说,人类干扰低的土地利用类型的调节与支持服务价值较高,供给服务价值相对较低;而随着人类干扰增强,供给服务价值升高,调节与支持服务价值则降低(苏常红等,2012)。在今后的分析中需要加强单个生态系统服务价值变化比较的研究。

受时间和资料搜集的局限,本书仅分析了长江中下游流域内的国家级自然保护地中的六类,而中下游流域还分布数量和类型众多的省级、市级等各级别自然保护地,并未对其开展深入研究;在从保护地层面探究保护地外围区域人类干扰和空间近邻效应时,选择了自然保护区中的内陆湿地类型保护区作为实证研究对象,其他保护地周边的人类干扰如何,是否也存在空间近邻效应,仍需进一步深入探究。

2)研究展望

本书在研究过程中着重于从流域层面分析长江中下游流域景观格局的时空演变特征与规律、人类活动强度时空变化及其与自然保护地、湿地景观等生态敏感区的互作关系;从典型区段层面分析长江中下游流域具有典型地理区位特征的芜湖市的景观格局变化、沿江景观梯度特征、景观生态风险与生态系统服务价值及其对自然保护地的影响;从保护地层面分析自然保护地周边区域的人类干扰指数并探究其空间近邻效应。这样做的目的是推进长江中下游流域自然保护地的整合优化,加强对流域山水格局、自然景观、自然资源、自然生态系统、生物多样性的保护,维护长江流域的生态安全和可持续发展,实现人与自然和谐相处。但要实现长江中下游乃至长江流域的景观大保护,还有很多研究领域和研究空间需要拓展与深化。未来可继续针对景观格局指数与自然保护地的关联和各类保护地的空间近邻效应与比较开展深入研究;行政区域层面以及行政区与流域之间如何做好自然保护地、自然资源的整体性保护,如何提高原生景观资源的调节服务、支持服务和文化服务等生态系统服务价值,仍需继续研究;整个长江中下游流域景观生态风险、生态系统服务价值和景观格局的优化路径等均需要更加深入地探讨,从而更好地为长江经济带发展、长江大保护战略和生态文明建设提供研究支撑。

附录1　长江中下游流域国家级自然保护区列表

省份	名称	面积/km²	主要保护对象	类型	始建年份	晋升为国家级年份	原主管部门
上海（2个）	崇明东滩鸟类	241.55	湿地生态系统及珍稀鸟类	野生动物	1998	2005	国家林业局
	九段沙湿地	420.20	河口型湿地生态系统、发育早期的河口沙洲	内陆湿地	2000	2005	国家环境保护总局
浙江（2个）	古田山	81.08	白颈长尾雉、黑麂、南方红豆杉及常绿阔叶林	野生动物	1975	2001	国家林业局
	长兴地质遗迹	2.75	全球二叠系—三叠系界线层型剖面、长兴阶层型剖面及古生物化石	地质遗迹	1980	2005	国土资源部
安徽（4个）	安徽扬子鳄	185.65	扬子鳄及其生境	野生动物	1975	1986	国家林业局
	古牛绛	67.13	森林生态系统及珍稀动植物	森林生态	1982	1988	
	铜陵淡水豚	315.18	白鱀豚、江豚等珍稀水生生物	野生动物	1985	2006	国家环境保护总局
	升金湖	334.00	白鹤等珍稀鸟类及湿地生态系统	内陆湿地	1986	1997	国家林业局
江西（15个）	九连山	134.12	亚热带常绿阔叶林	森林生态	1975	2003	国家林业局
	井冈山	214.99	亚热带常绿阔叶林及珍稀动物	森林生态	1981	2000	
	官山	115.01	中亚热带常绿阔叶林及白颈长尾雉等珍稀野生动植物	森林生态	1981	2007	
	庐山	201.20	中亚热带森林生态系统	森林生态	1981	2013	
	江西武夷山	160.07	中亚热带常绿阔叶林及珍稀动植物	森林生态	1981	2002	
	桃红岭梅花鹿	125.00	野生梅花鹿南方亚种及其栖息地	野生动物	1981	2001	
	鄱阳湖候鸟	224.00	白鹤等越冬珍禽及其栖息地	野生动物	1983	1988	
	铜钹山	108.00	武夷山脉北段中亚热带北缘常绿阔叶林森林	森林生态	1985	2014	
	婺源森林鸟类	129.93	蓝冠噪鹛、白腿小隼、中华秋沙鸭、鸳鸯等珍稀鸟类种群及其栖息地	野生动物	1993	2016	
	江西九岭山	115.41	中亚热带常绿阔叶林及野生动植物	森林生态	1994	2010	
	江西马头山	138.67	亚热带常绿阔叶林及珍稀植物	森林生态	1994	2008	

省份	名称	面积/km²	主要保护对象	类型	始建年份	晋升为国家级年份	原主管部门
江西（15个）	阳际峰	109.46	华南湍蛙和棘胸蛙等两栖纲动物及亚热带森林生态系统	野生动物	1996	2012	国家林业局
	齐云山	171.05	亚热带常绿阔叶林	森林生态	1997	2012	
	鄱阳湖南矶湿地	333.00	天鹅、大雁等越冬珍禽和湿地生境	内陆湿地	1997	2008	
	赣江源	161.01	中亚热带常绿阔叶林	森林生态	1998	2011	
湖北（17个）	星斗山	683.39	珙桐、水杉及森林植被	野生植物	1981	2003	国家林业局
	九宫山	166.09	中亚热带阔叶林生态系统及珍稀动植物	森林生态	1981	2007	
	神农架	704.67	森林生态系统及金丝猴、珙桐等珍稀动植物	森林生态	1982	1986	
	木林子	208.38	中亚热带森林生态系统及珙桐、香果树等珍稀植物	森林生态	1983	2012	
	五峰后河	103.40	森林生态系统及珙桐等珍稀动植物	森林生态	1985	2000	
	堵河源	471.73	林麝及北亚热带森林生态系统	野生动物	1987	2013	
	赛武当	212.03	巴山松、铁杉群落及野生动植物	森林生态	1987	2011	
	长江新螺段白鱀豚	135.00	白鱀豚、江豚、中华鲟及其生境	野生动物	1987	1992	农业部
	十八里长峡	256.05	秦巴植物区系濒危动植物、北亚热带亚高山	野生植物	1988	2014	国家林业局
	龙感湖	223.22	湿地生态系统及白头鹤等珍禽	内陆湿地	1988	2009	
	七姊妹山	345.50	中亚热带山地常绿阔叶林森林生态系统、珙桐群落	森林生态	1990	2008	
	长江天鹅洲白鱀豚	20.00	白鱀豚、江豚及其生境	野生动物	1990	1992	农业部
	咸丰忠建河大鲵	10.43	大鲵及其生境	野生动物	1990	2012	
	石首麋鹿	15.67	麋鹿及其生境	野生动物	1991	1998	国家环境保护总局
	洪湖	414.12	湿地生态系统	内陆湿地	1996	2014	国家林业局
	青龙山恐龙蛋化石群	2.05	恐龙蛋化石群	古生物遗迹	1997	2001	国土资源部
	南河	148.34	北亚热带森林生态系统、古老孑遗珍稀濒危野生植物及其生境	森林生态	2003	2014	国家林业局

省份	名称	面积/km²	主要保护对象	类型	始建年份	晋升为国家级年份	原主管部门
湖南（22个）	金童山	184.66	中亚热带常绿阔叶林森林生态系统及资源冷杉、伯乐树等野生资源	森林生态	1981	2013	国家林业局
	八大公山	200.00	亚热带森林及南方红豆杉、伯乐树等珍稀濒危植物	森林生态	1982	1986	
	黄桑	125.90	森林生态系统及红豆杉、伯乐树、铁杉等珍稀植物	森林生态	1982	2005	
	壶瓶山	665.68	森林及云豹等珍稀动物	森林生态	1982	1994	
	小溪	248.00	珙桐、南方红豆杉等珍稀植物	森林生态	1982	2001	
	永州都庞岭	200.66	森林生态系统、林麝、白颈长尾雉等野生动物	森林生态	1982	2000	
	阳明山	127.95	森林及黄杉、红豆杉等珍贵植物	森林生态	1982	2009	
	九嶷山	102.36	中亚热带中海拔天然阔叶林生态系统及珍稀野生动植物资源与栖息地	森林生态	1982	2013	
	东洞庭湖	1 900.00	湿地生态系统及珍稀水禽	内陆湿地	1982	1994	
	炎陵桃源洞	237.86	银杉群落及森林生态系统	森林生态	1982	2002	
	八面山	109.74	森林及银杉、水鹿、黄腹角雉等珍稀动植物	森林生态	1982	2008	
	湖南舜皇山	217.20	亚热带常绿阔叶林及银杉、资源冷杉等动植物	森林生态	1982	2009	
	东安舜皇山	131.40	亚热带常绿阔叶林及资源冷杉、伯乐树、南方红豆杉等珍稀物种	森林生态	1984	2013	
	南岳衡山	119.92	野生动植物、濒危动植物	森林生态	1984	2007	
	高望界	171.70	低海拔常绿阔叶林	森林生态	1993	2011	
	张家界大鲵	142.85	大鲵及其栖息生境	野生动物	1995	1996	农业部
	鹰嘴界	159.00	典型亚热带森林植被及南方红豆杉、银杏等	森林生态	1998	2006	国家林业局
	湖南白云山	201.59	森林生态系统及野生动植物	森林生态	1998	2013	
	借母溪	130.41	森林生态系统及银杏、榉木、楠木等珍稀植物	森林生态	1998	2008	
	乌云界	333.40	森林生态系统及大型猫科动物	森林生态	1998	2006	国家环境保护总局
	西洞庭湖	300.44	湿地生态系统及黑鹳、白鹤等珍稀野生动植物	内陆湿地	1998	2014	国家林业局
	六步溪	142.39	森林及野生动植物	森林生态	1999	2009	

省份	名称	面积/km²	主要保护对象	类型	始建年份	晋升为国家级年份	原主管部门
河南（6个）	宝天曼	54.13	过渡带森林生态系统、珍稀动植物	森林生态	1980	1988	国家林业局
	连康山	105.80	北亚热带森林生态系统及白冠长尾雉等珍稀动物与栖息地	森林生态	1982	2005	
	董寨	468.00	珍稀鸟类及其栖息地	野生动物	1982	2001	
	伏牛山	560.24	过渡带森林生态系统	森林生态	1982	1997	
	南阳恐龙蛋化石群	780.15	恐龙蛋化石	古生物遗迹	1998	2003	国土资源部
	丹江湿地	640.27	湿地生态系统	内陆湿地	2001	2007	国家林业局
陕西（16个）	佛坪	292.40	大熊猫、金丝猴、扭角羚等野生动物及森林	野生动物	1978	1978	国家林业局
	牛背梁	164.18	扭角羚等珍稀动物及其栖息地	野生动物	1980	1988	
	汉中朱鹮	375.49	朱鹮及其生境	野生动物	1983	2005	
	太白湑水河珍稀水生生物	53.43	大鲵、细鳞鲑、哲罗鲑等水生动物	野生动物	1990	2012	农业部
	老县城	126.11	大熊猫、金丝猴、羚牛、林麝等珍稀野生动物	野生动物	1993	2013	国家林业局
	长青	299.06	大熊猫、扭角羚、林麝等珍稀动物及其生境	野生动物	1994	1995	
	化龙山	281.03	森林植物、野生动物	森林生态	2001	2007	
	略阳珍稀水生动物	34.15	大鲵等珍稀水生动物及其生境	野生动物	2002	2013	
	紫柏山	174.72	扭角羚、云豹等珍稀动物	野生动物	2002	2012	
	桑园	138.06	大熊猫及栖息生境	野生动物	2002	2009	
	陕西米仓山	341.92	森林生态系统及珍稀动植物	森林生态	2002	2011	
	青木川	102.00	金丝猴、扭角羚、大熊猫等珍稀动物	野生动物	2002	2009	
	天华山	254.85	大熊猫、金丝猴、扭角羚等野生动物及其生境	野生动物	2002	2008	
	观音山	135.34	大熊猫及其生境	野生动物	2003	2013	
	平河梁	211.52	大熊猫、扭角羚、金丝猴、林麝等野生动物	野生动物	2006	2013	
	黄柏塬	218.65	大熊猫及其栖息地	野生动物	2006	2013	

注：研究区内国家级自然保护区总计84个，总面积为20 173.14 km²。

附录2 长江中下游流域国家级风景名胜区列表

省份	类型	名称（获批为国家级年份）	原主管部门
上海	—	—	—
江苏 （3个）	湖泊类（1个）	太湖（1982）	住房和城乡 建设部
	陵寝类（1个）	南京钟山（1982）	
	其他类（1个）	镇江三山（2004）	
浙江 （2个）	湖泊类（1个）	杭州西湖（1982）	住房和城乡 建设部
	山岳类（1个）	莫干山（1994）	
安徽 （10个）	山岳类（5个）	黄山（1982）、九华山（1982）、天柱山（1982）、琅琊山（1988）、采石（2002）	住房和城乡 建设部
	湖泊类（3个）	巢湖（2002）、花亭湖（2005）、齐山—平天湖（2017）	
	岩洞类（1个）	太极洞（2004）	
	民俗风情类（1个）	龙川（2017）	
江西 （17个）	山岳类（7个）	庐山（1982）、三清山（1988）、龟峰（2004）、武功山（2005）、灵山（2009）、大茅山（2012）、小武当（2017）	住房和城乡 建设部
	湖泊类（1个）	仙女湖（2002）	
	岩洞类（1个）	神农源（2012）	
	民俗风情类（1个）	高岭—瑶里（2005）	
	特殊地貌类（2个）	龙虎山（1988）、汉仙岩（2017）	
	纪念地类（2个）	井冈山（1982）、瑞金（2017）	
	其他类（3个）	梅岭—滕王阁（2004）、云居山—柘林湖（2005）、杨岐山（2017）	
湖北 （8个）	山岳类（3个）	武当山（1982）、大洪山（1988）、九宫山（1994）	住房和城乡 建设部
	湖泊类（3个）	武汉东湖（1982）、陆水（2002）、丹江口水库（2017）	
	纪念地类（1个）	隆中（1994）	
	江河类（1个）	长江三峡（湖北段）（1982）	
湖南 （22个）	山岳类（7个）	衡山（1982）、崀山（2002）、岳麓山（2002）、德夯（2005）、虎形山—花瑶（2009）、南山（2009）、沩山（2012）	住房和城乡 建设部
	湖泊类（2个）	岳阳楼洞庭湖（1988）、东江湖（2009）	
	岩洞类（2个）	紫鹊界梯田—梅山龙宫（2005）、白水洞（2012）	
	民俗风情类（1个）	凤凰（2012）	
	特殊地貌类（3个）	武陵源（1988）、苏仙岭—万华岩（2009）、万佛山—侗寨（2009）	
	纪念地类（1个）	韶山（1994）	

省份	类型	名称（获批为国家级年份）	原主管部门
湖南 （22个）	江河类（2个）	猛洞河（2004）、福寿山—汨罗江（2006）	住房和城乡 建设部
	历史圣地类（2个）	炎帝陵（2012）、九嶷山—舜帝陵（2017）	
	其他类（2个）	桃花源（2004）、里耶—乌龙山（2017）	
河南 （1个）	山岳类（1个）	石人山（2002）	住房和城乡 建设部
陕西	—	—	—

注：研究区内国家级风景名胜区总计63个。

省/市	名称（获批为国家级年份）	原主管部门
上海 （4个）	佘山（1993）、东平（1993）、海湾（2004）、共青（2005）	国家林业局
江苏 （15个）	虞山（1989）、宜兴（1992）、上方山（1992）、惠山（1993）、东吴（1993）、南山（1995）、宝华山（1996）、西山（1997）、紫金山（2003）、大阳山（2009）、栖霞山（2010）、游子山（2012）、老山（2014）、无想山（2015）、天目湖（2015）	国家林业局
浙江 （5个）	竹乡（1996）、九龙山（1997）、径山（山沟沟）（2006）、半山（2010）、梁希（2014）	国家林业局
安徽 （24个）	琅琊山（1985）、黄山（1987）、妙道山（1992）、石莲洞（1992）、徽州（1992）、冶父山（1992）、天柱山（1992）、紫蓬山（1992）、大龙山（1992）、九华山（1992）、浮山（1992）、天井山（1992）、皇甫山（1992）、太湖山（1992）、神山（1992）、鸡笼山（1992）、横山（1994）、敬亭山（1996）、万佛山（2002）、水西（2004）、青龙湾（2004）、马仁山（2008）、大蜀山（2013）、滨湖（2014）	国家林业局
江西 （45个）	三爪仑（1993）、梅岭（1993）、马祖山（1993）、庐山（1993）、灵岩洞（1993）、鄱阳湖口（1993）、明月山（1994）、翠微峰（1994）、天柱峰（2000）、泰和（2000）、上清（2000）、鹅湖山（2000）、龟峰（2000）、三湾（2000）、梅关（2001）、永丰（2001）、阁皂山（2001）、三叠泉（2001）、武功山（2002）、铜钹山（2002）、五指峰（2003）、阳岭（2003）、天花井（2003）、安源（2004）、万安（2004）、柘林湖（2004）、陡水湖（2004）、九连山（2005）、岩泉（2005）、景德镇（2005）、瑶里（2005）、云碧峰（2005）、峰山（2006）、九岭山（2006）、清凉山（2006）、五府山（2007）、碧湖潭（2008）、军峰山（2008）、岑山（2008）、怀玉山（2008）、仰天岗（2009）、圣水堂（2009）、鄱阳莲花山（2012）、彭泽（2013）、金盆山（2014）	国家林业局
湖北 （36个）	神农架（1992）、大老岭（1992）、玉泉寺（1992）、鹿门寺（1992）、九峰（1992）、龙门河（1993）、薤山（1994）、大口（1995）、清江（1996）、柴埠溪（1996）、八岭山（1996）、潜山（1996）、大别山（1996）、沧水（1998）、太子山（2002）、中华山（2002）、三角山（2002）、红安天台山（2003）、恩施坪坝营（2004）、千佛洞（2005）、双峰山（2005）、大洪山（2006）、沧浪山（2008）、虎爪山（2008）、五脑山（2008）、安陆古银杏（2009）、牛头山（2009）、诗经源（2010）、九女峰（2011）、偏头山（2012）、丹江口（2013）、汉江瀑布群（2014）、崇阳（2014）、西塞国（2015）、岘山（2015）、白竹园寺（2015）	国家林业局
湖南 （54个）	张家界（1982）、南华山（1992）、天门山（1992）、云山（1992）、舜皇山（1992）、桃花源（1992）、阳明山（1992）、九嶷山（1992）、黄山头（1992）、东台山（1992）、天鹅山（1992）、神农谷（1992）、大围山（1992）、夹山（1993）、河洑（1994）、峋嵝峰（1995）、大云山（1996）、花岩溪（1997）、中坡（2002）、大熊山（2002）、云阳（2002）、金洞（2005）、幕阜山（2005）、百里龙山（2006）、不二门（2006）、天际岭（2006）、五尖山（2007）、两江峡谷（2008）、月岩（2008）、雪峰山（2008）、峰峦溪（2008）、桃花江（2008）、湘江源（2008）、柘溪（2009）、宁乡香山（2009）、天堂山（2009）、嵩云山（2010）、天泉山（2010）、青羊湖（2010）、罗溪（2011）、坐龙峡（2012）、福音山（2012）、黑糜峰（2012）、熊峰山（2012）、矮寨（2013）、攸州（2013）、嘉山（2014）、靖州（2015）、沅陵（2015）、四明山（2015）、嘉禾（2015）、永兴丹霞（2015）、北罗霄（2015）、齐云峰（2015）	国家林业局
河南 （4个）	寺山（1992）、白云山（1992）、淮河源（2002）、玉皇山（2003）	国家林业局
陕西 （15个）	天华山（1997）、南宫山（2000）、五龙洞（2001）、金丝大峡谷（2002）、汉中天台（2002）、通天河（2002）、黎坪（2002）、木王（2003）、鬼谷岭（2004）、千家坪（2005）、上坝河（2006）、紫柏山（2008）、牛背梁（2008）、天竺山（2008）、汉阴凤凰山（2014）	国家林业局

注：研究区内国家级森林公园总计202个。

附录4 长江中下游流域国家级地质公园列表

省份	名称（获批为国家级年份）	原主管部门
上海 （1个）	崇明长江三角洲（2005）	国土资源部
江苏 （3个）	太湖西山（2004）、南京六合（2005）、江宁汤山方山（2009）	国土资源部
浙江	—	—
安徽 （8个）	黄山（2002）、浮山（2002）、祁门牯牛降（2004）、大别山（六安）（2005）、天柱山（2005）、池州九华山（2009）、广德太极洞（2011）、繁昌马仁山（2014）	国土资源部
江西 （5个）	龙虎山（2000）、庐山（2001）、武功山（2005）、三清山（2005）、石城（2014）	国土资源部
湖北 （10个）	长江三峡（2004）、神农架（2005）、郧县恐龙蛋化石群（2005）、木兰山（2005）、武当山（2009）、黄冈大别山（2009）、五峰（2011）、咸宁九宫山—温泉（2011）、恩施腾龙洞大峡谷（2014）、长阳清江（2014）	国土资源部
湖南 （12个）	张家界砂岩峰林（2001）、崀山（2002）、郴州飞天山（2002）、凤凰（2005）、古丈红石林（2005）、攸县酒埠江（2005）、五龙山（2009）、湄江（2009）、平江石牛寨（2011）、浏阳大围山（2011）、通道万佛山（2014）、安化雪峰湖（2014）	国土资源部
河南 （2个）	内乡宝天曼（2002）、西峡伏牛山（2004）	国土资源部
陕西 （3个）	岚皋南宫山（2009）、商南金丝峡（2009）、柞水溶洞（2011）	国土资源部

注：研究区国家级地质公园总计44个。

附录5 长江中下游流域国家级水利风景区列表

省份	类型	名称（获批为国家级年份）	原主管部门
上海 （4个）	水库型（1个）	上海碧海金沙（2007）	水利部
	城市河湖型 （3个）	上海松江生态（2003）、淀山湖（2006）、浦东新区滴水湖（2009）	
江苏 （27个）	水库型（3个）	溧阳天目湖旅游度假区（2001）、宜兴横山水库（2006）、宜兴竹海（2016）	水利部
	城市河湖型 （15个）	扬州瓜洲古渡（2002）、泰州引江河（2003）、南京金牛湖（2006）、无锡梅梁湖（2007）、南京外秦淮河（2008）、太仓市金仓湖（2009）、南京市天生桥河（2009）、如皋市龙游（2011）、太湖浦江源（2011）、张家港市环城河（2013）、金坛愚池湾（2014）、昆山明镜荡（2014）、镇江金山湖（2014）、南京玄武湖（2016）、常州雁荡河（2016）	
	自然河湖型 （5个）	苏州胥口（2004）、泰州市凤凰河（2007）、南京珍珠泉（2009）、溧阳南山竹海（2014）、江阴芙蓉湖（2015）	
	湿地型（3个）	无锡市长广溪湿地（2012）、无锡新区梁鸿（2014）、句容赤山湖（2016）	
	水土保持型 （1个）	苏州市旺山（2013）	
浙江 （4个）	水库型（3个）	安吉县天赋旅游区（2002）、安吉县江南天池（2007）、安吉县老石坎水库（2009）	水利部
	城市河湖型 （1个）	湖州太湖旅游度假区（2002）	
安徽 （19个）	水库型（6个）	龙河口（2001）、青龙湾（2004）、广德县卢湖竹海（2007）、郎溪县石佛山天子湖（2010）、黄山石门（2010）、来安县白鹭岛（2012）	水利部
	城市河湖型 （4个）	芜湖市滨江（2011）、全椒襄河（2014）、肥东岱山湖（2014）、合肥滨湖（2015）	
	自然河湖型 （7个）	太湖县花亭湖（2004）、泾县桃花潭（2008）、岳西县天峡（2012）、池州九华天池（2015）、望江古雷池（2015）、池州杏花村（2016）、南陵大浦（2017）	
	湿地型（1个）	太平湖（2001）	
	灌区型（1个）	芜湖陶辛水韵（2016）	
江西 （38个）	水库型（30个）	高安县上游湖（2003）、井冈山市井冈湖（2004）、贵溪市白鹤湖（2004）、乐平市翠平湖（2004）、南城县麻源三谷（2004）、泰和县白鹭湖（2004）、宜春市飞剑潭（2004）、上饶市枫泽湖（2005）、铜鼓县九龙湖（2006）、安福县武功山（2006）、景德镇市月亮湖（2007）、都昌县张岭水库（2009）、萍乡市明月湖（2009）、会昌县汉仙湖（2010）、星子县庐湖（2010）、宜丰县渊明湖（2011）、新建县梦山水库（2011）、新建县溪霞水库（2011）、广丰县铜钹山九仙湖（2013）、九江市庐山西海（2013）、玉山县三清湖（2013）、万年县群英水库（2013）、弋阳龟峰湖（2014）、宁都赣江源（2014）、新干黄泥埠水库（2014）、吉安螺滩（2014）、瑞金陈石湖（2015）、南城醉仙湖（2015）、吉安青原禅溪（2016）、弋阳龙门湖（2016）	水利部

省份	类型	名称（获批为国家级年份）	原主管部门
江西（38个）	城市河湖型（1个）	武宁西海湾（2015）	水利部
	自然河湖型（4个）	南丰县潭湖（2004）、赣州三江（2005）、武宁县武陵岩桃源（2012）、德兴凤凰湖（2014）	
	湿地型（1个）	景德镇市玉田湖（2003）	
	水土保持型（1个）	德安江西水保生态科技园（2015）	
	灌区型（1个）	赣抚平原灌区（2010）	
湖北（19个）	水库型（13个）	漳河（2002）、襄阳市三道河水镜湖（2005）、钟祥市温峡湖（2006）、荆州市洈水（2007）、武汉夏家寺（2007）、孝昌县观音湖（2009）、罗田县天堂湖（2009）、英山县毕升湖（2010）、通山县富水湖（2011）、长阳土家族自治县清江（2012）、麻城浮桥河（2014）、黄冈白莲河（2016）、麻城明山（2016）	水利部
	城市河湖型（3个）	武汉市江滩（2008）、郧西天河（2015）、荆州北闸（2015）	
	自然河湖型（2个）	恩施龙鳞宫（2003）、京山惠亭湖（2004）	
	水土保持型（1个）	宜昌百里荒（2016）	
湖南（37个）	水库型（19个）	张家界娄江（2002）、湖南水府（2002）、益阳市鱼形山（2005）、湘西大龙洞（2006）、怀化五龙溪（2007）、皂市（2008）、凤凰县长潭岗（2008）、衡阳县织女湖（2008）、长沙市黄材水库（2009）、衡阳县斜陂堰水库（2009）、韶山市青年水库（2009）、衡山县九观湖（2009）、耒阳市蔡伦竹海（2011）、澧县王家厂水库（2012）、资水东江湖（2015）、江永千家峒（2015）、永兴青山垅—龙潭（2015）、蓝山湘江源（2015）、郴州四清湖（2016）	水利部
	城市河湖型（7个）	长沙湘江（2004）、长沙市千龙湖（2005）、常德市柳叶湖（2013）、益阳市皇家湖（2013）、江华瑶族自治县潇湘源（2013）、汉寿清水湖（2014）、望城半岛（2016）	
	自然河湖型（8个）	九龙潭大峡谷（2003）、衡东洣水（2004）、酒埠江（2004）、永兴县便江（2005）、花垣县花垣边城（2010）、辰溪县燕子洞（2012）、汝城热水河（2016）、涟源杨家滩（2016）	
	水土保持型（1个）	双牌县阳明山（2006）	
	灌区型（2个）	新化县紫鹊界（2009）、湘潭韶山灌区（2014）	

省份	类型	名称(获批为国家级年份)	原主管部门
河南 (5个)	水库型(4个)	铜山湖(2004)、西峡县石门湖(2005)、方城县望花湖(2006)、南阳市鸭河口水库(2010)	水利部
	城市河湖型 (1个)	南阳市龙王沟(2009)	
陕西 (10个)	水库型(2个)	汉中石门(2002)、城固县南沙湖(2007)	水利部
	城市河湖型 (2个)	商洛市丹江公园(2006)、丹凤县龙驹寨(2009)	
	自然河湖型 (4个)	安康市瀛湖(2004)、南郑县红寺湖(2004)、商南县金丝大峡谷(2011)、岚皋千层河(2016)	
	水土保持型 (1个)	丹凤桃花谷(2014)	
	灌区型 (1个)	汉阴凤堰古梯田(2014)	

注:研究区内国家级水利风景区总计163个。

附录6 长江中下游流域国家级湿地公园列表

省份	名称（获批为国家级年份）	原主管部门
上海 （2个）	崇明西沙（2011）、吴淞炮台湾（2013）	国家林业局
江苏 （14个）	苏州太湖湖滨（2009）、无锡长广溪（2009）、沙家浜（2009）、苏州太湖（2011）、梁鸿（2011）、长江新济洲（2011）、太湖三山岛（2011）、无锡蠡湖（2011）、溧阳天目湖（2012）、句容赤山湖（2013）、昆山天福（2013）、同里（2013）、溧阳长荡湖（2014）、金坛长荡湖（2016）	国家林业局
浙江 （3个）	西溪（2005）、下渚湖（2008）、长兴仙山湖（2009）	国家林业局
安徽 （11个）	太平湖（2005）、太湖县花亭湖（2009）、秋浦河源（2011）、平天湖（2011）、菜子湖（2015）、桐城嬉子湖（2015）、肥西三河（2015）、潜山潜水河（2016）、肥东管湾（2016）、巢湖半岛（2016）、庐阳董铺（2016）	国家林业局
江西 （31个）	孔目江（2005）、东鄱阳湖（2008）、修河（2008）、药湖（2009）、傩湖（2009）、庐山西海（2011）、修河源（2011）、潋江（2011）、大湖江（2011）、章江（2012）、万年珠溪（2012）、上犹南湖（2012）、会昌湘江（2012）、南城洪门湖（2012）、婺源饶河源（2013）、景德镇玉田湖（2013）、宁都梅江（2013）、鹰潭信江（2014）、遂川五斗江（2014）、三清山信江源（2014）、芦溪山口岩（2014）、庐陵赣江（2014）、石城赣江源（2015）、高安锦江（2015）、横峰岑港河（2015）、资溪九龙湖（2015）、莲花莲江（2016）、崇义阳明湖（2016）、大余章水（2016）、全南桃江（2016）、万安湖（2016）	国家林业局
湖北 （63个）	神农架大九湖（2006）、武汉东湖（2008）、谷城汉江（2009）、赤龙湖（2009）、赤壁陆水湖（2009）、荆门漳河（2009）、遗爱湖（2011）、浮桥河（2011）、惠亭湖（2011）、莫愁湖（2011）、保安湖（2011）、天龙湾（2011）、金沙湖（2011）、天堂湖（2011）、返湾湖（2011）、武山湖（2011）、通城大溪（2012）、长寿岛（2012）、沙洋潘集湖（2012）、江夏藏龙岛（2012）、竹山圣水湖（2012）、崇阳青山（2012）、当阳青龙湖（2012）、竹溪龙湖（2012）、浠水策湖（2012）、沙湖（2012）、武汉安山（2013）、襄阳汉江（2013）、通山富水湖（2013）、古南河（2013）、蔡甸后官湖（2013）、黄龙滩（2013）、松滋洈水（2013）、沮河（2013）、贡水河（2013）、朱湖（2013）、仙居河（2013）、封江口（2013）、万洋洲（2013）、咸宁向阳湖（2014）、长阳清江（2014）、黄冈白莲河（2014）、武汉杜公湖（2014）、南漳清凉河（2014）、枝江金湖（2014）、汉川汈汊湖（2014）、环荆州古城（2014）、公安崇湖（2014）、安陆府河（2014）、五峰百溪河（2014）、孝感老观湖（2015）、英山张家咀（2015）、云梦涢水（2015）、夷陵圈椅淌（2015）、张家湖（2015）、荆州菱角湖（2015）、石首三菱湖（2015）、广水徐家河（2016）、十堰郧阳湖（2016）、十堰泗河（2016）、监利老江河故道（2016）、阳新莲花湖（2016）、嘉鱼珍湖（2016）	国家林业局

省份	名称（获批为国家级年份）	原主管部门
湖南 （69个）	东江湖（2005）、水府庙（2007）、酒埠江（2008）、千龙湖（2008）、雪峰湖（2009）、湘阴洋沙湖—东湖（2009）、金洲湖（2009）、吉首峒河（2009）、汨罗江（2009）、五强溪（2011）、松雅湖（2011）、耒水（2011）、毛里湖（2011）、琼湖（2011）、新墙河（2011）、桃源沅水（2011）、黄家湖（2011）、书院洲（2011）、南洲（2011）、衡东洣水（2012）、城步白云湖（2012）、江华涔天河（2012）、会同渠水（2012）、魏源湖（2012）、邵阳天子湖（2013）、溆浦思蒙（2013）、华容东湖（2013）、春陵（2013）、双牌日月湖（2013）、常宁天湖（2013）、绥宁花园阁（2013）、涔槐（2013）、东安紫水（2014）、醴陵官庄湖（2014）、桃江羞女湖（2014）、平江黄金河（2014）、茶陵东阳湖（2014）、洪江清江湖（2014）、靖州五龙潭（2014）、鼎城鸟儿洲（2014）、泸溪武水（2014）、花垣古苗河（2014）、衡山萱洲（2014）、新邵筱溪（2014）、新化龙湾（2014）、洞口平溪江（2014）、衡南莲湖湾（2014）、石门仙阳湖（2014）、大通湖（2014）、安仁永乐江（2015）、赫山来仪湖（2015）、郴州西河（2015）、云溪白泥湖（2015）、新宁夫夷江（2015）、金洞猛江河（2015）、宁远九嶷湖（2015）、浏阳河（2015）、通道玉带河（2015）、涟源湄峰湖（2015）、保靖酉水（2015）、麻阳锦江（2016）、永顺猛洞河（2016）、零陵潇水（2016）、汉寿息风湖（2016）、长沙洋湖（2016）、中方舞水（2016）、嘉禾钟水河（2016）、祁阳浯溪（2016）、临澧道水河（2016）	国家林业局
河南 （5个）	南阳白河（2012）、南阳唐河（2013）、淅川丹阳湖（2014）、邓州湍河（2014）、泌阳铜山湖（2014）	国家林业局
陕西 （11个）	丹凤丹江（2009）、宁强汉水源（2009）、宁陕旬河源头（2009）、丹江源（2013）、牧马河（2013）、千层河（2013）、平利古仙湖（2015）、汉中葱滩（2015）、汉阴观音河（2016）、镇坪曙河源（2016）、石泉汉江莲花池古渡（2016）	国家林业局

注：研究区内国家级湿地公园总计209个。

附录7 存在多个名称或边界交叉重叠问题的国家级自然保护地

序号	省份	名称	备注
1	上海	—	—
2	江苏	紫金山森林公园、钟山风景名胜区	边界交叉重叠
3	江苏	太湖国家级风景名胜区、太湖西山国家地质公园、苏州太湖国家级湿地公园	边界交叉重叠
4	安徽	九华山风景区、九华山国家级地质公园、九华山国家森林公园	边界交叉重叠
5	安徽	琅琊山风景名胜区、琅琊山国家森林公园	多个名称
6	安徽	天柱山风景名胜区、天柱山国家地质公园、天柱山国家森林公园	多个名称
7	安徽	太极洞风景名胜区、太极洞国家地质公园	多个名称
8	安徽	花亭湖风景名胜区、花亭湖国家湿地公园、花亭湖水利风景区	边界交叉重叠
9	安徽	黄山风景名胜区、黄山世界地质公园	多个名称
10	浙江	—	—
11	江西	井冈山自然保护区、井冈山风景名胜区	多个名称
12	江西	庐山风景名胜区、庐山自然保护区	多个名称
13	江西	九连山国家级自然保护区、九连山国家森林公园	边界交叉重叠
14	江西	九岭山自然保护区、九岭山森林公园	多个名称
15	江西	铜钹山国家级自然保护区、铜钹山国家森林公园	多个名称
16	江西	龟峰风景名胜区、龟峰国家森林公园	多个名称
17	江西	三清山风景名胜区、三清山地质公园	边界交叉重叠
18	江西	龙虎山风景名胜区、龙虎山地质公园	边界交叉重叠
19	江西	武功山风景名胜区、武功山森林公园、武功山地质公园	边界交叉重叠
20	湖北	大洪山风景名胜区、大洪山森林公园	多个名称
21	湖北	武当山风景区、武当山国家地质公园	多个名称
22	湖北	武汉东湖风景名胜区、武汉东湖国家湿地公园	边界交叉重叠

序号	省份	名称	备注
23	湖北	神农架国家级自然保护区、神农架国家地质公园、神农架大九湖国家湿地公园、神农架国家森林公园	边界交叉重叠，于2016年获批神农架国家公园试点
24	湖南	阳明山国家级自然保护区、阳明山国家森林公园、阳明山水利风景区	前两者属于多个名称；阳明山水利风景区位于阳明山国家森林公园内，属于边界交叉重叠
25	湖南	九嶷山国家级自然保护区、九嶷山国家森林公园、九嶷山—舜帝陵风景名胜区	边界交叉重叠
26	湖南	衡山风景名胜区、南岳衡山国家级自然保护区	多个名称
27	湖南	崀山风景名胜区、崀山国家地质公园	多个名称
28	湖南	猛洞河风景名胜区、猛洞河国家湿地公园	边界交叉重叠
29	湖南	桃花源风景名胜区、桃花源国家森林公园	多个名称
30	湖南	东江湖风景名胜区、东江湖国家湿地公园、东江湖水利风景区	边界交叉重叠
31	湖南	凤凰风景名胜区、凤凰国家地质公园	边界交叉重叠
32	河南	伏牛山国家级自然保护区、伏牛山地质公园	边界交叉重叠
33	陕西	南宫山国家森林公园、南宫山国家地质公园	多个名称
34	陕西	紫柏山国家级自然保护区、紫柏山国家森林公园	多个名称
35	陕西	天华山国家级自然保护区、天华山国家森林公园	多个名称

注:"—"表示目前统计的各类保护地中不存在多个名称或边界交叉重叠的问题。

附录 8 长江中下游流域世界级自然保护地列表

类型	名称(获批年份)
世界遗产 (自然与文化双遗产 1个、自然遗产4个)	安徽黄山风景名胜区(1990,世界自然与文化双遗产)、江西三清山风景名胜区(2008,世界自然遗产)、江西龙虎山(2010,世界自然遗产,作为"中国丹霞"列入《世界遗产名录》)、湖北神农架(2016,世界自然遗产)、湖南武陵源风景名胜区(1992,世界自然遗产)
世界地质公园 (10个)	安徽黄山世界地质公园(2004)、安徽天柱山世界地质公园(2011)、安徽九华山世界地质公园(2019)、江西庐山世界地质公园(2004)、江西龙虎山世界地质公园(2007)、江西三清山世界地质公园(2012)、湖北神农架世界地质公园(2013)、湖北黄冈大别山世界地质公园(2018)、湖南张家界世界地质公园(2004)、河南伏牛山世界地质公园(2006)
国际重要湿地 (12个,其中国家级 7个)	上海市崇明东滩鸟类国家级自然保护区(2002)、上海市长江口中华鲟省级自然保护区(2008)、浙江西溪国家湿地公园(2009)、安徽升金湖国家级自然保护区(2015)、江西鄱阳湖国家级自然保护区(1992)、湖北洪湖国家级自然保护区(2008)、湖北神农架大九湖国家湿地公园(2013)、湖北武汉沉湖湿地省级自然保护区(2013)、湖北网湖湿地省级自然保护区(2017)、湖南东洞庭湖国家级自然保护区(1992)、湖南南洞庭湖省级自然保护区(2002)、湖南汉寿西洞庭湖省级自然保护区(2002)
世界生物圈保护区 (7个)	浙江天目山世界生物圈保护区(1996)、安徽黄山世界生物圈保护区(2018)、江西井冈山世界生物圈保护区(2012)、湖北神农架世界生物圈保护区(1990)、河南宝天曼世界生物圈保护区(2001)、陕西佛坪世界生物圈保护区(2004)、陕西牛背梁世界生物圈保护区(2012)

注:截至2019年7月,中国有14个世界自然遗产、4个自然与文化双遗产;截至2019年4月,中国有39个世界地质公园;截至2018年7月,中国有34个自然保护地成功申报世界生物圈保护区;中国于1992年加入国际重要湿地公约,截至2018年2月中国有国际重要湿地57个。

附录9　子流域上各类国家级自然保护地列表

子流域	类型	名称
汉江水系（123个）	自然保护区（24个）	略阳珍稀水生动物、紫柏山、桑园、太白湑水河珍稀水生生物、黄柏塬、老县城、佛坪、天华山、长青、观音山、汉中朱鹮、平河梁、牛背梁、陕西米仓山、伏牛山、南阳恐龙蛋化石群、宝天曼、丹江湿地、青龙山恐龙蛋化石群、赛武当、南河、化龙山、十八里长峡、堵河源
	风景名胜区（4个）	武当山、丹江口水库、隆中、石人山
	森林公园（31个）	紫柏山、汉中天台、鬼谷岭、天华山、上坝河、汉阴凤凰山、木王、牛背梁、南宫山、千家坪、偏头山、天竺山、九女峰、汉江瀑布群、沧浪山、诗经源、金丝大峡谷、神农架、牛头山、玉皇山、丹江口、薤山、寺山、白云山、鹿门寺、岘山、大口、太子山、虎爪山、白竹园寺、淮河源
	地质公园（8个）	柞水溶洞、岚皋南宫山、商南金丝峡、西峡伏牛山、内乡宝天曼、郧县恐龙蛋化石群、神农架、武当山
	水利风景区（19个）	京山惠亭湖、襄阳三道河水镜湖、钟祥市温峡湖、西峡县石门湖、铜山湖、安康市瀛湖、汉中石门、郧西天河、方城县望花湖、南阳市鸭河口水库、南阳市龙王沟、南郑县红寺湖、商洛市丹江公园、城固县南沙湖、岚皋千层河、丹凤县龙驹寨、商南县金丝大峡谷、丹凤桃花谷、汉阴凤堰古梯田
	湿地公园（37个）	神农架大九湖、谷城汉江、惠亭湖、莫愁湖、长寿岛、竹山圣水湖、浠水策湖、襄阳汉江、古南河、蔡甸后官湖、黄龙滩、仙居河、万洋洲、南漳清凉河、沙湖、枝江金湖、孝感老观湖、云梦涢水、张家湖、十堰郧阳湖、十堰泗河、南阳白河、南阳唐河、淅川丹阳湖、邓州湍河、泌阳铜山湖、丹凤丹江、丹江源、宁强汉水源、宁陕旬河源头、牧马河、千层河、平利古仙湖、汉中葱滩、汉阴观音河、镇坪曙河源、石泉汉江莲花池古渡
中游干流区间（87个）	自然保护区（8个）	董寨、连康山、九宫山、长江新螺段白鱀豚、洪湖、长江天鹅洲白鱀豚、石首麋鹿、咸丰忠建河大鲵
	风景名胜区（4个）	大洪山、九宫山、武汉东湖、陆水
	森林公园（18个）	清江、柴埠溪、玉泉寺、八岭山、大洪山、安陆古银杏、五尖山、千佛洞、中华山、崇阳、双峰山、潜山、九峰、红安天台山、五脑山、三角山、大别山、天花井
	地质公园（6个）	木兰山、黄冈大别山、咸宁九宫山—温泉、五峰、长阳清江、恩施腾龙洞大峡谷
	水利风景区（14个）	漳河、恩施龙麟宫、武汉夏家寺、武汉市江滩、孝昌县观音湖、罗田县天堂湖、英山县毕升湖、通山县富水湖、长阳土家族自治县清江、麻城浮桥河、荆州北闸、黄冈白莲河、宜昌百里荒、麻城明山
	湿地公园（37个）	武汉东湖、赤龙湖、赤壁陆水湖、荆门漳河、遗爱湖、浮桥河、保安湖、天龙湾、金沙湖、返湾湖、通城大溪、崇阳青山、沙洋潘集湖、江夏藏龙岛、天堂湖、当阳青龙湖、竹溪龙湖、武汉安山、通山富水湖、朱湖、沮河、贡水河、咸宁向阳湖、长阳清江、黄冈白莲河、武汉杜公湖、汉川汈汊湖、封江口、环荆州古城、安陆府河、英山张家咀、荆州菱角湖、广水徐家河、阳新莲花湖、嘉鱼珍湖、监利老江河故道、云溪白泥湖

子流域	类型	名称
洞庭湖水系（224个）	自然保护区（25个）	五峰后河、壶瓶山、木林子、七姊妹山、八大公山、张家界大鲵、东洞庭湖、西洞庭湖、小溪、借母溪、湖南白云山、高望界、乌云界、六步溪、南岳衡山、鹰嘴界、黄桑、金童山、湖南舜皇山、东安舜皇山、阳明山、永州都庞岭、九嶷山、炎陵桃源洞、八面山
	风景名胜区（22个）	武陵源、猛洞河、桃花源、岳阳楼洞庭湖、福寿山—汨罗江、里耶—乌龙山、德夯、沩山、岳麓山、凤凰、韶山、白水洞、紫鹊界梯田—梅山龙宫、衡山、虎形山—花瑶、万佛山—侗寨、崀山、南山、炎帝陵、东江湖、苏仙岭—万华岩、九嶷山—舜帝陵
	森林公园（56个）	百里龙山、靖州、南华山、矮寨、坐龙峡、中坡、嵩云山、天泉山、雪峰山、不二门、两江峡谷、峰峦溪、张家界、天门山、罗溪、沅陵、云山、舜皇山、柘溪、大熊山、月岩、桃花源、夹山、花岩溪、沩水、河洑、嘉山、阳明山、四明山、九嶷山、金洞、青羊湖、桃花江、黄山头、湘江源、宁乡香山、嘉禾、福音山、天堂山、东台山、岣嵝峰、黑麋峰、天际岭、永兴丹霞、熊峰山、攸州、大云山、天鹅山、云阳、北罗霄、幕阜山、碧湖潭、安源、齐云峰、神农谷、大围山
	地质公园（12个）	张家界砂岩峰林、古丈红石林、五龙山、凤凰、安化雪峰湖、通道万佛山、湄江、崀山、郴州飞天山、攸县酒埠江、浏阳大围山、平江石牛寨
	水利风景区（37个）	萍乡市明月湖、荆州市沩水、张家界溇江、湖南水府、衡东洣水、酒埠江、长沙湘江、益阳市鱼形山、永兴县便江、长沙市千龙湖、双牌县阳明山、皂市、怀化五龙溪、凤凰县长潭岗、衡山县九观湖、湘西大龙洞、望城半岛、衡阳县织女湖、长沙市黄材水库、新化县紫鹊界、韶山市青年水库、澧县王家厂水库、衡阳县斜陂堰水库、花垣县花垣边城、耒阳市蔡伦竹海、辰溪县燕子洞、常德市柳叶湖、益阳市皇家湖、江华瑶族自治县潇湘源、湘潭韶山灌区、汉寿清水湖、资水东江湖、江永千家峒、永兴青山垅—龙潭、蓝山湘江源、郴州四清湖、涟源杨家滩
	湿地公园（72个）	松滋沩水、公安崇湖、五峰百溪河、石首三菱湖、东江湖、水府庙、酒埠江、千龙湖、雪峰湖、湘阴洋沙湖—东湖、金洲湖、吉首峒河、汨罗江、五强溪、松雅湖、耒水、毛里湖、琼湖、新墙河、桃源沅水、黄家湖、书院洲、南洲、衡东洣水、城步白云湖、江华涔天河、会同渠水、魏源湖、邵阳天子湖、涔槐、春陵、溆浦思蒙、华容东湖、双牌日月湖、常宁天湖、绥宁花园阁、东安紫水、醴陵官庄湖、桃江羞女湖、平江黄金河、茶陵东阳湖、洪江清江湖、靖州五龙潭、鼎城鸟儿洲、泸溪武水、花垣古苗河、衡山萱洲、新邵筱溪、衡南莲湖湾、新化龙湾、洞口平溪江、石门仙阳湖、大通湖、安仁永乐江、赫山来仪湖、郴州西河、新宁夫夷江、金洞猛江河、宁远九嶷河、浏阳河、通道玉带河、涟源湄峰湖、保靖西水、麻阳锦江、永顺猛洞河、零陵潇水、汉寿息风湖、长沙洋湖、中方舞水、嘉禾钟水河、祁阳浯溪、临澧道水河

子流域	类型	名称
鄱阳湖水系（148 个）	自然保护区（15 个）	庐山、古田山、鄱阳湖候鸟、鄱阳湖南矶湿地、江西九岭山、阳际峰、铜钹山、官山、江西武夷山、江西马头山、井冈山、赣江源、齐云山、婺源森林鸟类、九连山
	风景名胜区（17 个）	庐山、高岭—瑶里、云居山—柘林湖、梅岭—滕王阁、神农源、大茅山、三清山、灵山、龟峰、龙虎山、仙女湖、武功山、杨岐山、井冈山、瑞金、汉仙岩、小武当
	森林公园（41 个）	三湾、五指峰、武功山、阳岭、梅关、天柱峰、明月山、九连山、泰和、万安、仰天岗、峰山、九岭山、金盆山、永丰、三爪仑、柘林湖、圣水堂、阁皂山、陡水湖、梅岭、庐山、翠微峰、三叠泉、马祖山、鄱阳湖口、军峰山、岩泉、清凉山、鄱阳莲花山、上清、景德镇、瑶里、龟峰、岑山、灵岩洞、鹅湖山、五府山、怀玉山、云碧峰、铜钹山
	地质公园（5 个）	庐山、三清山、龙虎山、武功山、石城
	水利风景区（39 个）	玉山县三清湖、高安市上游湖、景德镇市玉田湖、南城县麻源三谷、贵溪市白鹤湖、黄山石门、井冈山市井冈湖、南丰县潭湖、乐平市翠平湖、赣州三江、泰和县白鹭湖、宜春市飞剑潭、上饶市枫泽湖、铜鼓县九龙湖、安福县武功湖、景德镇月亮湖、都昌县张岭水库、会昌县汉仙湖、赣抚平原灌区、星子县庐湖、宜丰县渊明湖、新建县梦山水库、新建县溪霞水库、武宁县武陵岩桃源、九江市庐山西海、万年县群英水库、玉山县三清湖、广丰县铜钹山九仙湖、德安江西水保生态科技园、弋阳龟峰湖、宁都赣江源、新干黄泥埠水库、吉安螺滩、武宁西海湾、瑞金陈石湖、南城醉仙湖、弋阳龙门湖、汝城热水河、吉安青原禅溪
	湿地公园（31 个）	孔目江、东鄱阳湖、修河、药湖、傩湖、庐山西海、修河源、大湖江、潋江、章江、万年珠溪、上犹南湖、会昌湘江、南城洪门湖、婺源饶河源、宁都梅江、景德镇玉田湖、鹰潭信江、遂川五斗江、三清山信江源、庐陵赣江、芦溪山口岩、石城赣江源、高安锦江、横峰岑港河、资溪九龙湖、莲花莲江、崇义阳明湖、大余章水、全南桃江、万安湖
下游干流区间（107）	自然保护区（8 个）	龙感湖、桃红岭梅花鹿、古牛绛、升金湖、铜陵淡水豚、安徽扬子鳄、崇明东滩鸟类、九段沙湿地
	风景名胜区（12 个）	花亭湖、天柱山、齐山—平天湖、九华山、黄山、巢湖、龙川、采石、太极洞、琅琊山、南京钟山、镇江三山
	森林公园（32 个）	妙道山、石莲洞、天柱山、万佛山、彭泽、紫蓬山、大龙山、大蜀山、徽州、滨湖、冶父山、浮山、天井山、九华山、皇甫山、太湖山、神山、马仁山、鸡笼山、琅琊山、黄山、水西、老山、敬亭山、紫金山、青龙湾、栖霞山、游子山、无想山、宝华山、横山、东平

子流域	类型	名称
下游 干流 区间 (107)	地质公园 (11个)	大别山(六安)、浮山、繁昌马仁山、池州九华山、天柱山、黄山、祁门牯牛降、广德太极洞、南京六合、江宁汤山方山、崇明长江三角洲
	水利风景区 (29个)	扬州瓜洲古渡、泰州引江河、泰州市凤凰河、南京外秦淮河、南京珍珠泉、南京市天生桥河、如皋市龙游、镇江金山湖、南京玄武湖、句容赤山湖、龙河口、太平湖、太湖县花亭湖、广德县卢湖竹海、泾县桃花潭、郎溪县石佛山天子湖、芜湖市滨江、南陵大浦、来安县白鹭岛、青龙湾、岳西县天峡、全椒襄河、肥东岱山湖、合肥滨湖、池州九华天池、望江古雷池、芜湖陶辛水韵、南京金牛湖、池州杏花村
	湿地公园 (15个)	长江新济洲、句容赤山湖、太平湖、太湖县花亭湖、秋浦河源、平天湖、菜子湖、桐城嬉子湖、肥西三河、潜山潜水河、肥东管湾、巢湖半岛、庐阳董铺、崇明西沙、武山湖
太湖 水系 (63个)	自然保护区 (1个)	长兴地质遗迹
	风景名胜区 (3个)	太湖、莫干山、杭州西湖
	森林公园 (17个)	天目湖、南山、竹乡、宜兴、径山(山沟沟)、梁希、半山、惠山、西山、东吴、大阳山、上方山、虞山、九龙山、佘山、共青、海湾
	地质公园 (1个)	太湖西山
	水利风景区 (25个)	湖州太湖旅游度假区、安吉县天赋旅游区、安吉县江南天池、安吉县老石坎水库、溧阳天目湖旅游度假区、苏州胥口、宜兴横山水库、无锡梅梁湖、太仓市金仓湖、太湖浦江源、无锡市长广溪湿地、苏州市旺山、张家港市环城河、金坛愚池湾、昆山明镜荡、无锡新区梁鸿、溧阳南山竹海、江阴芙蓉湖、常州雁荡河、宜兴竹海、德兴凤凰湖、上海松江生态、淀山湖、上海碧海金沙、上海浦东新区滴水湖
	湿地公园 (16个)	苏州太湖湖滨、无锡长广溪、沙家浜、苏州太湖、梁鸿、太湖三山岛、无锡蠡湖、溧阳天目湖、昆山天福、同里、溧阳长荡湖、金坛长荡湖、西溪、下渚湖、长兴仙山湖、吴淞炮台湾

备注:上述6个子流域上各类自然保护地的数量达752个,研究区有13个自然保护地不在上述6个子流域内。

参考文献

·中文文献·

《中国河湖大典》编纂委员会,2010. 中国河湖大典:长江卷[M]. 北京:水利水电出版社.

安徽省林业厅自然保护站,1995. 升金湖自然保护区综合考察报告[Z]. 合肥:安徽省池州市林业局.

白元,徐海量,刘新华,等,2013. 塔里木河干流景观格局梯度分析[J]. 干旱区研究,30(6):1064-1072.

贝塔朗菲,王兴成,1978. 普通系统论的历史和现状[J]. 国外社会科学(2):69-77.

边红枫,2016. 流域土地利用变化对保护区湿地生态系统影响及格局优化研究[D]. 长春:东北师范大学.

蔡庆华,唐涛,刘建康,2003. 河流生态学研究中的几个热点问题[J]. 应用生态学报,14(9):1573-1577.

蔡庆华,吴刚,刘建康,1997. 流域生态学:水生态系统多样性研究和保护的一个新途径[J]. 科技导报,15(5):24-26.

曹祺文,张曦文,马洪坤,等,2018. 景观生态风险研究进展及基于生态系统服务的评价框架:ESRISK[J]. 地理学报,73(5):843-855.

曹玉红,曹卫东,吴威,等,2008. 基于自然生态约束空间差异的区域生态安全格局构建[J]. 水土保持通报,28(1):106-109,118.

曹哲,邵秀英,2019. 山西省休闲农业和乡村旅游地空间格局及优化路径[J]. 世界地理研究,28(1):208-213.

长江水利委员会,2016. 加强长江保护 推动绿色生态廊道建设[J]. 人民长江,47(19):1-5.

长江水利委员会综合勘测局,2003. 长江志 1:水系[M]. 北京:中国大百科全书出版社.

陈凤先,王占朝,任景明,等,2016. 长江中下游湿地保护现状及变化趋势分析[J]. 环境影响评价,38(5):43-46.

陈凤学,2015. 建设生态文明 保护长江湿地[J]. 经济(24):84-88.

陈广洲,葛欢,施金菊,等,2017. 4 个时期升金湖湿地的土地利用动态研究[J]. 湿地科学,15(1):20-24.

陈红翔,杨保,王章勇,等,2011. 黑河中游张掖地区人类活动强度定量研究[J]. 干旱区资源与环境,25(8):41-46.

陈家宽,雷光春,王学雷,2010. 长江中下游湿地自然保护区有效管理十佳案例分析[M]. 上海:复旦大学出版社.

陈进,2012. 长江演变与水资源利用[M]. 武汉:长江出版社.

陈进,黄薇,2008. 水资源与长江的生态环境[M]. 北京:中国水利水电出版社.

陈康娟,王学雷,2002. 人类活动影响下的四湖地区湿地景观格局分析[J]. 长江流域资源与环境,11(3):219-223.

陈凌静,王锐,高明,等,2014. 基于 GIS 支持下的土地利用景观梯度变化分析:以重庆市合川区为例[J]. 西南大学学报(自然科学版),36(5):136-143.

陈希,王克林,祁向坤,等,2016. 湘江流域景观格局变化及生态服务价值响应[J]. 经济地理,36(5):175-181.

陈湘满,刘君德,2001. 论流域区与行政区的关系及其优化[J]. 人文地理,16(4):67-70.

陈雁飞,汤臣栋,马强,等,2017. 崇明东滩自然保护区景观格局动态分析[J]. 南京林业大学学报(自然科学版),41(1):1-8.

陈有明,刘同庆,黄燕,等,2014. 长江流域湿地现状与变化遥感研究[J]. 长江流域资源与环境,23(6):801-808.

成金华,尤喆,2019. "山水林田湖草是生命共同体"原则的科学内涵与实践路径[J]. 中国人口·资源与环境,29(2):1-6.

程元启,曹垒,巴特,等,2009. 安徽升金湖国家级自然保护区 2008/2009 年越冬水鸟调查报告[M]. 合肥:中国科学技术大学出版社.

邓红兵,王庆礼,蔡庆华,1998. 流域生态学:新学科、新思想、新途径[J]. 应用生态学报,9(4):443-449.

范庆亚,吴国平,马庆申,等,2013. 基于 GIS 的临沂市土地利用景观格局梯度分析[J]. 水土保持研究,20(6):230-234.

范泽孟,张轩,李婧,等,2012. 国家级自然保护区土地覆盖类型转换趋势[J]. 地理学报,67(12):1623-1633.

付励强,宗诚,孔石,等,2015. 国家级自然保护区与风景名胜区的空间分布及生态旅游潜力分析[J]. 野生动物学报,36(2):218-223.

傅伯杰,1995. 黄土区农业景观空间格局分析[J]. 生态学报,15(2):113-120.

傅伯杰,陈利顶,马克明,等,2011. 景观生态学原理及应用[M]. 2 版. 北京:科学出版社.

傅伯杰,陈利顶,王军,等,2003. 土地利用结构与生态过程[J]. 第四纪研究,23(3):247-255.

甘惜分,1993. 新闻学大辞典[M]. 郑州:河南人民出版社.

高宾,李小玉,李志刚,等,2011. 基于景观格局的锦州湾沿海经济开发区生态风险分析[J]. 生态学报,31(12):3441-3450.

高俊琴,郑姚闽,张明祥,等,2011. 长江中游生态区湿地保护现状及保护空缺分析[J]. 湿地科学,9(1):42-46.

高凯,2010. 多尺度的景观空间关系及景观格局与生态效应的变化研究[D]. 武汉:华中农业大学.

郜红娟,杨广斌,罗绪强,等,2015. 岩溶山区林地景观梯度变化分析[J]. 水土保持研究,22(1):224-228.

宫宁,牛振国,齐伟,等,2016. 中国湿地变化的驱动力分析[J]. 遥感学报, 20(2):172-183.

龚建周,夏北成,2007. 1990年以来广州市土地覆被景观的时空梯度分异[J]. 地理学报,62(2):181-190.

龚俊杰,杨华,邓华锋,2016. 北京明长城沿线景观与生态风险分布格局分析[J]. 中南林业科技大学学报,36(5):114-120.

关靖云,哈力克,伏吉芮,等,2015. 2002—2011年吐鲁番地区人类活动强度变化分析[J]. 西安理工大学学报,31(1):106-112.

韩美,张翠,路广,等,2017. 黄河三角洲人类活动强度的湿地景观格局梯度响应[J]. 农业工程学报,33(6):265-274.

韩文权,常禹,胡远满,等,2005. 景观格局优化研究进展[J]. 生态学杂志, 24(12):1487-1492.

韩宗祎,2012. 基于MODIS数据的长江中下游流域景观格局变化研究[D]. 武汉:华中农业大学.

呼延佼奇,肖静,于博威,等,2014. 我国自然保护区功能分区研究进展[J]. 生态学报,34(22):6391-6396.

胡佛,1990. 区域经济学导论[M]. 王翼龙,译. 北京:商务印书馆.

胡和兵,刘红玉,郝敬锋,等,2011. 流域景观结构的城市化影响与生态风险评价[J]. 生态学报,31(12):3432-3440.

胡金龙,王金叶,郑文俊,等,2013. 基于土地利用变化的桂林市区生态风险评价[J]. 中南林业科技大学学报,33(3):84-88,97.

胡静,于洁,朱磊,等,2017. 国家级水利风景区空间分布特征及可达性研究[J]. 中国人口·资源与环境,27(S1):233-236.

胡秋凤,陈娟,戴文远,等,2019. 快速城镇化下旅游海岛景观格局梯度分析:以福建省平潭岛为例[J]. 福建师范大学学报(自然科学版),35(2):109-116.

胡晓辉,2016. 制度变迁的空间近邻效应:基于中国区域发展视角的实证研究[D]. 上海:上海社会科学院.

胡昕利,易扬,康宏樟,等,2019. 近25年长江中游地区土地利用时空变化格局与驱动因素[J]. 生态学报,39(6):1877-1886.

胡志斌,何兴元,李月辉,等,2007. 岷江上游地区人类活动强度及其特征[J]. 生态学杂志,26(4):539-543.

虎陈霞,杨空,郭旭东,等,2018. 嘉兴市土地利用时空变化与生态服务价值评估[J]. 农业现代化研究,39(3):503-510.

黄金良,林杰,张明锋,等,2008. 基于梯度分析的福建典型沿海港湾区域景观格局研究[J]. 资源科学,30(11):1760-1767.

黄木易,何翔,2016a. 巢湖流域土地景观格局变化及生态风险驱动力研究[J]. 长江流域资源与环境,25(5):743-750.

黄木易,何翔,2016b. 近20年来巢湖流域景观生态风险评估与时空演化机制[J] 湖泊科学,28(4):785-793.

黄宁,吝涛,章伟婕,等,2009. 厦门市同安区不同扩展轴上的景观格局梯度分析与比较[J]. 地理科学进展,28(5):767-774.

黄群,姜加虎,赖锡军,等,2013. 洞庭湖湿地景观格局变化以及三峡工程蓄水对其影响[J]. 长江流域资源与环境,22(7):922-927.

黄应生,陈世俭,吴后建,等,2007. 洪湖演变的驱动力及其生态保护对策分析[J]. 长江流域资源与环境,16(4):504-508.

纪德尚,2018. 新时代社会治理系统的共建与共治[J]. 郑州轻工业学院学报(社会科学版),19(6):45-53.

贾建中,2012. 我国风景名胜区发展和规划特性[J]. 中国园林,28(11):11-15.

贾丽奇,2015. 风景名胜区视野下的世界遗产缓冲区规划及实施机制研究[D]. 北京:清华大学.

姜彤,苏布达,王艳君,等,2005. 四十年来长江流域气温、降水与径流变化趋势[J]. 气候变化研究进展,1(2):65-68.

蒋勇军,袁道先,况明生,等,2004. 典型岩溶流域景观格局动态变化:以云南小江流域为例[J]. 生态学报,24(12):2927-2931.

荆玉平,张树文,李颖,2008. 基于景观结构的城乡交错带生态风险分析[J]. 生态学杂志,27(2):229-234.

孔令桥,张路,郑华,等,2018. 长江流域生态系统格局演变及驱动力[J]. 生态学报,38(3):741-749.

雷金睿,陈宗铸,杨琦,等,2017. 基于GIS的海口市景观格局梯度分析[J]. 西北林学院学报,32(3):205-210.

雷昆,2005. 长江中下游流域湿地演变历史及保护展望[J]. 绿色中国,27(4):34-35.

李柏青,吴楚材,吴章文,2009. 中国森林公园的发展方向[J]. 生态学报,29(5):2749-2756.

李海防,卫伟,陈瑾,等,2013. 基于"源""汇"景观指数的定西关川河流域土壤水蚀研究[J]. 生态学报,33(14):4460-4467.

李红清,李德旺,雷明军,2012. 长江流域重要生态环境敏感区分布现状[J]. 长江流域资源与环境,21(S1):82-87.

李江风,唐嘉耀,喻继军,等,2014. 大梁子湖低碳旅游经济研究[M]. 武汉:中国地质大学出版社.

李宁,2018. 长江中游城市群流域生态补偿机制研究[D]. 武汉:武汉大学.

李琴,陈家宽,2018. 长江流域的历史地位及大保护建议[J]. 长江技术经济,2(4):10-13.

李青圃,张正栋,万露文,等,2019. 基于景观生态风险评价的宁江流域景观格局优化[J]. 地理学报,74(7):1420-1437.

李小建,李国平,曾刚,等,1999. 经济地理学[M]. 北京:高等教育出版社.

李小云,杨宇,刘毅,2016. 中国人地关系演进及其资源环境基础研究进展[J]. 地理学报,71(12):2067-2088.

李谢辉,李景宜,2008. 基于 GIS 的区域景观生态风险分析:以渭河下游河流沿线区域为例[J]. 干旱区研究,25(6):899-903.

李秀珍,布仁仓,常禹,等,2004. 景观格局指标对不同景观格局的反应[J]. 生态学报,24(1):123-134.

李莹莹,黄成林,张玉,2016. 快速城市化背景下上海绿色空间景观格局梯度及其多样性时空动态特征分析[J]. 生态环境学报,25(7):1115-1124.

林媚珍,葛志鹏,纪少婷,等,2016. 中山市土地利用变化及其生态风险响应[J]. 生态科学,35(5):96-104.

刘春雨,董晓峰,刘英英,等,2016. 空间视角下人类活动强度对甘肃省净初级生产力的影响[J]. 兰州大学学报(自然科学版),52(1):62-68,74.

刘方正,张鹏,张玉波,等,2017. 基于人工地物时空变化的自然保护区空间近邻效应评估:以沙坡头国家级自然保护区为例[J]. 生物多样性,25(10):1105-1113.

刘红玉,李兆富,2006. 流域湿地景观空间梯度格局及其影响因素分析[J]. 生态学报,26(1):213-220.

刘红玉,李兆富,2007. 流域土地利用/覆被变化对洪河保护区湿地景观的影响[J]. 地理学报,62(11):1215-1222.

刘红玉,李兆富,2008. 周边区域湿地景观变化对洪河保护区涉禽栖息地的影响[J]. 生态学报,28(10):5011-5019.

刘慧明,刘晓曼,李静,等,2016. 生物多样性保护优先区人类干扰遥感监测与评价方法[J]. 地球信息科学学报,18(8):1103-1109.

刘纪远,邓祥征,2009. LUCC 时空过程研究的方法进展[J]. 科学通报,54(21):3251-3258.

刘纪远,匡文慧,张增祥,等,2014. 20 世纪 80 年代末以来中国土地利用变化的基本特征与空间格局[J]. 地理学报,69(1):3-14.

刘纪远,宁佳,匡文慧,等,2018. 2010—2015 年中国土地利用变化的时空格局与新特征[J]. 地理学报,73(5):789-802.

刘焱序,任志远,李春越,2013. 秦岭山区景观格局演变的生态服务价值响应研究:以商洛市为例[J]. 干旱区资源与环境,27(3):109-114.

刘洋,2017. 长江中游城市群发展模式转型思路研究[J]. 中国经贸导刊(32):44-47.

卢山,姜加虎,2003. 洪湖湿地资源及其保护对策[J]. 湖泊科学,15(3):281-284.

吕达,2017. 安徽省繁昌县地质灾害调查与评估[J]. 山东农业工程学院学报,34(2):102-103.

吕拉昌,黄茹,2013. 人地关系认知路线图[J]. 经济地理,33(8):5-9.

吕乐婷,张杰,彭秋志,等,2019. 东江流域景观格局演变分析及变化预测[J]. 生态学报,39(18):6850-6859.

马丁,张倩,2017. 荒野:国际视野与中国机遇[J]. 中国园林,33(6):5-9.

马坤,唐晓岚,刘思源,等,2018. 长江流域国家级保护地空间分布特征及其国家公园廊道空间策略研究[J]. 长江流域资源与环境,27(9):2053-2069.

马欣敏,罗志清,2015. 哈巴雪山保护区人类活动强度时空变化定量研究[J]. 安徽农业科学,43(19):205-208.

莫明浩,任宪友,王学雷,等,2008. 洪湖湿地生态系统服务功能价值及经济损益评估[J]. 武汉大学学报(理学版),54(6):725-731.

牛文元,1992. 理论地理学[M]. 北京:商务印书馆.

潘东华,贾慧聪,贺原惠子,等,2018. 东洞庭湖湿地生态系统健康评价[J]. 中国农学通报,34(36):81-87.

潘竟虎,苏有才,黄永生,等,2012. 近30年玉门市土地利用与景观格局变化及其驱动力[J]. 地理研究,31(9):1631-1639.

彭建,党威雄,刘焱序,等,2015. 景观生态风险评价研究进展与展望[J]. 地理学报,70(4):664-677.

彭建,刘焱序,潘雅婧,等,2014. 基于景观格局—过程的城市自然灾害生态风险研究:回顾与展望[J]. 地球科学进展,29(10):1186-1196.

彭杨靖,樊简,邢韶华,等,2018. 中国大陆自然保护地概况及分类体系构想[J]. 生物多样性,26(3):315-325.

钱学森,等,2007.论系统工程:新世纪版[M]. 上海:上海交通大学出版社.

覃成林,1996. 区域经济空间组织原理[M]. 武汉:湖北教育出版社.

覃成林,金学良,冯天才,等,1996. 区域经济空间组织原理[M]. 武汉:湖北教育出版社.

任嘉衍,刘慧敏,丁圣彦,等,2017. 伊河流域景观格局变化及其驱动机制[J]. 应用生态学报,28(8):2611-2620.

任金铜,莫世江,陈群利,等,2018. 贵州夹岩水利枢纽区域景观生态风险评价研究[J]. 环境科学与技术,41(4):182-189.

任婧宇,彭守璋,曹扬,等,2018. 1901—2014年黄土高原区域气候变化时空分布特征[J]. 自然资源学报,33(4):621-633.

任琼,佟光臣,张金池,2016. 鄱阳湖区域景观格局动态变化研究[J]. 南京林业大学学报(自然科学版),40(3):94-100.

盛书薇,董斌,李鑫,等,2015. 升金湖国家自然保护区土地利用生态风险评价[J]. 水土保持通报,35(3):305-310.

石涛,谢五三,张丽,等,2015. 暴雨洪涝风险评估的GIS和空间化应用:以芜湖市为例[J]. 自然灾害学报,24(5):169-176.

水利部长江水利委员会,1999. 长江流域地图集[M]. 北京:中国地图出版社.

宋长青,杨桂山,冷疏影,等,2002. 湖泊及流域科学研究进展与展望[J]. 湖泊科学,14(4):289-300.

宋金平,孙久文,李玉江,等,2003. 区域经济学[M]. 北京:科学出版社.

宋敏敏,张青峰,吴发启,等,2018. 黄土沟壑区小流域景观格局演变及生态服务价值响应[J]. 生态学报,38(8):2649-2659.

苏常红,傅伯杰,2012. 景观格局与生态过程的关系及其对生态系统服务的影响[J]. 自然杂志,34(5):277-283.

苏海民,何爱霞,2010. 基于 RS 和地统计学的福州市土地利用分析[J]. 自然资源学报,25(1):91-99.

孙丽娜,2013. 松嫩高平原土地利用景观梯度变化及其土地生态环境响应[D]. 哈尔滨:东北农业大学.

孙琳,唐国平,窦乙峰,等,2018. 东江流域 2001—2013 年土地利用/覆被类型变化的时空特征及成因[J]. 水土保持通报,38(3):293-300,306.

孙周亮,刘冀,谈新,等,2018. 近 50 a 灅河上游汛期降雨径流多尺度时空演变[J]. 长江流域资源与环境,27(6):1324-1332.

谈明洪,李秀彬,吕昌河,2003. 我国城市用地扩张的驱动力分析[J]. 经济地理,23(5):635-639.

谭洁,赵赛男,谭雪兰,等,2017. 1996—2016 年洞庭湖区土地利用及景观格局演变特征[J]. 生态科学,36(6):89-97.

谭志强,许秀丽,李云良,等,2017. 长江中游大型通江湖泊湿地景观格局演变特征[J]. 长江流域资源与环境,26(10):1619-1629.

唐芳林,2018. 国家公园体制下的自然公园保护管理[J]. 林业建设 (4):1-6.

唐芳林,王梦君,李云,等,2018. 中国国家公园研究进展[J]. 北京林业大学学报(社会科学版),17(3):17-27.

唐芳林,闫颜,刘文国,2019. 我国国家公园体制建设进展[J]. 生物多样性,27(2):123-127.

唐华俊,吴文斌,杨鹏,等,2009. 土地利用/土地覆被变化(LUCC)模型研究进展[J]. 地理学报,64(4):456-468.

唐开强,茆斌,2017. 贯彻发展新理念 迈入跨江新征程 努力把鸠江区建设成芜湖市新"首善之区"[N]. 芜湖日报,2017-10-11(002).

唐晓岚,包文渊,贾艳艳,等,2018. 太湖风景区古村古镇景观生态风险分析[J]. 南京林业大学学报(自然科学版),61(2):105-112.

田信桥,伍佳佳,2011. 湿地保护政策比较:韩国经验与中国智慧[J]. 生态经济(8):164-169.

佟光臣,林杰,陈杭,等,2017. 1986—2013 年南京市土地利用/覆被景观格局时空变化及驱动力因素分析[J]. 水土保持研究,24(2):240-245.

万荣荣,杨桂山,2005. 太湖流域土地利用与景观格局演变研究[J]. 应用生态学报,16(3):475-480.

汪桂生,颉耀文,王学强,2013. 黑河中游历史时期人类活动强度定量评价:以明、清及民国时期为例[J]. 中国沙漠,33(4):1225-1234.

王蓓,赵军,仲俊涛,2019. 2005—2015 年石羊河流域生态系统服务时空分异[J]. 干旱区研究,36(2):474-485.

王芳,谢小平,陈芝聪,2017. 太湖流域景观空间格局动态演变[J]. 应用生态学报,28(11):3720-3730.

王戈,于强,刘晓希,等,2019. 包头市景观格局时空演变研究[J]. 农业机械学报,50(8):192-199.

王会昌,2010. 中国文化地理[M]. 2 版. 武汉:华中师范大学出版社.

王金亮,谢德体,邵景安,等,2016. 基于最小累积阻力模型的三峡库区耕地面源污染源汇风险识别[J]. 农业工程学报,32(16):206-215.

王金哲,张光辉,聂振龙,等,2009. 滹沱河流域平原区人类活动强度的定量评价[J]. 干旱区资源与环境,23(10):41-44.

王敏,阮俊杰,王卿,等,2016. 快速城镇化地区景观生态风险变化评估:以上海市青浦区为例[J]. 水土保持通报,36(5):185-190.

王鹏,王亚娟,刘小鹏,等,2018. 宁夏沙坡头区土地利用景观格局变化及其驱动力分析[J]. 西北林学院学报,33(6):197-203.

王献溥,崔国发,2003. 自然保护区建设与管理[M]. 北京:化学工业出版社.

王新闯,陆凤连,吴金汝,等,2017. 县域土地利用景观格局演变及其生态响应:以河南省新郑市为例[J]. 中国水土保持科学,15(6):34-43.

王学雷,蔡述明,2006a. 洪湖湿地自然保护区综合评价[J]. 华中师范大学学报(自然科学版),40(2):279-281.

王学雷,许厚泽,蔡述明,2006b. 长江中下游湿地保护与流域生态管理[J]. 长江流域资源与环境,15(5):564-568.

王怡菲,2019. 陕西省渭河流域生态修复绩效评价研究[D]. 咸阳:西北农林科技大学.

王毅杰,俞慎,2012. 长江三角洲城市群区域滨海湿地利用时空变化特征[J]. 湿地科学,10(2):129-135.

王智,钱者东,张慧,等,2017. 国家级自然保护区生态环境变化调查与评估:2000—2010年[M]. 北京:科学出版社.

王重玲,朱志玲,白琳波,等,2015. 景观格局动态变化对生态服务价值的影响:以宁夏中部干旱带为例[J]. 干旱区研究,32(2):329-335.

魏建兵,肖笃宁,解伏菊,2006. 人类活动对生态环境的影响评价与调控原则[J]. 地理科学进展,25(2):36-45.

温小洁,姚顺波,2018. 黄河中上游植被覆盖与人类活动强度的时空动态演化[J]. 福建农林大学学报(自然科学版),47(5):607-614.

文英,1998. 人类活动强度定量评价方法的初步探讨[J]. 科学对社会的影响(4):55-60.

闻国静,刘云根,王妍,等,2017. 普者黑湖流域景观格局及生态风险时空演变[J]. 浙江农林大学学报,34(6):1095-1103.

邬建国,2007. 景观生态学:格局、过程、尺度与等级[M]. 2版. 北京:高等教育出版社.

芜湖市统计局,国家统计局芜湖调查队,2017. 芜湖统计年鉴:2017[Z]. 芜湖:芜湖市统计局.

吴必虎,1996. 中国文化区的形成与划分[J]. 学术月刊,28(3):10-15.

吴传钧,1991. 论地理学的研究核心:人地关系地域系统[J]. 经济地理,11(3):1-6.

吴传钧,2008. 人地关系与经济布局:吴传钧文集[M]. 2版. 北京:学苑出版社.

吴季松,2019. 系统思维是人工智能等新工程技术系统发展的根本[J]. 经济与管理,33(4):39-50.

肖笃宁,李秀珍,1997. 当代景观生态学的进展和展望[J]. 地理科学,17(4):356-364.

肖笃宁,苏文贵,贺红士,1988. 景观生态学的发展和应用[J]. 生态学杂志,7(6):43-48,55.

谢高地,鲁春霞,冷允法,等,2003. 青藏高原生态资产的价值评估[J]. 自然资源学报,18(2):189-196.

谢高地,张彩霞,张雷明,等,2015. 基于单位面积价值当量因子的生态系统服务价值化方法改进[J]. 自然资源学报,30(8):1243-1254.

谢小平,陈芝聪,王芳,等,2017. 基于景观格局的太湖流域生态风险评估[J]. 应用生态学报,28(10):3369-3377.

谢余初,巩杰,王合领,等,2013. 绿洲城市不同道路扩展轴的景观梯度变化对比研究[J]. 地理科学,33(12):1434-1441.

谢宗强,2000. 长江流域的自然保护区发展与生态环境建设[J]. 长江流域资源与环境,9(4):497-503.

幸赞品,颜长珍,冯坤,等,2019. 1975—2015 年甘肃省白龙江流域自然保护区生态系统服务价值及其时空差异[J]. 中国沙漠,39(3):172-182.

熊鹰,张方明,龚长安,等,2018. LUCC 影响下湖南省生态系统服务价值时空演变[J]. 长江流域资源与环境,27(6):1397-1408.

徐娜,罗菊花,马荣华,等,2014. 2000—2010 年长江三角洲土地利用/覆盖空间格局动态变化研究[J]. 第四纪研究,34(4):856-864.

徐卫华,欧阳志云,张路,等,2010. 长江流域重要保护物种分布格局与优先区评价[J]. 环境科学研究,23(3):312-319.

徐小任,徐勇,2017. 黄土高原地区人类活动强度时空变化分析[J]. 地理研究,36(4):661-672.

徐勇,孙晓一,汤青,2015. 陆地表层人类活动强度:概念、方法及应用[J]. 地理学报,70(7):1068-1079.

鄢慧丽,王强,熊浩,等,2019. 休闲乡村空间分布特征及影响因素分析:以中国最美休闲乡村示范点为例[J]. 干旱区资源与环境,33(3):45-50.

燕芳,2006. 旅游产品及其结构问题研究:以翠华山国家地质公园为例[D]. 西安:西安建筑科技大学.

燕然然,蔡晓斌,王学雷,等,2013. 长江流域湿地自然保护区分布现状及存在的问题[J]. 湿地科学,11(1):136-144.

杨桂山,马荣华,张路,等,2010. 中国湖泊现状及面临的重大问题与保护策略[J]. 湖泊科学,22(6):799-810.

杨桂山,徐昔保,李平星,2015. 长江经济带绿色生态廊道建设研究[J]. 地理科学进展,34(11):1356-1367.

杨海乐,2018. 流域生态学的理论研究和案例分析[D]. 上海:复旦大学.

杨海乐,徐福军,托流汉,等,2016. 构建新疆阿尔泰两河流域生态保护体系:

保护困境与建设策略[J]. 中国人口·资源与环境,26(S1):260-265.

杨锐,2017. 风景园林学科建设中的 9 个关键问题[J]. 中国园林,33(1):13-16.

杨锐,曹越,2018. 论中国自然保护地的远景规模[J]. 中国园林,34(7):5-12.

杨锐,等,2019. 国家公园与自然保护地理论与实践研究[M]. 北京:中国建筑工业出版社.

杨少文,董斌,盛书薇,等,2016. 升金湖湿地保护区植被覆盖变化及其主要驱动因子分析[J]. 西北农林科技大学学报(自然科学版),44(8):177-184.

杨阳,李皖彤,周忠泽,等,2019. 升金湖湿地景观格局与水位关系的研究[J]. 生物学杂志,36(2):61-64,72.

杨宇,李小云,董雯,等,2019. 中国人地关系综合评价的理论模型与实证[J]. 地理学报,74(6):1063-1078.

姚萍萍,王汶,孙睿,等,2018. 长江流域湿地生态系统健康评价[J]. 气象与环境科学,41(1):12-18.

姚瑞华,赵越,王东,等,2014. 长江中下游流域水环境现状及污染防治对策[J]. 人民长江,45(S1):45-47.

叶笃正,符淙斌,季劲钧,等,2001. 有序人类活动与生存环境[J]. 地球科学进展,16(4):453-460.

叶小康,董斌,王成,等,2018. 升金湖湿地时空演变对越冬鹤类种群动态的影响[J]. 长江流域资源与环境,27(1):63-69.

尹炀,李晟铭,郑恺俊,等,2018. 洪河国家级自然保护区湿地保护的有效性评价[J]. 湿地科学,16(6):723-728.

于涵,2018. 世界遗产风景名胜区外围保护地带的规划探索:以青城山—都江堰风景名胜区总体规划为例[J]. 遗产与保护研究,3(6):32-36.

俞龙生,符以福,喻怀义,等,2011. 快速城市化地区景观格局梯度动态及其城乡融合区特征:以广州市番禺区为例[J]. 应用生态学报,22(1):171-180.

袁丽华,蒋卫国,申文明,等,2013. 2000—2010 年黄河流域植被覆盖的时空变化[J]. 生态学报,33(24):7798-7806.

臧春鑫,蔡蕾,李佳琦,等,2016.《中国生物多样性红色名录》的制定及其对生物多样性保护的意义[J]. 生物多样性,24(5):610-614.

曾辉,高凌云,夏洁,2003. 基于修正的转移概率方法进行城市景观动态研究:以南昌市区为例[J]. 生态学报,23(11):2201-2209.

占昕,潘文斌,郑鹏,等,2017. 闽江河口湿地自然保护区及其周边区域景观自然性评价[J]. 生态学报,37(20):6895-6904.

张洪云,臧淑英,张玉红,等,2015. 人类土地利用活动对自然保护区影响研究:以黑龙江省为例[J]. 环境科学与技术,38(11):271-276.

张猛,曾永年,2018. 长株潭城市群湿地景观时空动态变化及驱动力分析[J]. 农业工程学报,34(1):241-249.

张明阳,王克林,刘会玉,等,2010. 桂西北典型喀斯特区生态系统服务价值对景观格局变化的响应[J]. 应用生态学报,21(5):1174-1179.

张秋菊,傅伯杰,陈利顶,2003. 关于景观格局演变研究的几个问题[J]. 地理科学,23(3):264-270.

张荣天,李传武,2017. 中部崛起背景下安徽省城镇化效率时空分异特征[J]. 地域研究与开发,36(6):19-24.

张桃,周立志,陆胤昊,等,2018. 升金湖国家级自然保护区湿地生态系统服务价值的动态变化[J]. 安徽农业大学学报,45(5):909-915.

张学斌,石培基,罗君,等,2014. 基于景观格局的干旱内陆河流域生态风险分析:以石羊河流域为例[J]. 自然资源学报,29(3):410-419.

张莹,雷国平,林佳,等,2012. 扎龙自然保护区不同空间尺度景观格局时空变化及其生态风险[J]. 生态学杂志,31(5):1250-1256.

张莹莹,蔡晓斌,杨超,等,2019. 1974—2017年洪湖湿地自然保护区景观格局演变及驱动力分析[J]. 湖泊科学,31(1):171-182.

张卓然,唐晓岚,贾艳艳,2017. 保护地空间分布特征与影响因素分析:以长江中下游为例[J]. 安徽农业大学学报,44(3):439-447.

章侃丰,角媛梅,丁智强,等,2017. 哈尼梯田遗产地人类活动强度定量化研究[J]. 科研信息化技术与应用,8(3):51-57.

赵斌,2014. 流域是生态学研究的最佳自然分割单元[J]. 科技导报,32(1):12.

赵广华,田瑜,唐志尧,等,2013. 中国国家级陆地自然保护区分布及其与人类活动和自然环境的关系[J]. 生物多样性,21(6):658-665.

赵亮,刘宇,罗勇,等,2019. 黄土高原近40年人类活动强度时空格局演变[J]. 水土保持研究,26(4):306-313.

赵卫权,杨振华,苏维词,等,2017. 基于景观格局演变的流域生态风险评价与管控:以贵州赤水河流域为例[J]. 长江流域资源与环境,26(8):1218-1227.

赵文武,王亚萍,2016. 1981—2015年我国大陆地区景观生态学研究文献分析[J]. 生态学报,36(23):7886-7896.

赵志轩,张彪,金鑫,等,2011. 海河流域景观空间梯度格局及其与环境因子的关系[J]. 生态学报,31(7):1925-1935.

郑茜,2018. 武汉市生态空间评价与优化研究[D]. 武汉:华中师范大学.

郑文武,田亚平,邹君,等,2010. 南方红壤丘陵区人类活动强度的空间模拟与特征分析:以衡阳盆地为例[J]. 地球信息科学学报,12(5):628-633.

中国科学院生态环境研究中心,世界自然基金会,2011. 长江流域生物多样性格局与保护图集[M]. 北京:科学出版社.

中华人民共和国国家质量监督检验检疫总局,中国国家标准化管理委员会,2017. 土地利用现状分类:GB/T 21010—2017[S]. 北京:中国标准出版社.

周华荣,肖笃宁,周可法,2006. 干旱区景观格局空间过程变化的廊道效应:以塔里木河中下游河流廊道区域为例[J]. 科学通报,51(S1):66-72.

周年兴,林振山,黄震方,等,2008. 世界自然遗产地面临的威胁及中国的保护对策[J]. 自然资源学报,23(1):25-32.

朱里莹,徐姗,兰思仁,2017. 中国国家级保护地空间分布特征及对国家公园布局建设的启示[J]. 地理研究,36(2):307-320.

朱琪,周旺明,贾翔,等,2019. 长白山国家自然保护区及其周边地区生态脆弱性评估[J]. 应用生态学报,30(5):1633-1641.

朱颖,林静雅,胡义涛,等,2018. 天目湖流域景观格局时空变化及生态系统服务价值分析[J]. 西北林学院学报,33(4):239-245.

左丹丹,罗鹏,杨浩,等,2019. 保护地空间邻近效应和保护成效评估:以若尔盖湿地国家级自然保护区为例[J]. 应用与环境生物学报,25(4):854-861.

·外文文献·

ABDULLAH S A, NAKAGOSHI N, 2006. Changes in landscape spatial pattern in the highly developing state of Selangor, peninsular Malaysia[J]. Landscape and urban planning,77(3):263-275.

ARAÚJO M B,2003. The coincidence of people and biodiversity in Europe[J]. Global ecology and biogeography,12(1):5-12.

BAILEY K M, MCCLEERY R A, BINFORD M W, et al, 2016. Land-cover change within and around protected areas in a biodiversity hotspot[J]. Journal of land use science,11(2):154-176.

BARRY R G,2003. Mountain cryospheric studies and the WCRP climate and cryosphere (CliC) project[J]. Journal of hydrology,282(1):177-181.

BORRINI-FEYERABEND G, DUDLEY N, JAEGER T, et al, 2013. Governance of protected areas:from understanding to action[R]. Gland, Switzerland:IUCN:10-29.

BRASHARES J S, ARCESE P, SAM M K, 2001. Human demography and reserve size predict wildlife extinction in West Africa[J]. Proceedings of the royal society B:biological sciences,268(1484):2473-2478.

CANTÚ-SALAZAR L, GASTON K J, 2010. Very large protected areas and their contribution to terrestrial biological conservation[J]. BioScience, 60(10):808-818.

CHAPIN III F S, ZAVALETA E S, EVINER V T, et al, 2000. Consequences of changing biodiversity[J]. Nature,405(6783):234-242.

CHEN J Q, LIU Y Q, 2014. Coupled natural and human systems:a landscape ecology perspective[J]. Landscape ecology,29(10):1641-1644.

CHENG W M, ZHOU C H, CHAI H X, et al, 2011. Research and compilation of the geomorphologic atlas of the People's Republic of China (1:1,000,000) [J]. Journal of geographical sciences,21(1):89-100.

COSTANZA R, D'ARGE R, DE GROOT R, et al, 1997. The value of the world's ecosystem services and natural capital[J]. Nature, 387(6630):

253-260.

CUI Y L,DONG B,CHEN L N,et al,2019. Study on habitat suitability of overwintering cranes based on landscape pattern change:a case study of typical lake wetlands in the middle and lower reaches of the Yangtze River [J]. Environmental science and pollution research,26(15):14962-14975.

DAILY G C, 1997. Nature's services:societal dependence on natural ecosystems[M]. Washington,D. C.:Island Press.

DAILY G C,SÖDERQVIST T,ANIYAR S,et al,2000. The value of nature and the nature of value[J]. Science,289(5478):395-396.

DUDLEY N, 2008. Guidelines for applying protected area management categories[R]. Gland,Switzerland:IUCN.

EGOH B,ROUGET M,REVERS B,et al,2007. Integrating ecosystem services into conservation assessments:a review[J]. Ecological economics,63(4):714-721.

EVANS K L,GREENWOOD J J D,GASTON K J,2007. The positive correlation between avian species richness and human population density in Britain is not attributable to sampling bias [J]. Global ecology and biogeography,16(3):300-304.

EWERS R M,RODRIGUES A S L,2008. Estimates of reserve effectiveness are confounded by leakage[J]. Trends in ecology & evolution,23(3):113-116.

FAN J,LI P X,2009. The scientific foundation of Major Function Oriented Zoning in China[J]. Journal of geographical sciences,19(5):515-531.

FAN Q D,DING S Y,2016. Landscape pattern changes at a County scale:a case study in Fengqiu, Henan Province,China from 1990 to 2013[J]. Catena,137:152-160.

FOLEY J A,DEFRIES R,ASNER G P,et al,2005. Global consequences of land use[J]. Science,309(5734):570-574.

FORMAN R T T,GODRON M,1986. Landscape ecology[M]. New York:John Wiley & Sons.

GAINES K F,PORTER D E,DYER S A,et al,2004. Using wildlife as receptor species:a landscape approach to ecological risk assessment[J]. Environmental management,34(4):528-545.

GALVANI A P,BAUCH C T,ANAND M,et al,2016. Human－environment interactions in population and ecosystem health[J]. Proceedings of the national academy of sciences of the United States of America,113(51):14502-14506.

GARDNER R H,MILNE B T,TURNEI M G,et al,1987. Neutral models for the analysis of broad-scale landscape pattern[J]. Landscape ecology,1(1):19-28.

HANSEN A J, DEFRIES R, 2007. Ecological mechanisms linking protected areas to surrounding lands[J]. Ecological applications: a publication of the ecological society of America, 17(4):974-988.

HARTTER J, SOUTHWORTH J, 2009. Dwindling resources and fragmentation of landscapes around parks: wetlands and forest patches around Kibale National Park, Uganda[J]. Landscape ecology, 24(5): 643-656.

HOWELLS M, HERMANN S, WELSCH M, et al, 2013. Integrated analysis of climate change, land-use, energy and water strategies[J]. Nature climate change, 3(7):621-626.

JONES D A, HANSEN A J, BLY K, et al, 2009. Monitoring land use and cover around parks: a conceptual approach[J]. Remote sensing of environment, 113(7):1346-1356.

KEDRA M, SZCZEPANEK R, 2019. Land cover transitions and changing climate conditions in the Polish Carpathians: assessment and management implications[J]. Land degradation & development, 30(9):1040-1051.

KENDALL M G, 1948. Rank correlation methods [M]. London: Charles Griffin.

KLEIN GOLDEWIJK K, RAMANKUTTY N, 2004. Land cover change over the last three centuries due to human activities: the availability of new global data sets[J]. GeoJournal, 61(4):335-344.

KLORVUTTIMONTARA S, MCCLEAN C J, HILL J K, 2011. Evaluating the effectiveness of protected areas for conserving tropical forest butterflies of Thailand[J]. Biological conservation, 144(10):2534-2540.

KREUTER U P, HARRIS H G, MATLOCK M D, et al, 2001. Change in ecosystem service values in the San Antonio area, Texas[J]. Ecological economics, 39(3):333-346.

LAUTENBACH S, KUGEL C, LAUSCH A, et al, 2011. Analysis of historic changes in regional ecosystem service provisioning using land use data[J]. Ecological indicators, 11(2):676-687.

LAWLER J J, LEWIS D J, NELSON E, et al, 2014. Projected land-use change impacts on ecosystem services in the United States[J]. Proceedings of the national academy of sciences of the United States of America, 111(20): 7492-7497.

LAWTON R O, NAIR U S, PIELKE SR R A, et al, 2001. Climatic impact of tropical lowland deforestation on nearby montane cloud forests [J]. Science, 294(5542):584-587.

LIU J Y, KUANG W H, ZHANG Z X, et al, 2014. Spatiotemporal characteristics, patterns, and causes of land-use changes in China since the late 1980s[J]. Journal of geographical sciences, 24(2):195-210.

LIU S L,CUI B S,DONG S K,et al,2008. Evaluating the influence of road networks on landscape and regional ecological risk:a case study in Lancang River Valley of Southwest China[J]. Ecological engineering,34（2）: 91-99.

LOCKE H,2013. Nature needs half:a necessary and hopeful new agenda for protected areas[J]. Parks,19(2):13-22.

LOREAU M,OLIVIERI I,1999. Diversitas:an international programme of biodiversity science[J]. Trends in ecology & evolution,14(1):2-3.

LUCK M,WU J G,2002. A gradient analysis of urban landscape pattern:a case study from the Phoenix metropolitan region,Arizona,USA[J]. Landscape ecology,17(4):327-339.

MAKHZOUMI J M,2000. Landscape ecology as a foundation for landscape architecture:application in Malta[J]. Landscape and urban planning,50 (1):167-177.

MALINVERNI E S,2011. Change detection applying landscape metrics on high remote sensing images[J]. Photogrammetric engineering & remote sensing,77(10):1045-1056.

MARTINUZZI S,RADELOFF V C,JOPPA L N,et al,2015. Scenarios of future land use change around United States' protected areas [J]. Biological conservation,184:446-455.

MAUSER W,KLEPPER G,RICE M,et al,2013. Transdisciplinary global change research:the co-creation of knowledge for sustainability [J]. Current opinion in environmental sustainability,5(3/4):420-431.

MCDONALD R I,KAREIVA P,FORMAN R T T,2008. The implications of current and future urbanization for global protected areas and biodiversity conservation[J]. Biological conservation,141(6):1695-1703.

MILLER R B,1994. Interactions and collaboration in global change across the social and natural sciences[J]. Ambio,23(1):19-24.

National Academy of Sciences,2003. Science and the greater everglades ecosystem restoration:an assessment of the critical ecosystem studies initiative[M]. Washington,D. C. :National Academy Press.

NEPSTAD D,SCHWARTZMAN S,BAMBERGER B,et al,2006. Inhibition of Amazon deforestation and fire by parks and indigenous lands [J]. Conservation biology:the journal of the society for conservation biology, 20(1):65-73.

NOSS R F,1983. A regional landscape approach to maintain diversity[J]. BioScience,33(11):700-706.

NOSS R F,DOBSON A P,BALDWIN R,et al,2012. Bolder thinking for conservation[J]. Conservation biology:the journal of the society for conservation biology,26(1):1-4.

OLIVEIRA P J C, ASNER G P, KNAPP D E, et al, 2007. Land-use allocation protects the Peruvian Amazon[J]. Science, 317(5842):1233-1237.

PEARSON D M, MCALPINE C A, 2010. Landscape ecology: an integrated science for sustainability in a changing world[J]. Landscape ecology, 25(8):1151-1154.

PELOROSSO R, LEONE A, BOCCIA L, 2009. Land cover and land use change in the Italian central Apennines: a comparison of assessment methods[J]. Applied geography, 29(1):35-48.

PERRY G L W, 2002. Landscapes, space and equilibrium: shifting viewpoints [J]. Progress in physical geography: earth and environment, 26 (3): 339-359.

POUYAT R V, MCDONNELL M J, 1991. Heavy metal accumulations in forest soils along an urban- rural gradient in Southeastern New York, USA [J]. Water, air, and soil pollution, 57(1):797-807.

RAMACHANDRA T V, RAJINIKANTH R, RANJINI V G, 2005. Economic valuation of wetlands [J]. Journal of environmental biology, 26 (2): 439-447.

RUSS G R, ALCALA A C, MAYPA A P, et al, 2004. Marine reserve benefits local fisheries[J]. Ecological applications, 14(2):597-606.

SÁNCHEZ-AZOFEIFA G A, DAILY C G, PFAFF A S P, et al, 2003. Integrity and isolation of Costa Rica's National Parks and biological reserves: examining the dynamics of land-cover change[J]. Biological conservation, 109(1):123-135.

SU S L, XIAO R, JIANG Z L, et al, 2012. Characterizing landscape pattern and ecosystem service value changes for urbanization impacts at an eco-regional scale[J]. Applied geography, 34:295-305.

SUKOPP H, 1998. Urban ecology: scientific and practical aspects [M]// BREUSTE J, FELDMANN H, UHLMANN O. Urban ecology. Berlin, Heidelberg: Springer, 1998:3-16.

THOMAS C O, SCOTT R E, ROBERT J N, 2000. Introduction to watershed ecology[R]. Washington, D. C. : United States Environmental Protection Agency.

TROLL C, 1939. Luftbildplan und ökologische bodenforschung[J]. Zeitschrift der gesellschaft für erdkunde zu Berlin (7/8):241-298.

TURNER B L, SKOLE D, SANDERSON S, et al, 1995. Land cover change science/research plan, IGBP report No. 35, IHDP report7 [R]. Stockholm: IGBP of the ICSU and IHDP of the ISSC.

TURNER II B L, KASPERSON R E, MATSON P A, et al, 2003. A framework for vulnerability analysis in sustainability science [J]. Proceedings of the national academy of sciences of the United States of

America,100(14):8074-8079.

VITOUSEK P M,MOONEY H A,LUBCHENCO J,et al,1997. Human domination of earth's ecosystems[J]. Science,277(5325):494-499.

WADE A A, THEOBALD D M, LAITURI M J, 2011. A multi-scale assessment of local and contextual threats to existing and potential U. S. protected areas[J]. Landscape and urban planning,101(3):215-227.

WHITTAKER R H,1975. Communities and ecosystems[M]. 2nd ed. New York: Macmillan.

WILSON E O,2016. Half-earth:our planet's fight for life[M]. New York:W. W. Norton & Company.

WITTEMYER G,ELSEN P,BEAN W T,et al,2008. Accelerated human population growth at protected area edges[J]. Science, 321 (5885): 123-126.

XIE H L,WANG P,HUANG H S,2013. Ecological risk assessment of land use change in the Poyang Lake Eco-economic Zone, China [J]. International journal of environmental research and public health,10(1): 328-346.

YANG J Y,YANG J,LUO X Y,et al,2019. Impacts by expansion of human settlements on nature reserves in China[J]. Journal of environmental management,248:109233.

ZHANG L Q,WU J P,ZHEN Y,et al,2004. A GIS-based gradient analysis of urban landscape pattern of Shanghai metropolitan area, China [J]. Landscape and urban planning,69(1):1-16.

图片来源

图 1-1 源自:笔者绘制.

图 2-1 源自:HANSEN A J,DEFRIES R,2007. Ecological mechanisms linking protected areas to surrounding lands[J]. Ecological applications:a publication of the ecological society of America,17(4):974-988.

图 3-1 至图 3-3 源自:水利部长江水利委员会,1999. 长江流域地图集[M]. 北京:中国地图出版社.

图 3-4 源自:笔者根据中国科学院资源环境科学与数据中心空间分辨率为 90 m 的数字高程模型(DEM)数据绘制.

图 3-5 源自:笔者根据中国科学院资源环境科学与数据中心的中国 100 万地貌类型空间分布数据绘制.

图 3-6 源自:笔者根据中国科学院资源环境科学与数据中心的中国气候区划数据绘制.

图 3-7 源自:笔者根据国家地球系统科学数据中心的长江流域 2002 年 1∶ 100 万主要河流数据绘制.

图 3-8 源自:笔者根据中国科学院资源环境科学与数据中心的中国土壤类型空间分布数据绘制.

图 3-9 源自:笔者根据中国科学院资源环境科学与数据中心的省级行政区划数据和研究范围绘制.

图 3-10 源自:笔者根据中国科学院资源环境科学与数据中心的中国人口空间分布公里网格数据集绘制.

图 3-11、图 3-12 源自:笔者根据国家统计局数据、中国科学院资源环境科学与数据中心的省级行政区划数据和研究范围绘制.

图 3-13 源自:笔者根据中国科学院资源环境科学与数据中心的中国 1∶100 万植被类型空间分布数据和植被区划数据绘制.

图 3-14 源自:中国科学院生态环境研究中心,世界自然基金会,2011. 长江流域生物多样性格局与保护图集[M]. 北京:科学出版社:48-49.

图 3-15 源自:笔者根据 2015 年环境保护部和中国科学院发布的《全国生态功能区划(修编版)》绘制.

图 3-16 源自:笔者根据中华人民共和国生态环境部、国家林业和草原局、水利风景区建设管理、湿地中国、中国国家地质公园等官方网站的自然保护地数据绘制.

图 3-17 源自:笔者根据中国科学院资源环境科学与数据中心的省级行政区划数据和研究范围绘制(景观图片源自中国自然保护区网、黄山风景区管理委员会网、张家界·武陵源旅游网、世界地质公园网、水利风景区建设管

理网、神农架林区人民政府网、神农架国家公园网).

图 3-18 源自:笔者绘制.

图 3-19 源自:笔者根据中国科学院生态环境研究中心,世界自然基金会,
2011. 长江流域生物多样性格局与保护图集[M]. 北京:科学出版社中的
生物多样性保护优先区数据和自然保护地分布数据绘制.

图 3-20 源自:笔者根据 2015 年环境保护部和中国科学院发布的《全国生态功
能区划(修编版)》和自然保护地分布数据绘制.

图 3-21 源自:生态环境部 2019 年 5 月发布的《中央第三生态环境保护督察组
向安徽省反馈"回头看"及专项督察情况》.

图 4-1 至图 4-3 源自:笔者根据中国科学院资源环境科学与数据中心的省级
行政区划数据、研究范围和土地利用覆被数据绘制.

图 4-4 至图 4-6 源自:笔者根据研究区景观格局指数计算结果绘制.

图 5-1 至图 5-3 源自:笔者根据中国科学院资源环境科学与数据中心的省级
行政区划数据和研究范围绘制(人类活动强度为计算结果).

图 5-4 源自:笔者根据人类活动强度计算结果和自然保护地分布数据绘制.

图 5-5 至图 5-10 源自:笔者根据中国科学院资源环境科学与数据中心的省级
行政区划数据、研究范围、自然保护地分布数据绘制(人类活动强度为计
算结果).

图 5-11 源自:笔者根据人类活动强度和湿地变化计算结果绘制.

图 5-12 至图 5-15 源自:笔者根据人类活动强度和湿地景观指数绘制.

图 5-16 源自:笔者根据研究区主要覆盖区上海市、江苏省、安徽省、江西省、湖
北省、湖南省的统计数据绘制.

图 6-1 源自:笔者根据中国科学院资源环境科学与数据中心的市级行政区划
数据、高程数据和自然保护区边界数据绘制.

图 6-2 至图 6-4 源自:笔者根据地理空间数据云的遥感影像数据解译绘制.

图 6-5 源自:笔者根据谷歌地球影像绘制.

图 6-6 至图 6-11 源自:笔者根据研究区景观格局指数计算结果绘制.

图 7-1 源自:笔者根据中国科学院资源环境科学与数据中心的市级行政区划
数据绘制.

图 7-2 源自:笔者根据研究区生态风险计算结果绘制.

图 7-3 至图 7-5 源自:笔者根据中国科学院资源环境科学与数据中心的市级
行政区划数据和自然保护区边界数据绘制(生态风险为计算结果).

图 7-6 至图 7-8 源自:笔者根据中国科学院资源环境科学与数据中心提供的
市级行政区划数据和自然保护区边界数据绘制(生态系统服务价值为计
算结果).

图 7-9 源自:笔者根据生态系统服务价值计算结果绘制.

图 8-1 源自:笔者根据中国科学院资源环境科学与数据中心的自然保护区边界数据和流域范围数据绘制.

图 8-2 至图 8-4 源自:笔者根据中国科学院资源环境科学与数据中心的土地利用覆被数据绘制.

图 8-5、图 8-6 源自:笔者根据研究区景观格局指数计算结果绘制.

图 8-7 源自:笔者根据人类干扰指数距保护区边界距离的变化情况绘制.

图 8-8 源自:笔者根据中国科学院资源环境科学与数据中心的自然保护区边界数据和流域范围数据绘制.

图 8-9 至图 8-11 源自:笔者根据中国科学院资源环境科学与数据中心的土地利用覆被数据绘制.

图 8-12、图 8-13 源自:笔者根据研究区景观格局指数计算结果绘制.

图 8-14 源自:笔者根据人类干扰指数距保护区边界距离的变化情况绘制.

图 8-15、图 8-16 源自:笔者根据中国科学院资源环境科学与数据中心空间分辨率为 90 m 的数字高程模型(DEM)数据绘制.

表 1-1、表 1-2 源自:笔者根据微信公众号国家公园及自然保护地中的《知否知否,那些著名的国际公约》一文绘制.

表 3-1 源自:笔者绘制.

表 3-2 源自:笔者根据国家统计局数据和《江苏统计年鉴:2016》《安徽统计年鉴:2016》《浙江统计年鉴:2016》《河南统计年鉴:2016》《陕西统计年鉴:2016》绘制.

表 3-3 源自:笔者根据国家统计局数据绘制.

表 3-4 源自:笔者根据中国科学院生态环境研究中心,世界自然基金会,2011. 长江流域生物多样性格局与保护图集[M]. 北京:科学出版社:77-95;徐卫华,欧阳志云,张路,等,2010. 长江流域重要保护物种分布格局与优先区评价[J]. 环境科学研究,23(3):312-319 绘制.

表 3-5 源自:笔者根据 2015 年环境保护部和中国科学院发布的《全国生态功能区划(修编版)》绘制.

表 3-6 源自:笔者根据彭杨靖,樊简,邢韶华,等,2018. 中国大陆自然保护地概况及分类体系构想[J]. 生物多样性,26(3):315-325;唐芳林,2018. 国家公园体制下的自然公园保护管理[J]. 林业建设 (4):1-6 绘制.

表 3-7 至表 3-9 源自:笔者绘制.

表 4-1 源自:笔者根据中国科学院资源环境科学与数据中心资料绘制.

表 4-2 源自:笔者根据邬建国,2011.景观生态学:格局、过程、尺度与等级[M].南京:东南大学出版社和景观格局指数计算软件 Fragstats 中的帮助整理绘制.

表 4-3 至表 4-13 源自:笔者绘制.

表 5-1 源自:徐勇,孙晓一,汤青,2015. 陆地表层人类活动强度:概念、方法及应用[J]. 地理学报,70(7):1068-1079.

表 5-2 至表 5-7 源自:笔者绘制.

表 6-1 至表 6-4 源自:笔者绘制.

表 6-5 源自:笔者根据《芜湖统计年鉴:2017》绘制.

表 7-1 源自:笔者根据高宾,李小玉,李志刚,等,2011. 基于景观格局的锦州湾沿海经济开发区生态风险分析[J]. 生态学报,31(12):3441-3450;谢小平,陈芝聪,王芳,等,2017. 基于景观格局的太湖流域生态风险评估[J]. 应用生态学报,28(10):3369-3377 绘制.

表 7-2 源自:谢高地,鲁春霞,冷允法,等,2003. 青藏高原生态资产的价值评估 [J]. 自然资源学报,18(2):189-196.

表 7-3 至表 7-10 源自:笔者绘制.

表 8-1 至表 8-7 源自:笔者绘制.

附录 1 表格源自:笔者根据《全国自然保护区名录(2017)》绘制.

附录 2 表格源自:笔者根据唐晓岚,2012. 风景名胜区规划[M]. 南京:东南大学出版社绘制.

附录 3 至附录 9 表格源自:笔者根据中华人民共和国生态环境部、国家林业和草原局、水利风景区建设管理、湿地中国、中国国家地质公园等官方网站整理的自然保护地数据及研究区范围整理绘制.

本书作者

唐晓岚，湖南辰溪人。南京林业大学风景园林学院教授、博士生导师。中国城市规划学会城市生态规划学术委员会理事、江苏省城市科学研究会理事、中国林业经济学会国家公园与自然保护区专业委员会理事、中国林学会自然与文化遗产分会委员。多年来一直致力于风景园林规划与设计、风景资源与遗产保护规划、国家公园与自然保护地等理论、教学与实践研究。主持完成国家自然科学基金项目 1 项、六大人才高峰项目 1 项、省部级课题 3 项，主持优秀研究生课程 1 门，参与完成国家社会科学基金重大项目 1 项、国家自然科学基金项目 2 项、省部级课题 5 项、市级课题 5 项，在研课题 4 项。先后在《生态指数》（*Ecological Indicators*）、《人类环境杂志》（*Ambio*）以及《长江流域资源与环境》《环境保护》《城市问题》《城市发展研究》《国际城市规划》《中国园林》等学术刊物、学术会议上发表论文 200 余篇，出版论著 7 本、教材 3 本，申请专利 1 项、软著 7 项等，获国家级、省部级、市级等各类奖项 40 余项。

贾艳艳，河北邯郸人。南京林业大学风景园林学博士，山东农业大学林学院副教授、硕士生导师。主要研究方向为风景园林规划设计与理论、绿色空间生态系统服务和景观生态规划等。主持国家自然科学基金项目（32301658）、山东省自然科学基金项目（ZR2021QD124）、山东省艺术科学重点课题（L2021Z07070678）、泰安市社会科学重点课题（23-ZD-007）、泰安市哲学社会科学规划研究项目（2021skx049）等，参与国家自然科学基金面上项目、山东省林业保护和发展服务中心碳中和背景下森林资源碳汇能力评估和提升项目等，主持及参与绿色低碳宜居住区营建关键技术研发、坑塘景观设计、公园景观改造设计、生态农业观光园规划设计等社会服务项目。以第一作者或通讯作者在《生态指数》（*Ecological Indicators*）、《可持续性》（*Sustainability*）以及《长江流域资源与环境》《地域研究与开发》《中国园林》《南京林业大学学报（自然科学版）》等学术期刊发表论文 25 篇。